肠炎引起肠黏膜脱离、肠壁变溥

传染性法氏囊病 病鸡精神高度沉郁

传染性法氏囊病 出血明显

传染性法氏囊病 黄色稀粪

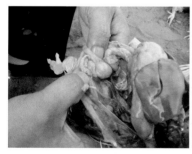

传染性法氏囊病 囊水肿 1

传染性法氏囊病 囊水肿 2

传染性法氏囊病 腿肌出血

传染性法氏囊病 腺胃肌胃交界处出血明显

传染性法氏囊病引起肾肿

大肠杆菌病 肝脏表面覆有黄白色干酪物

大肠杆菌引起的心包炎

肺上典型霉斑

副伤寒病引起胆肿大

鸡白痢 肝脏表面有白色坏死点

鸡保镖2号报警系统

鸡传染性贫血引起出血性皮炎，可见于翅部

鸡舍环境控制箱（恒温定时通风）

马立克病引起的肝肿瘤

马立克病引起的肝肿胀

马立克病引起的脾脏肿大

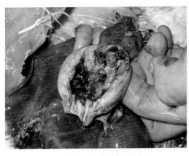

马立克病引起的腺胃肿瘤

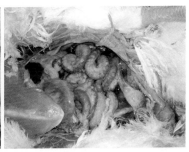

马立克病引起的小肠肿瘤

马立克病引起的心肌上肿瘤

盲肠球虫

盲肠性肝炎肝典型病理变化

盲肠肿大，两侧盲肠内充满血液或凝固
的血块，严重者肠内容物凝固，外观
似香肠样

霉菌引肺充血出血

脑炎引起的病鸡晶状体混浊

禽流感恢复期出现各种歪头病鸡

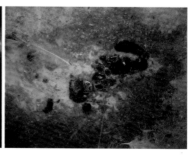

禽流感病鸡的粪便

禽流感病鸡脚的角质层下出血　　　　　　禽流感初期病鸡鸡冠鲜红

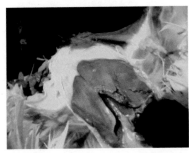
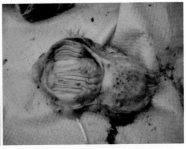

禽流感引起肝脏变质易脆，没有弹性　　禽流感引起肌胃角质层下出血和腺胃
　　　　　　　　　　　　　　　　　　　　　　黏膜出血

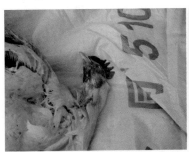

禽流感引起鸡冠呈棕黑色　　　　　　禽流感引起卵泡完全变性

禽流感引起角质层下出血　　　　禽流感引起输卵管有脓性分泌物

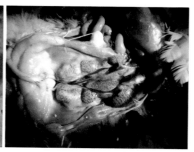

禽流感引起胸肌上有出血点　　　　肾型传染性支气管炎 1

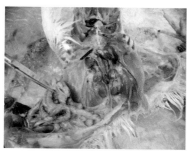

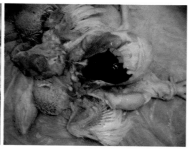

肾型传染性支气管炎 2　　　　外伤性肝出血形成凝血块

小肠球虫引起肠道肿胀，有明显出血
斑点出现

因尿酸盐沉积而形成花斑肾
（腹水症引起）

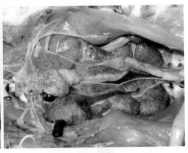

因尿酸盐沉积而形成花斑肾（疾病引起）

因尿酸盐沉积而形成花斑肾
（肾药品中毒）

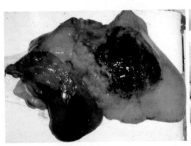

脂肪肝引起的肝脏黄染、出血，质脆易碎

脂肪肝引起的肝脏局限性出血和坏死灶

规模化蛋鸡场饲养管理

杨柏萱　王日田　主编

河南科学技术出版社

·郑州·

图书在版编目（CIP）数据

规模化蛋鸡场饲养管理/杨柏萱，王日田主编．—郑州：河南科学技术出版社，2014.3

ISBN 978 - 7 - 5349 - 4989 - 0

Ⅰ.①规… Ⅱ.①杨… ②王… Ⅲ.①卵用鸡 - 饲养管理 Ⅳ.①S831.4

中国版本图书馆 CIP 数据核字（2014）第 034952 号

出版发行：河南科学技术出版社

地址：郑州市经五路 66 号 邮编：450002

电话：(0371) 65737028 65788613

网址：www. hnstp. cn

策划编辑：田 伟

责任编辑：田 伟

责任校对：柯 姣

封面设计：宋贺峰

版式设计：栾亚平

责任印制：张艳芳

印 刷：开封智圣印务有限公司

经 销：全国新华书店

幅面尺寸：140 mm×202 mm 印张：9.25 字数：229 千字

版 次：2014 年 3 月第 1 版 2014 年 3 月第 1 次印刷

定 价：20.00 元

如发现印、装质量问题，影响阅读，请与出版社联系并调换。

编写人员名单

主　编	杨柏萱	王日田		
副主编	左海龙	烟玉华	韩文友	王爱忠
	王　军	侯俊霞	史金科	
参　编	杨　欢	王玮娜	徐富军	杨前锋

前　言

　　结合 20 多年畜牧业工作的经验，笔者计划完成一套关于家禽饲养管理的系列丛书。目前，《规模化肉鸡场饲养管理》和《柴鸡规模化散养技术》已经出版。笔者对蛋鸡的规模化饲养也有一套完善的管理理论，同时对蛋鸡饲养管理也进行了一系列的创新，经过多年实践，证明这些理论和创新是卓有成效的。笔者平时参与很多关于蛋鸡饲养的培训工作，这些理论和创新在培训中也得到了良好的反馈。笔者的创新项目主要有以下几点。

　　（1）蛋鸡育雏育成期的管理：重点是体重和胫骨长的同时发育。前 5 周体重和胫骨长必须达到标准，胫骨长均匀度代表着体成熟的均匀度。

　　（2）蛋鸡舍温度与通风的控制（舍内小气候的控制）：在产蛋鸡舍安装供温设备，在通风良好情况下，确保鸡舍内温度不低于 18℃。这样才能保证产蛋鸡的健康。供温问题是现在产蛋鸡舍普遍存在的问题，产蛋鸡舍是否配备良好的供温设备是产蛋鸡成败的关键。

　　（3）高密度开食饲养管理法：以 90 ~ 100 只/米² 的育雏密度进行前 10 小时的开食工作。雏鸡是互相学着吃料开食的，一定的密度能确保在雏鸡入舍 10 小时左右饱食率达到 95% 以上。

1 周后，雏鸡体重超过标准体重 15 克以上，胫骨长在 36 毫米以上。

（4）低温接雏：合适的温度和湿度对育雏很重要。接鸡前 3 小时到接鸡后 3 小时控制舍内温度在 27 ~29℃，然后每小时上调 1℃，到入舍后 3 ~4 小时，控制舍内温度在 31 ~33℃。前三天育雏温度控制在 31 ~33℃，育雏前一周舍内相对湿度一定不能低于 65%。另外，预防雏鸡脱水有利于开食。

（5）育成期的均匀度决定后期生产性能：4 ~8 周龄和 12 ~16 周龄体重和胫骨长的均匀度是管理重点，以这两个阶段均匀度不低于 78% 为宜。4 ~8 周龄、12 ~16 周龄和 26 ~32 周龄是蛋鸡的三个重点管理期。0 ~1 周龄和 18 ~22 周龄是蛋鸡的生命薄弱期。5 周龄末的胫骨长和体重必须达标。

（6）逆季开产蛋鸡管理：逆季开产蛋鸡是指在 9 ~12 月进入开产期的蛋鸡，也就是 4 ~8 月接的雏鸡。对于这几个月接的雏鸡为了确保准时开产，需要在 4 ~16 周龄时采取 8 ~10 小时弱光照饲养，这样能确保到 18 周龄准时开产。

（7）鸡群淘汰后需要空舍 1 个月左右：鸡群淘汰后 5 天时间清理干净鸡粪。5 天时间清洗鸡舍和设备。干燥后鸡舍用 20% 生石灰水刷地面和 1.5 米高的舍内墙壁，刷的效果要均匀一致，这个步骤需要两天时间。舍外清理工作 5 天内完成。舍内晾干后空舍 10 天以上。鸡舍消毒工作 3 天。之后就可接转鸡了。

（8）产蛋期的管理重点：用料量要合理，同时注意蛋鸡的采食时间和蛋重大小。蛋重、用料量和采食时间是蛋鸡场的管理重点。用料量和采食情况是蛋鸡健康的先导。

（9）在育雏育成后期和产蛋期，使用保健沙是必需的：全价料及颗粒料使用越来越多，颗粒饲料虽然非常易消化，但不利于蛋鸡肌胃的发育，使用保健沙石是为了确保蛋鸡的健康。

上述观点在书中有详细的论述，这些观点也得到了同行和朋友的大力支持，笔者编写本书，是希望能让广大养殖户尽早接受这些先进的管理理念。

由于笔者水平有限，书中错误和疏漏之处，肯请同行专家及广大读者指正。

编者
2013 年 2 月

目　　录

第一章　蛋鸡的品种与特点 …………………………………… （1）

　一、鸡的品种 …………………………………………………… （1）

　二、蛋鸡的品种简介 …………………………………………… （2）

　三、鸡的品系 …………………………………………………… （6）

　四、蛋鸡的生产性能 …………………………………………… （6）

　五、蛋鸡的生活力 ……………………………………………… （7）

　六、蛋鸡的生产力 ……………………………………………… （9）

　七、蛋鸡的繁殖力 ……………………………………………… （12）

　八、蛋鸡的屠宰性状（肉用性状）…………………………… （12）

　九、蛋鸡和蛋种鸡的优级种群 ……………………………… （13）

　十、蛋鸡场的效益分析 ……………………………………… （15）

第二章　规模化蛋鸡场的建场要求 ………………………… （17）

　一、场址的选择 ……………………………………………… （17）

　二、笼具的选择 ……………………………………………… （17）

　三、供温设备的选择 ………………………………………… （18）

　四、建场规模与要求 ………………………………………… （18）

第三章　蛋鸡场的生物安全管理 …………………………… （22）

一、蛋鸡场的隔离 …………………………… (23)

二、蛋鸡场的消毒 …………………………… (26)

三、生物安全中最易出现的两个问题 ……… (28)

第四章　接雏准备期的管理方法 ……………… (31)

一、接雏前的隔离与消毒 …………………… (33)

二、控制适宜的饲养密度 …………………… (34)

三、雏鸡质量的管理 ………………………… (35)

第五章　蛋鸡接鸡的管理重点 ………………… (36)

一、接鸡前的准备工作 ……………………… (36)

二、接鸡时的安全问题 ……………………… (37)

三、育雏期的生理特点 ……………………… (38)

四、雏鸡入舍注意事项 ……………………… (38)

五、开水开食的管理与操作 ………………… (39)

第六章　蛋鸡场的基础管理 …………………… (44)

一、了解鸡群 ………………………………… (44)

二、环境控制对生产性能的影响 …………… (46)

三、水的管理 ………………………………… (49)

四、舍内小气候管理 ………………………… (55)

第七章　蛋鸡的分季节管理 …………………… (63)

一、春季管理要点 …………………………… (63)

二、夏季管理要点 …………………………… (68)

三、夏秋交替管理要点 ……………………… (70)

四、秋季管理要点 …………………………… (72)

五、冬季管理要点 …………………………… (77)

第八章　蛋鸡分期管理与饲养 ………………… (81)

一、空舍期 …………………………………… (81)

二、育雏期 1 ~ 3 周管理 …………………… (82)

三、育雏期 4~6 周管理 ………………………… (91)

四、育雏期全期管理重点（1~6 周）………… (91)

五、育成期管理（7~17 周）…………………… (96)

六、产蛋上升期管理（18~23 周）…………… (99)

七、产蛋前期管理（24~35 周）……………… (100)

八、产蛋中期管理（36~45 周）……………… (115)

九、产蛋后期管理（46~86 周）……………… (116)

十、产蛋期全期管理重点（24~86 周）……… (116)

十一、逆季开产管理 …………………………… (119)

第九章　蛋鸡淘汰后的休整期……………………… (121)

一、休整期要突出"净" ……………………… (121)

二、休整期鸡场的清扫程序 ………………… (122)

三、休整期的冲洗工作 ……………………… (123)

四、饮水系统和喂料系统的清洗和消毒 …… (124)

五、地面的处理 ……………………………… (125)

六、休整期的其他注意事项 ………………… (126)

第十章　蛋鸡的疫病预控 ………………………… (128)

一、蛋鸡防病基础知识 ……………………… (128)

二、蛋鸡预防性用药方案 …………………… (136)

三、蛋鸡的给药途径 ………………………… (138)

四、蛋鸡疾病防治附录 ……………………… (139)

附录 ………………………………………………… (260)

附录一　无公害蛋鸡与鸡蛋生产操作规程 …… (260)

附录二　蛋鸡 600 天营养套餐（海兰褐）…… (269)

附录三　蛋鸡标准化示范场验收评分标准 …… (270)

附录四　14 万只产蛋的四层笼蛋鸡场预算表 ………
　　　　………………………………………… (274)

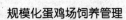

附录五　雏鸡的雌雄鉴别方法 …………………（275）

附录六　蛋鸡或蛋种鸡场规模与人员配备 ……（276）

附录七　规模化蛋鸡场保健和免疫程序 ………（277）

附录八　鸡的最佳饮水量 …………………………（281）

第一章 蛋鸡的品种与特点

随着当今社会的发展，人们膳食结构的改变，人们对鸡蛋的需求日益增加，从而促使了规模化蛋鸡生产的迅速发展。与以往蛋鸡的概念截然不同，现代蛋鸡品种指蛋用配套品系杂交生成的雏鸡，如海兰褐、海兰白等。

一、鸡的品种

所谓品种是指有着共同祖先来源，具有大体相似的体型外貌和相对一致的生产方向，并且能够将这些特点和性状较稳定地遗传给其后代的较大数量的群体。世界公认的按育种计划选育的家禽标准品种就有340多个，国内常见的鸡的标准品种有白来航鸡（优良蛋用型鸡）、洛岛红鸡（兼用型鸡种）、新汉县鸡（兼用型鸡种）、芦花洛克鸡（兼用型鸡种）、白洛克鸡（兼用型鸡种）等。

按照生产方向和用途，鸡的品种类型可分为如下几种：①蛋用型，如褐壳蛋系的罗曼蛋鸡（德国培育）；②肉用型，如爱拔益加（AA）白羽肉鸡；③蛋肉兼用型，如洛岛红鸡（美国培育）；④药用型，如白毛乌骨鸡（中国浙江省培育）、红毛乌骨鸡（中国江西省培育）；⑤观赏型，如日本长尾鸡。

近几年来，我国引进的蛋用型良种鸡品种较多，按照蛋壳的颜色可分为白壳蛋系和褐壳蛋系，还有浅褐壳蛋系。在我国推广、饲养比较普遍的褐壳蛋系蛋鸡品种有迪卡蛋鸡、罗曼蛋鸡、海兰褐蛋鸡、伊莎蛋鸡、罗斯褐壳蛋鸡、海赛克斯褐蛋鸡和谢佛"星杂579"等。

二、蛋鸡的品种简介

1. 白壳蛋鸡主要品种

（1）北京白鸡：北京白鸡是北京市种禽公司在引进国外鸡种的基础上选育成的优良蛋用型鸡。它具有体型小、耗料少、产蛋多、适应性强、遗传稳定等特点。目前，北京白鸡的配套系是北京白鸡938，可以根据羽速鉴别雌雄。

主要生产性能指标：0～20周龄成活率为94%～98%，21～72周龄成活率为90%～93%，72周龄饲养日产蛋数为300枚，平均蛋重为59.42克，料蛋比为2.23～2.32。

为了在生产中获到更好的饲养效果，可以参照下面最新的主要生产性能培育标准：0～18周龄成活率为94%～98%；19～72周龄成活率为92%～95%；19～72周龄饲养日产蛋数为300枚，平均蛋重为59.42克，料蛋比为1.98～2.06；73～86周饲养日产蛋数为66枚，平均蛋重为61.42克，料蛋比为2.1～2.23。

（2）海兰白鸡：海兰白鸡是美国海兰国际公司培育的。现有海兰W-36和海兰W-77两个白壳蛋鸡配套系。特点是体型小、性情温顺、耗料少、抗病力强、产蛋多、脱肛及啄羽的发病率低。

海兰W-36白壳蛋鸡的主要生产性能指标：育成期成活率为97%～98%，0～18周龄耗料量为5.66千克；达50%产蛋率日龄为155天，高峰产蛋率为93%～94%；入舍鸡80周龄产蛋数为330～339枚；产蛋期成活率为96%，料蛋比为1.99。

为了在生产中获到更好的饲养效果，可以参照下面最新的主要生产性能培育标准：0～18周龄成活率为94%～98%；19～72

周龄成活率为 92% ~95%；19 ~72 周龄饲养日产蛋数为 310 枚，平均蛋重为 60. 42 克，料蛋比为 1. 88 ~1. 96；73 ~86 周龄饲养日产蛋数为 68 枚，平均蛋重为 61. 42 克，料蛋比为 2 ~2. 12。

2. 褐壳蛋鸡主要品种

（1）伊莎褐蛋鸡：伊莎褐蛋鸡是法国依莎褐公司培育出的四系配套杂交鸡，是目前国际上优秀的高产蛋鸡之一。遗传潜力为年产蛋 300 枚，该公司保证其年产蛋水平为 260 ~270 枚。

生产性能指标：0 ~20 周龄成活率为 98%，21 ~74 周龄成活率为 93%，76 周龄入舍母鸡产蛋数为 292 枚，达 50% 产蛋率平均日龄为 168 天，产蛋高峰周龄为 27 周龄，高峰期产蛋率为 92%，74 周龄产蛋率为 66. 5%。

为了在生产中获到更好的饲养效果，可以参照下面最新的主要生产性能培育标准：18 周龄成活率为 94% ~98%；19 ~72 周龄成活率为 92% ~95%，19 ~72 周龄饲养日产蛋数为 280 枚，平均蛋重为 61. 42 克，料蛋比为 2 ~2. 12；73 ~86 周龄饲养日产蛋数为 56 枚，平均蛋重为 63. 42 克，料蛋比为 2. 2 ~2. 32。

（2）海兰褐蛋鸡：海兰褐蛋鸡是美国海兰国际公司培育的高产蛋鸡，特点是产蛋多、死亡率低、饲料报酬高、适应性强。

主要生产性能指标：育成期成活率为 96% ~98%；产蛋期成活率为 95%；达 50% 产蛋率的日龄为 151 天，高峰产蛋率为 93% ~96%；72 周龄入舍鸡产蛋数为 298 枚，产蛋量为 19. 4 千克；80 周龄入舍鸡产蛋数为 355 枚，产蛋量为 21. 9 千克，料蛋比为 2. 2 ~2. 5。

为了在生产中获到更好的饲养效果，可以参照下面最新的主要生产性能培育标准：0 ~18 周龄成活率为 95% ~98%；19 ~72 周龄成活率为 94% ~96%，19 ~72 周饲养日产蛋数为 310 枚，平均蛋重为 61. 42 克，料蛋比为 2 ~2. 12；73 ~86 周饲养日产蛋数为 76 枚，平均蛋重为 63. 42 克，料蛋比为 2. 12 ~2. 32。

（3）黄金褐壳蛋鸡：黄金褐壳蛋鸡是美国迪卡布公司近年来为适应市场需要而研究推出的优良蛋鸡新品种，特点为体型小、产蛋早、成活率高，产蛋高峰及产蛋后期有持久的产蛋率，耐热。

主要生产性能指标：育成期成活率为 99%，产蛋期成活率为 95%；达 50% 产蛋日龄为 145 天，高峰期产蛋率为 93%；72 周龄入舍鸡产蛋数约为 305 枚，产蛋量为 19.96 千克。

为了在生产中获到更好的饲养效果，可以参照下面最新的主要生产性能培育标准：0~18 周龄成活率为 94%~98%；19~72 周龄成活率为 92%~95%，19~72 周龄饲养日产蛋数为 315 枚，平均蛋重为 62.42 克，料蛋比为 2~2.12；73~86 周龄饲养日产蛋数为 78 枚，平均蛋重为 64.42 克，料蛋比为 2.23~2.34。

（4）罗曼褐壳蛋鸡：罗曼褐壳蛋鸡是德国罗曼集团公司培育的高产蛋鸡品种，其特点是产蛋多、蛋重大、饲料转化率高。

主要生产性能指标：达 50% 产蛋率日龄为 145~150 天；高峰期产蛋率为 92%~94%；产蛋 12 个月产蛋数为 295~305 枚，平均蛋重为 63.5~65.6 克，料蛋比为 2~2.1。

为了在生产中获到更好的饲养效果，可以参照下面最新的主要生产性能培育标准：0~18 周龄成活率为 94%~98%；19~72 周龄成活率为 92%~95%，19~72 周龄饲养日产蛋数为 316 枚，平均蛋重为 64.42 克，料蛋比为 2~2.12；73~86 周龄饲养日产蛋数为 68 枚，平均蛋重为 66.42 克，料蛋比为 2.32~2.52。

3. 粉壳蛋鸡主要品种

（1）亚康蛋鸡：亚康蛋鸡是以色列 PBU 公司培育的。

生产性能指标：育成期成活率为 95%~97%；产蛋期成活率为 94%~96%；达 50% 产蛋率日龄为 152~161 天；每只鸡 80 周龄产蛋数为 330~337 枚，平均蛋重为 62~64 克。

为了在生产中获到更好的饲养效果，可以参照下面最新的主要生产性能培育标准：0～18周龄成活率为94%～98%；19～72周龄成活率为92%～95%，19～72周龄饲养日产蛋数为306枚，平均蛋重为63.42克，料蛋比为1.98～2.02；73～86周龄饲养日产蛋数为70枚，平均蛋重为64.42克，料蛋比为2.12～2.32。

（2）海兰粉壳鸡：海兰粉壳鸡是美国海兰公司培育出的高产粉壳鸡，我国近年才引进，主要饲养在北京等地。

生产性能指标：0～18周龄成活率为98%；达50%产蛋率平均日龄为155天；高峰期产蛋率为94%；20～74周龄饲养日产蛋数为290枚，成活率达93%；72周龄产蛋量为18.4千克，料蛋比约为2.3。

为了在生产中获到更好的饲养效果，可以参照下面最新的主要生产性能培育标准：0～18周龄成活率为94%～98%；19～72周龄成活率为92%～95%，19～72周饲养日产蛋数为298枚，平均蛋重为63.42克，料蛋比为1.96～2.02；73～86周饲养日产蛋数为65枚，平均蛋重为64.72克，料蛋比为2.12～2.42。

（3）京白939粉壳蛋鸡：京白939粉壳蛋鸡是北京种禽公司新近培育的粉壳蛋鸡高产配套系。它具有产蛋多、耗料少、体型小、抗逆性强等特点。商品代能依据羽速鉴别雌雄。

生产性能指标：0～20周龄成活率为95%～98%；20周龄体重为1.45～1.46千克；达50%产蛋率平均日龄为155～160天；进入产蛋高峰期为24～25周，高峰期最高产蛋率为96.5%；72周龄入舍鸡产蛋数为270～280枚，成活率达93%；72周龄入舍鸡产蛋量为16.74～17.36千克；21～72周龄成活率92%～94%，料蛋比为2.3～2.35。

为了在生产中获到更好的饲养效果，可以参照下面最新的主要生产性能培育标准：0～18周龄成活率为94%～98%；19～72周龄成活率为92%～95%，19～72周龄饲养日产蛋数为296枚，平均蛋重为62.2克，料蛋比为2.1～2.32；73～86周龄饲养日产蛋数为 62 枚，平均蛋重为 63.42 克，料蛋比为 2.32 ~ 2.52。

三、鸡的品系

鸡的品系，是指在一个鸡种或品种内，由于育种目的和方法的不同所形成的具有专门特征性状的不同群体。这样的一个品系实际上是指两个不同含义的群体即近交系和品群系，在实际应用中，也称之为纯系。

为适应专业化养鸡业的发展，畜牧科技工作者对鸡的各品系进行了杂交组合，定向培育或在本品种（系）进行定向选育，已获得了较多较好的品种（系）。现代蛋鸡育种多采用四系配套法进行培育。凡是四系配套的鸡种，其曾祖代鸡组合的品系有所差异，而制种程序和原理是相同的。通常四系配套制种的曾祖代鸡，都有 8 ~ 9 个或更多的品系。

曾祖代鸡所产的蛋孵出后的鸡为祖代，可分为父系 A（公）、B（母）和母系 C（公）、D（母）。祖代鸡产出的蛋孵出的鸡为父母代鸡，一般分为单交种 AB（公）、单交种 CD（母）。父母代 AB 公鸡与 CD 母鸡交配后所产的蛋孵出鸡为四系配套杂交 ABCD 商品代蛋鸡。商品代蛋鸡能充分发挥其优良的产蛋性能，是整个四系配套制种的目的。商品代蛋鸡不能继续作种用。

四、蛋鸡的生产性能

所谓蛋鸡的生产性能主要指蛋鸡生产性状及与生产表现有关的经济特性，如生产力、存活力、繁殖力等。影响蛋鸡生产性能发挥的因素主要来源于种鸡遗传特性、营养、环境状况、饲养条件、生产管理、技术水平、健康因素（如禽病传染）、劳动熟练程度、事业心和责任感等。生产经营者及时了解蛋鸡生产性能和指标，有利于及时掌握蛋鸡的生产表现、性能发挥、鸡群健康状况和品种来源情况，以便为科学引种，施行高产、高效技术措施，提高生产经营管理水平，提高经济效益提供有效的指导。

五、蛋鸡的生活力

蛋鸡生存、健康发育、生长并能按照饲养目的进行顺利生产的能力，是养鸡经营者最关心的问题。因为它是发展生产的前提。尤其在目前蛋鸡品种较多，禽病复杂的情况下，分析了解蛋鸡的生活力，一方面，可以更好地为蛋鸡创造一个良好的生活环境，包括加强蛋鸡饲养管理条件，优化营养结构，施行严格的消毒和防疫措施，净化鸡舍环境等；另一方面，可以根据蛋鸡的内在生理素质和当地疫情，制订科学的免疫防疫程序和防疫制度，借助较先进的医疗卫生条件系统地进行疫病防治管理。这对于有效地提高蛋鸡的生活力，保证鸡只健康生长，为未来发挥蛋鸡的遗传潜力是非常重要的。

尽管构成和衡量蛋鸡生活力高低的因素是多方面的，但我们在生产经营活动中最关心是下面 8 个指标：育雏成活率、育成成活率、产蛋鸡存活率、产蛋期死淘率、月死淘率、性成熟期、生长发育和抗逆性。

1. 育雏成活率　指鸡从孵出饲养至 6 周龄（0～42 天）时的存活比率，它是在健康生理条件下，度量蛋鸡生活性能的重要指标之一。大量的蛋雏鸡养育实践表明，地方品种比新培育品种，褐壳蛋鸡系比白壳蛋鸡系的生活力强。育雏死淘率，是与成活率恰恰相对的一个指标，它是整个育雏期因种种原因死亡或淘汰的雏鸡比率。

2. 育成成活率　一般认为，雏鸡在 6 周龄育雏结束后，到发育成熟（20 周龄），将进入产蛋期的这一段时间（育成期）内的鸡只存活比率为育成成活率。如迪卡褐蛋鸡育成成活率为98%以上。育成成活率的高低直接影响着蛋鸡产蛋量的大小。

3. 产蛋鸡存活率　蛋鸡在 140 日龄育成结束后转群至产蛋

鸡舍，开始了蛋鸡生产的过程，一般在饲养一个产蛋年（总504日龄）后淘汰鸡群。入舍蛋鸡在该时间内的存活比率，即为产蛋期的蛋鸡存活率，正常产蛋期的存活率一般为88%~92%。

4. 产蛋期死淘率　指在整个产蛋期（140~504日龄），入舍母鸡的死亡或淘汰比率。在生产实践中，产蛋期入舍母鸡的死淘率一般为8%~12%。

5. 月死淘率　指一个月中死亡和挑出淘汰的鸡只数占存活鸡数的百分率，它是考核蛋鸡生产性能的重要指标之一。一个管理好的鸡群，月死淘率应在0.4%~0.8%，迪卡产蛋鸡的月死淘率应在0.5%~0.7%。如果超过1%或者更高，表明在生产管理上存在问题或鸡群健康状况不佳，需要及时发现，仔细检查，找出原因，加以解决。

6. 性成熟期　性成熟期即蛋鸡的开产日龄，是指全群入舍蛋鸡产蛋率达50%的生长日龄，在正常的生产管理情况下，蛋鸡的开产日龄为140~175天，如罗曼（褐）父母代、商品代蛋鸡的开产日龄为144~150天。

7. 生长发育　蛋鸡生长发育和其他动物一样，也可用累积生长、绝对生产、相对生长、分化生长和体态结构指数等进行计算与分析，但在育种实践中，较常用的为绝对生长和相对生长。

（1）绝对生长：指蛋鸡在一定时间内的增重（或增长），是蛋鸡绝对生长发育速度的衡量尺度，可用在一定时间内蛋鸡的平均生长速度G来表示。

（2）相对生长：指在测定的时间内，蛋鸡增重（或增长）占始、末平均体重（或体尺）的百分比率，可用R代表。相对生长是反映蛋鸡生长强度的关键指标。根据各时期相对生长值可绘出相对生长曲线。由于蛋鸡与其他畜禽一样，在幼年时的新陈代谢较旺盛，生长发育较强烈，到成年后，生长强度趋于稳定，甚至接近于零，相对生长随着年龄的生长而下降。

8. **抗逆性** 简单地说，蛋鸡抗逆性就是蛋鸡在生长发育和生产过程中，抵抗外界环境不良因素的特性，如抗热、抗冷冻、抗惊群、抗病原菌的感染等。一般来说，地方蛋鸡品种均具有较强抗逆性。新培育的褐壳蛋鸡品系如迪卡褐蛋鸡、海兰褐蛋鸡等，其抗逆性也较强，而且成活率和产蛋期的存活率较高。

了解和掌握这些有关蛋鸡生活力的正常指标，对于考察、引进种鸡、鸡苗，对于预测蛋鸡生产的效果和制订可行的合理的生产计划，有效地促进生产，提高生产水平，以及及时发现和掌握鸡群的健康状况，做到早发现、早诊断、早防治，避免重大疫情的发生都具有重大的现实意义和指导作用。

六、蛋鸡的生产力

蛋鸡生产是蛋鸡在生产过程中主要经济性状的表现能力，它是养鸡经营者和育种工作者最为关心的性状之一，统计和分析生产力对生产经营、提高经济效益和育种场实施有效的选择手段可提供有益的指导，其主要包括产蛋力和蛋品质两个方面的内容。

1. **产蛋力** 通常用来衡量产蛋力的指标有产蛋量、产蛋率、饲料转化率和蛋重。

（1）产蛋量：指入舍母鸡在一定（条件）的统计时间内的产蛋枚数和产蛋总重量。

（2）产蛋率：指统计期内的产蛋总枚数与存栏母鸡数比率，在日常生产中常用的是日产蛋率和平均产蛋率。我们通常将日产蛋率达50%时的产蛋日龄称为蛋鸡开产日龄。在生产实践中，产蛋率的高低直接反映了蛋鸡生产管理水平的高低，掌握产蛋率的变化规律有利于养鸡生产经营者根据相应的变化情况及时调节日粮水平，降低生产成本，还有利于及时发现鸡群健康状况和应激反应情况，加强防疫治疗措施，净化、控制鸡舍环境，为产蛋鸡群创造一个理想的生活条件。

（3）饲料转化率：也称饲料转换率、饲料利用率、饲料报酬。它是指蛋鸡利用饲料转化为产蛋总重或活重的效率。在蛋鸡生产中则常用料蛋比表示，即蛋鸡在某一年龄段饲料消耗与产蛋总重的比率。若以产 1 千克鸡蛋消耗的饲料千克数（X）表达，则料蛋比为 X:1。蛋鸡饲养实践表明，一般轻型白壳蛋鸡（巴布考克 B－300、京白 904 等）的饲料转化率一般高于中型褐壳蛋鸡（迪卡褐、罗曼褐等）。

（4）蛋重：蛋重是蛋鸡的重要经济性状之一，它直接决定着母鸡总产量的高低，蛋重的大小主要是受遗传因素控制的，蛋重的遗传力在 0.31 ~ 0.81，当然也受母鸡年龄、体重、营养水平、健康及光照、温度等因素的影响。一般认为，蛋鸡的正常蛋重的变化范围为 50 ~ 65 克。蛋重的大小与种蛋的合格率和孵化率等有关，因此在种鸡场特别受到重视。

2. 蛋品质　衡量鸡蛋品质的指标主要有蛋形、蛋壳颜色、蛋壳厚度、蛋密度、哈氏单位、蛋白高度、血斑与肉斑率等。

（1）蛋形：就是指蛋的形状，蛋形主要在在母鸡输卵管峡部形成。蛋形对孵化、包装运输、减少破损具有十分重要的意义。蛋形是用蛋形指数（蛋的横径与纵径的比率）来表示的。最佳蛋形指数为 0.72 ~ 0.74。该指数小于 0.70 的蛋形较长，大于 0.75 的蛋形较圆，这部分蛋破损率高，孵化率低，称为畸形蛋。蛋形遗传力为 0.10 ~ 0.25。

（2）蛋壳颜色：主要分为褐色（深褐色）、浅褐色（或粉色）和白色三种，当然也有少数珍稀鸡的蛋为绿色、蓝色和花（纹）斑蛋壳。蛋壳颜色是蛋壳形成时在子宫中产生的色素沉积造成的，正常蛋色泽随蛋鸡日龄增大而逐渐变浅。当产蛋鸡群突然暴发疫病，如新城疫、传染性支气管炎和产蛋下降综合征等时，病鸡所产蛋的蛋壳颜色也变浅。因此，日常生产中注意观察蛋壳颜色的异常变化，有利于及时发现疫病。

（3）蛋壳厚度：蛋壳厚度是度量鸡蛋品质的重要指标之一，一般应在 0.35 毫米以上，平均遗传力为 0.31。饲料质量差，蛋鸡年龄大，夏季高温及疫病感染等因素的影响常导致蛋壳厚度变薄，破蛋率升高。壳厚一般用蛋壳厚度测定仪测定。测定时从鸡蛋的横周径以三等分取三点，然后计算其平均测量值。有关资料介绍，蛋壳的表现厚度（不去壳膜时）平均为 0.37 毫米，蛋壳实际厚度（去壳膜）平均为 0.3 毫米。Nordstron 等人于 1982 年就提出了用蛋比重与蛋重换算蛋壳厚度的公式：蛋壳厚度（毫米）$\times 100 = -11.056 + 0.4349$ [（蛋比重 -1）$\times 10^3$] $+ 0.2112 \times$ 蛋重（克）。

（4）蛋密度：蛋密度（蛋比重）是影响蛋壳强度的重要因素之一，尤其在蛋鸡选种、选育上具有非常大的价值，它与产蛋量呈负相关（相关指数为 -0.31）。蛋密度可用漂浮法测定，其分 9 个不同的密度等级（表 1.1）。

表 1.1　漂浮法测定蛋密度等级

等级	0	1	2	3	4	5	6	7	8
漂浮液相对密度	1.06 (1.068)	1.065 (1.072)	1.07 (1.076)	1.075 (1.08)	1.08 (1.084)	1.085 (1.088)	1.09 (1.092)	1.095 (1.096)	1.1 (1.1)
3 千克水中加盐/克	27.6	29.8	32	34.2	36.5	39	41.4	43.8	46.2

将新鲜鸡蛋（产后 3 天以内的鸡蛋）按上述由低到高依次放入比重液中，据鸡蛋的沉浮情况，即可确定其蛋密度值。

（5）哈氏单位：哈氏单位是用于描述鸡蛋新鲜程度和鸡蛋品质的重要指标之一，鸡蛋越新鲜，蛋白越浓稠，蛋白厚度越高，哈氏单位越大。一般新鲜鸡蛋哈氏单位的正常变化范围为 75～85，有的也可达 90，而陈蛋的哈氏单位可降至 30 以下，其计算公式为：

$$哈氏单位 = 100 \lg (H - 1.7 W^{0.37} + 7.6)$$

公式中：H 为蛋白高度（厚度），单位毫米；W 为蛋重，单位克。

（6）蛋白高度：将已称重的鸡蛋打破后，倾注于水平放置的平板玻璃上，用蛋白高度测定仪测量蛋黄周围浓蛋白层中部，取其平均值为蛋白高度。在测得了蛋重和蛋白高度后，可直接由"哈氏单位速查表"查得。

（7）血斑与肉斑率：在鸡蛋的形成过程中，由于机械的或病理的原因造成的输卵管少量出血，或输卵管黏膜损伤等因素而导致蛋白（少量蛋黄）内带有血斑、肉斑。含血斑和肉斑的总蛋数占所测定总蛋数的百分率，称为蛋的血斑和肉斑率。血斑和肉斑率的高低因蛋鸡品种或年龄等因素而异，一般白壳蛋的血斑、肉斑率较低，褐壳蛋血斑、肉斑率较高。血斑和肉斑率的高低直接影响着种蛋的质量，对种蛋的孵化率具有不良影响。

七、蛋鸡的繁殖力

蛋种鸡的繁殖力是指种鸡配种后，受精、孵化、出雏等繁衍后代的潜能，其主要指标包括受精率、孵化率和健雏率等。受精孵化率与入孵蛋孵化率（或出雏率）统称为孵化率。在正常的孵化过程中，健雏率应在95%以上。

八、蛋鸡的屠宰性状（肉用性状）

屠宰性状主要是针对肉用鸡和蛋肉兼用型鸡而言的，为了对其肉用性能进行比较全面的评定和使测定结果有足够的准确性，国内外普遍利用屠体解剖分割评定肉质，现将介绍广东省家禽科学研究所、中国农业大学和中国农业科学院畜牧所根据全国家禽育种委员会和中国家禽研究会的要求，于1984年提出的关于肉禽屠宰测定的一些建议，以便为生产实践提供指导。

屠宰解剖测定的顺序与要求如下：宰前活重、体尺测量（活体）、称杀血重、屠体重、皮色鉴定、半净膛重、全净膛重等。
下面简单介绍下蛋鸡的体尺测量指标以及全净膛重和半净膛重。

1. 体尺测量指标

（1）体斜长：在翅膀外用软尺测量锁骨前上关节至坐骨结节间的距离。

（2）胸骨长：用软尺测量胸骨突前端至胸骨末端的距离。

（3）胸宽：用卡尺测量锁骨上关节之间的距离。

（4）胸角：用胸角器测量胸骨突最前端处的角度。

（5）跖长：用卡尺测量踝关节骨缝到第三与第四趾间的垂直距离。

（6）跖围：用线测量跖骨中部周围的长度。

2. 全净膛重和半净膛重　屠体去全部内脏（包括气管、食道、嗉囊、胃、肠道、肛门、肝、胆、胰、脾、心、生殖器官等），只留肺、肾，称全净膛重。半净膛重为全净膛重加上腺胃、肌胃（除去内容物及角质膜）、腹脂、肝（去胆）、心的重量。

九、蛋鸡和蛋种鸡的优级种群

1. 评价鸡群的标准　每一个优秀的鸡场管理工作者，都想对自己的鸡群做一个准确的评价。产蛋量是一个标准，但产蛋量受产蛋高峰期管理的影响。所以，评价一批蛋鸡的好坏要从育雏开始，考虑到生产的每个时期。

评价蛋鸡的标准主要有：①体型的好坏。育雏与育成期体型要健美，肥瘦适中，如果蛋鸡储存过量的脂肪，会导致过肥。胫骨长要达到或超过标准要求。开产后要有一定的丰满度，有一定的脂肪沉积为好。②保持体重与周增重均衡是管理的重点。周增重应保持在标准要求±10%。③羽毛的发育、断裂和换羽情况。蛋鸡育雏或育成期若应激较多，会造成羽毛缺损和断羽，影响羽毛的发育和换羽，进而影响整个鸡群的质量。④均匀度的好坏。

胫骨长达到标准，并且均匀度良好。全群的均匀度不同时期有所偏重。⑤累计死淘率是评价鸡群是否优秀的关键标准。

2. 各个时期鸡群评价的详细办法

（1）育雏期（0~6周龄）：

1）本阶段蛋鸡体型不是关注的重点。重点是体重和胫骨长要达到标准。优级种群5周龄内要确保体重和胫骨长达到或超过标准，但体重不能超过标准过多。

2）统计主翼羽断裂的比例，主翼羽完好率不低于80%为优级种群。统计每只蛋鸡翅膀上的裂痕个数，超过5个裂痕的为应激反应严重，低于5个裂痕的为应激反应较轻。大部分蛋鸡翅膀上没有裂痕，可评价为优级种群。

3）4周后均匀度不低于80%为优级种群。

4）4周末累计死淘率不高于0.75%为优级种群。

（2）育成期（7~18周龄）：

1）本阶段体型控制最为重要。16周龄后体型就应为丰满的"V"字形。控制体重，使周增重均衡为本阶段的管理重点。每周的实际周增重在标准周增重±5%为优级种群。胫骨长显得更为重要，4~8周均匀度每周都要达到标准。胫骨长决定了育成蛋鸡以后的生产性能的好坏。

2）统计主翼羽断裂的比例，主翼羽完好率不低于80%为优级种群。16周龄末换羽均匀度不低于80为优级种群。换羽均匀度是重要的评价标准。

3）14~18周龄末均匀度不低于78%为优级种群。

4）5~18周龄累计死淘率不高于1.5%为优级种群。

（3）产蛋上升期（18~22周龄）：

1）体型、体重、周增重及主翼羽的评价同育成期。

2）加光后8~12天见蛋，周产蛋率达到95%以上为优级种群。周均双黄蛋比率不超过1%。

3）19~22周龄累计死淘率不高于0.5%为优级种群。

（4）产蛋高峰期（23~42周龄）：

1）体型、体重、周增重及主翼羽的评价同育成期。

2）周均产蛋率94%以上或者在本品种标准产蛋率以上，周数在20周以上为优级种群。周均产蛋率下降值不超过0.2%。

3）蛋用种鸡受精率不低于94%为良好种鸡群。

4）33~42周龄累计死淘率不高于0.5%为优级鸡群。

（5）产蛋高峰后期（43~52周龄）：

1）控制体重，使周增重均衡为本阶段的管理重点。每周的实际周增重在标准周增重±10%为优级种群。

2）43~52周龄累计死淘率不高于0.72%为优级种群。

3）蛋用种鸡受精率不得低于92%为良好种鸡群，蛋鸡和蛋种鸡产蛋率在标准产蛋率±2%为优级种群。

（6）产蛋后期（53~80周龄）：

1）体重、周增重的评价同高峰后期。

2）53~80周龄累计死淘率不高于2.4%为优级种群。

3）蛋用种鸡受精率不得低于90%为良好种鸡群，蛋鸡和蛋种鸡产蛋率在标准产蛋率±2%为优级种群。

十、蛋鸡场的效益分析

优质品种的蛋鸡具有饲料报酬高、产蛋多和成活率高的优良特点，在全国很多地区都可饲养，适宜集约化养鸡场、规模鸡场、专业户饲养。以饲养2 000羽海兰优质商品蛋鸡为例。

1. 支出方面

（1）饲养支出：养至20周龄每羽鸡耗料7.4千克，当前市场价每千克2.75元，每羽计20.35元，2 000羽共计40 700元。

（2）20~74周龄：每羽每天耗料120克，合计45.4千克，按当前市场价每千克2.75元计算，计125元/羽，2 000羽共计

250 000 元。

（3）防疫和药品费用：每羽鸡需投入 2.5 元，2 000 羽共计 5 000 元。

（4）雏鸡支出：每羽 3.2 元，2 000 羽共计 6 400 元。

（5）其他支出：每羽 5 元，2 000 羽共计 10 000 元。

以上主要几项支出每羽计 156.05 元，2 000 羽共计 312 100 元。

2. 收入方面

（1）产蛋收入：74 周龄每羽海兰蛋鸡可产蛋 317 枚，每枚蛋重以 62.5 克计算，每羽单产 19.8 千克。按当前市场价每千克 8.6 元计算，每羽收入为 170.28 元，2 000 羽共计 340 560 元。

（2）淘汰母鸡收入：海兰蛋鸡淘汰体重约 2.2 千克，当前市场价为每千克 11.6 元，每月收入 25.52 元，成活率按 94% 计算，2 000 羽的收入共计 47 978 元。

以上两项合计每羽 195.8 元，总计产出 39.16 万元，减去支出的 312 100 元，饲养 2 000 羽海兰优质商品蛋鸡收益为 79 500 元。需要说明的是，饲养 2 000 羽蛋鸡只是中等规模的养鸡场，如果增加养殖规模，在当前鸡蛋行情较好的情况下，收益也会相应增加。

第二章　规模化蛋鸡场的建场要求

一、场址的选择

规模化蛋鸡场建场选址要重点考虑蛋鸡的生物安全，以高燥地方、避风向阳的地方为宜，排水要方便。

蛋鸡场和种鸡场场址选择具体要求如下：①水源不被污染，最好能使用160米以上的深井水，确保水量在夏季使用水帘时要供应充足。②距离村庄2 000米以上；距离肉联厂、集贸市场、其他饲养场都要在3 000米以上。③应具备良好的保温设施，墙体与屋顶都要有保温材料处理。④舍内与舍外用水泥路面，这样可以延长鸡场使用寿命，减少污染，降低疫病的发生几率。⑤所有进风口和门窗都要有防蝇虫和飞鸟的设备，匀风窗上要钉窗纱，进入口要有门帘。⑥生产区内不能有污水沉积的地方，要有良好的排水系统。⑦必须有化粪池处理鸡粪。

二、笼具的选择

1. **育雏育成笼**　育雏育成笼分为立体育雏笼和阶梯育雏笼两种。

（1）立体育雏笼：单层笼规格为1.4米×0.7米×0.30米。此单层笼又分为两个单栏，每条单栏面积是0.49平方米。单笼以饲养16只为宜。一层面积是0.98平方米，饲养32只左右。

一组育雏笼的面积为 3.96 平方米。每平方米 30 只为宜，每组笼的育雏育成量为 128 只。

（2）阶梯育雏笼：单层笼规格为 1.86 米 × 0.55 米 × 0.35 米。此单层笼又分为两个单栏，每个单栏面积是 0.51 平方米。单笼饲养 17 只为宜。每组阶梯育雏笼由六条单层笼组成，总饲养面积为 6.14 平方米。每平方米 33 只为宜，每组笼的育雏育成量为 204 只。

2. 产蛋笼　产蛋笼分为三阶梯产蛋笼和四阶梯产蛋笼两种，笼具都是单条笼。单条笼又分为四格笼和五格笼。三阶梯产蛋笼每组饲养量分别是 90 只和 96 只（人工加料鸡舍使用）。四阶梯产蛋笼每组饲养量分别是 120 和 128 只（自动上料线鸡舍使用）。

三、供温设备的选择

为蛋鸡场供温设备的选择有两个方面：首先是育雏舍，育雏舍的供温设备选择办法是把整个育雏育成舍密封后，不通风情况下进行供温使整舍温度达到 25℃，这种温度调试的时间应选择在最寒冷的冬季后半夜进行为好。其次是产蛋舍，选择供温设备的办法同育雏舍一样，但调试温度达 20℃ 以上即可。

四、建场规模与要求

1. 建场规模　规模化蛋鸡场是由产蛋场与育雏育成场配套而成。产蛋场与育雏场的合理配置会最大程度发挥鸡舍的作用。

建场时，鸡舍长度可以通过下面的公式计算。鸡舍长度（米）＝饲养量/（笼架数 × 笼层数 ×30）（米）＋前操作间长度（米）＋后操作间长度（米）。例如，要建个规模为 20 000 只鸡的鸡舍，用三排三层，计算如下，鸡舍长度 = 20 000/（3 ×3 × 30）＋3 + 1.5 =72.9（米）。

（1）产蛋场：产蛋场的产蛋舍一般采用三层笼。鸡舍的规格为 124 米 × 10.6 米 × 4.5 米，也可以按照 124 米 × 12.4 米 × 4.5 米规格建鸡舍。鸡舍的宽度是指舍内净宽度。宽度为 10.6 米时，可按照走道 1.2 米 + 粪道 1.8 米 + 中走道 1.4 米 + 粪道 1.8 米 + 中走道 1.4 米 + 粪道 1.8 米 + 边走道 1.2 米建造。宽度为 12.4 米时，可按照走道 1.2 米 + 粪道 2.4 米 + 中走道 1.4 米 + 粪道 2.4 米 + 中走道 1.4 米 + 粪道 2.4 米 + 边走道 1.2 米建造。

若产蛋舍采用两层笼，舍内净宽度为 7.4 米或 8.6 米。宽度为 7.4 米时，可按照走道 1.2 米 + 粪道 1.8 米 + 中走道 1.4 米 + 粪道 1.8 米 + 边走道 1.2 米建造。宽度为 8.6 米时，可按照走道 1.2 米 + 粪道 2.4 米 + 中走道 1.4 米 + 粪道 2.4 米 + 边走道 1.2 米建造。

3 栋这样的鸡舍组成一个蛋鸡场。可以在此基础上扩大规模，但单场规模不宜过大。5 个这样大小的蛋鸡场可配套一个规模化青年育雏场。

（2）育雏场：育雏场的育雏育成舍使用四层笼为好。鸡舍的规格为 78 米 × 9.2 米 × 4.5 米。鸡舍的宽度 9.2 米是指舍内净宽度，可按照走道 1.2 米 + 笼位 0.7 米 + 中走道 1.4 米 + 笼位 0.7 米 + 中走道 1.4 米 + 笼位 0.7 米 + 边走道 1.2 米 + 笼位 0.7 米 + 边走道 1.2 米建造。

3 栋这样的鸡舍组成一个育雏场。这样一个育雏场可以供 5 个 3 栋舍的青年鸡产蛋场使用。育雏场场地大小可以适当增加或缩小。料线的数量和长度设置要合理。青年鸡达到 11 周龄后转群入产蛋舍。

2. 蛋鸡场的设备要求

（1）产蛋舍：①风机。轴流风机 10 台。②水帘。水帘作为标准化进风口。两边均设置水帘，面积 28 平方米以上。水帘循环池规格 2 米 × 1.5 米 × 2 米，水帘循环池深些有利于水的保温，水温也是水帘降温的一个主要措施。③匀风窗。匀风窗 60 个，规格为0.28米×0.8米,最好外面配备遮黑窗。④供温设备。标准配置热风炉1台,热风炉应确保在最寒冷的季节里,空舍温度可以达到25℃以上。⑤供电设备。供电设备要充足。若场内总用电量增加30%,配变压器,并购置发电机组一套,配备与变压器一样。结合本场的维修电工,制定发电机组维护保养管理办法。为了安全,所有用电设备都必须有漏电保护装置。⑥自动清粪机3套。⑦人工加料,配上料车两辆。采用配套自动上料系统,可以使规模化鸡场的效益明显增加。⑧水线、清粪设备要求标准配套。⑨每3栋鸡舍配清洗消毒机1台。入生产区强制配备自动消毒机一套。

(2)清粪池:清粪池要足够大,并有一定防水功能,不能让雨水流入池内。积粪可以与鸡舍同宽,长度为2米,深度为1.5米。粪池边缘高于地面20厘米。为了确保生物安全,一定要保证粪水不能外溢。生产区外必须有大型鸡粪沉淀池。可以用舍外清粪机把鸡粪运到生产区外。生产区内粪池均应采取全封闭式。

(3)育雏育成舍:轴流风机配置7台即可。其他设备要求和蛋鸡舍相同。

3. 规模化蛋鸡场的人员配备 规模化鸡场人员配备也是很关键的,其中主要人员如下。

(1)场长:主管全面工作与外围协调工作;对全场负责,对投资方负责,对全场员工负责。

(2)技术员:主管生产方面所有工作及技术管理工作,直接领导是场长。

(3)保管:主管场内物品的管理,建账造册,防止物料与设备的丢失,直接领导是场长和投资方,为双重领导。

(4)水电维修工:主管水电供应和生产区设备维护和保养工作,直接领导是技术员。

（5）伙房人员：全场员工的生活调配也是很重要的，直接领导是保管。

（6）饲养员：鸡舍的主要操作人员，对舍内工作负主要责任，直接领导是技术员。

（7）后勤工作人员：后勤工作人员是饲养员和伙房人员的替补人员，同时要做好场内的后勤保障，直接领导是技术员。

第三章　蛋鸡场的生物安全管理

生物安全管理的目的就是防止病原微生物以任何方式侵袭鸡群。蛋鸡的生物安全管理主要针对蛋鸡的传染病。传染病发生有三个要素，传染源、传播途径和易感动物。我们在此强调的是，传染病发生时，除了这三个要素外还有一个关键点是我们无法忽视的，它是鸡群发病的诱因和导火索。这就是出现某些因素使蛋鸡鸡群产生了严重的应激。每次大的疫情发生都会有一个严重的应激因素出现，诱导了疾病的发生。

所以，蛋鸡出现疫病的原因三种，易感动物自身抵抗力减弱、传染源毒力增强和严重的应激因素（诱因）出现。解决的办法就是建立良好的生物安全体系。

蛋鸡场经营好与坏的直接结果是蛋鸡饲养的成与败，蛋鸡饲养的成败关键在于蛋鸡场是否有一个良好的生物安全体系。

如何建立一个良好的生物安全体系？应根据鸡场的自身条件，制定出适合的卫生防疫消毒制度，并配套相应的场内硬件设施。

蛋鸡场的卫生防疫消毒制度包括以下三个方面：①蛋鸡场的隔离。坚决彻底地杜绝外源性病原微生物进入场区，彻底切断传染病的传播途径。②蛋鸡场的消毒。最大限度地消灭本场病原微生物的存在。③蛋鸡自身抵抗力的提高。通过防疫、保健、舍内小气候控制来提高蛋鸡自身对疫病的抵抗力，给鸡群创造良好的环境条件。

一、蛋鸡场的隔离

1. 场地位置　蛋鸡场应远离其他畜禽饲养场、屠宰场 2 千米以上；蛋鸡场应远离可能运输畜禽的公路 2 千米以上。

鸡场内房舍和地面应为混凝土结构以防止老鼠打洞进入鸡舍。蛋鸡场内房舍应严格密封，防止飞鸟和野生动物进入鸡舍。做好灭鼠工作。

2. 蛋鸡场大门口的隔离　蛋鸡场每天门口大消毒一次。进场人员按下列程序进场：脱去便服，存放在外更衣柜→强制喷雾消毒→淋浴 10 分钟以上→更换胶鞋和隔离服→入场。

蛋鸡场封闭管理即减少人员出入，人员进出过于频繁会增加外源性病原微生物进入场区的机会。进入物品严格消毒。

若不封场管理，生产区、生活区应严格分开，并采取以下措施。

（1）生活、生产区配备两套洗澡间。

（2）创造良好的洗澡环境（最好为宾馆级，让员工自愿洗澡）。

（3）员工出场必须申请并得到批准。生产区备工作服，生活区备隔离服，工作服与隔离服应有明显标志。

（4）生活区洗澡间柜子配锁，外来人员带来的所有物品锁入柜中，不准带入生活区（贵重日常用品经主管同意，消毒后带入）。

（5）人员消毒、洗澡后进入生活区隔离 48 小时（人员、物品配备到位）。

（6）严格规范生产区与生活区的隔离带及进出办法。

（7）进入生产区要洗澡并严格消毒。

（8）杜绝私人物品带入生产区。

（9）进入生活区物品严格消毒。

（10）生产工作服绝对不能穿出生产区。

（11）制定生活区定期消毒制度。

总之，我们要采取有效的措施，把病原微生物杜绝在场外。

人员进入场区可能携带病原微生物，具体携带方式有以下几种：通过呼吸道与消化道带入，人体表面带入，衣服带入，日常物品带入，交通工具带入。

员工入场隔离法推荐：领取钥匙牌→填写入场记录表→更换便服→强制消毒→淋浴10分钟→更换隔离服→进入生活区隔离48小时→填写隔离记录→进入生产区消毒室→脱掉隔离服→淋浴5分钟以上→换上生产区灰色工作服和黑色水靴→进入鸡舍时换白色工作服和白色水靴。

更换工作服是蛋鸡场中做好生物安全工作的关键，它的效果远强于喷雾消毒。如果没有更换工作服的条件，换鞋是必需的，因为许多泥土中的病原体会通过鞋底带入鸡场。

3. 蛋鸡场二门口的隔离　严格按二门岗的隔离消毒制度和进入程序进入生产区，以本场实际情况制定进入生产区的消毒程序。脱鞋进入外更衣室，脱去衣服→强制消毒→淋浴10分钟以上→进入内更衣室，换上生产区工作服和水靴→熟悉相关管理制度后进入生产区。

入生产区管理办法还有以下几点：车辆严禁入内；必须进入生产区的车辆先冲洗干净、消毒，司机下车洗澡消毒后，方可开车入内；非生产物品不准入生产区内；生产必需品必须严格消毒方可进入生产区。

4. 进入生产区人员消毒管理办法

（1）蛋鸡场生产区谢绝外来人员参观。

（2）要进入生产区的人员，进入外更衣间脱去衣服，用1：（800～1000）的六和消毒剂溶液或其他消毒剂溶液冲淋全身，全面消毒洗澡，先用清水冲洗，然后用洗发液、香皂将全身充分冲洗至少10分钟，入场，并在后勤隔离区隔离2天以上。隔离期间可将内外便服先洗净，再次熏蒸后由门卫放入外更衣柜内。（责任人：场长与门卫）

（3）进入生产区前，先将所批准带入物品交由洗衣消毒人员按3倍量进行熏蒸消毒。（责任人：场长与消毒房管理人员）

（4）进入生产区时，先进入外更衣间，将全部衣服鞋帽脱光，放入隔离（便）服存放柜内，通知消毒房管理人员安排清洗消毒。（责任人：场长与消毒房管理人员）

（5）裸体进入淋浴间，进行沐浴洗澡消毒，最后用清水冲淋。用消过毒的毛巾擦干。（责任人：当事人）

（6）到内更衣间穿上已消毒好的生产区工作服、鞋帽，方可入内。（责任人：场长与消毒房管理人员）

（7）在洗浴室应按由"外更衣间→淋浴间→内更衣间"的顺序前进，不得逆行。（责任人：场长与消毒房管理人员）

（8）内外更衣沐浴室是场区交叉污染点之一。一经人员进出，洗衣工必须擦洗，清扫，用消毒液喷洒，并打开紫外线灯消毒15分钟。（责任人：场长与消毒房管理人员）

（9）生产区员工平时洗澡不走出外更衣室。沐浴室前后门落锁。（责任人：场长与消毒房管理人员）

（10）员工休班提前准备好一套干净内外工作服放在内更衣室，洗澡用品放在外更衣室相应的柜子内，待返场用。（责任人：场长与消毒房管理人员）

（11）本办法由场长、门卫和洗衣工负责监督执行。

5. 鸡舍门口的隔离　所有员工进入鸡舍要严格遵守消毒程序，即脚踩消毒盆、喷雾消毒、消毒剂洗手和更换水鞋。检查人员出鸡舍要冲洗干净鞋底。

6. 进入鸡舍时其他注意事项　生产区内的物品必须严格消

毒方可进入鸡舍；生产区外的物品进入鸡舍前的消毒必须使用两种以上消毒液；进入鸡舍的人员要严格喷雾消毒；每天对鸡舍门口认真消毒一次；消毒桶和消毒盆脏了随时更换，每天至少更换两次；鸡舍员工不准窜栋；检查鸡群应按照从小鸡到大鸡、从健康鸡群到疾病群的顺序进行。

7. 窗户与进风口的隔离与消毒 在使用水帘时在水中定期加入消毒剂，总之要想法对进入鸡舍的空气进行过滤和消毒。空气灰尘中的病原体遇到湿润的水帘，会附着在水帘上，进而被消毒剂杀死。

鸡舍进风口和窗户要严格防止飞鸟和野生动物进入。大风天气应对水帘进行严格冲洗和消毒，立即关闭其他进风口，并带鸡消毒一次。

大型标准化蛋鸡场的匀风窗外要有遮黑设备，这种遮黑设备要用水帘纸做成，同时安装上喷雾设备，使进入鸡舍里的空气是通过过滤的新鲜空气，这可能是冬季或寒冷季节进行舍内空气消毒的唯一办法，这使鸡舍有了疫苗场房内进风口的功能。在进风口水帘处设置喷雾装置，以彻底解决进风口水帘处消毒的问题。

要安装喷雾设备，需要有高压泵及配套设备一组，具备与匀风窗同等数量的高压喷头。高压喷头要能确保匀风窗的遮黑水帘喷匀消毒液。高压消毒线需要200米左右。操作时用消毒线把每个装在遮黑帘的喷头连接起来，在鸡舍内部固定墙上，连接到操作间的高压泵上，水箱中加入消毒剂。高压泵启动后，使匀风窗的遮黑帘全部消毒湿润，从而达到消毒液进入舍内空气的效果。每天定时对水帘和匀风窗进行喷雾消毒。关键时期确保水帘与匀风窗24小时湿润。

二、蛋鸡场的消毒

1. 生活区内的周期性消毒 生活区是外源性病原微生物的

净化区域。蛋鸡场生活区门口经过简单消毒后，进入生活区的人员和物品需要进行消毒和净化处理，所以生活区的消毒是控制疫病传播最有效的方法之一。生活区消毒的常规做法有：生活区的所有房间每天用消毒液喷洒消毒一次；每月对所有房间用福尔马林熏蒸消毒一次；对生活区的道路每周进行两次大消毒；外出归来的人员所带物品必须存放在外更衣柜内，若有物品必须带入须经主管批准，用两种消毒药严格消毒后方可带入；外出归来人员所穿衣物要先经过熏蒸消毒，再在生活区清洗后存放在外更衣柜内；购买的蔬菜要先在生活区外进行处理，只能把洁净的蔬菜带入生活区内；伙房和餐厅要制定严格的消毒程序；仓库只在外面设一道门，每进一次物品要用福尔马林熏蒸消毒一次。只能通过消毒间在生产区与生活区之间进出，其他门口全部封闭。

2. 生产区内的周期性消毒　蛋鸡场内消毒的目的是最大限度地消灭本场病原微生物。制定场区内周期性卫生防疫消毒制度，并严格按要求去执行，同时要注意大风时，以及大雾、大雨过后要对鸡舍和周围环境严格消毒 1~2 次。生产区内所有人员不准走入土地面，以杜绝泥土中病原体的传播。

管理制度细则有以下几点：每天对生产区主干道、厕所消毒一次；可用氢氧化钠溶液加生石灰水喷洒消毒；每天对鸡舍门口、操作间清扫消毒一次；每周对整个生产区进行两次消毒，降解杂草上的灰尘；确保鸡舍周围 15 米内无杂物和过高的杂草；定期灭鼠，每月一次，育雏期间每月两次；确保生产区内没有集中的污水；蛋鸡场要严格划分净区与污区，任何人不能私自进入污区，这是蛋鸡场管理的必要措施。

生产区路面是土地面时，应抬高生产区路面高度 30 厘米以上，最好铺设硬化水泥路面，条件达不到的铺上石子或炉煤灰也行。

若路面偏低，生产区内污水漫过路面，危害可想而知。遇到下雨，污水横流，雨后路面积水排不出，无法消毒。经过路面的车辆还会将土地面以下的病原体暴露出来。员工进出鸡舍走在这样的道路上，再好的消毒条件也无济于事了。

3. 蛋鸡场的消毒方式

（1）带鸡消毒：鸡舍内进行带鸡消毒，每周 2～3 次。

（2）使用疫苗：使用防疫活疫苗时要停止消毒，一般使用防疫弱毒苗前后三天不消毒，使用防疫灭活苗当天不消毒即可。

（3）使用消毒剂：消毒剂按照说明书的比例稀释。消毒前关风机，到消毒后 10 分钟再开风机通风。大风天气立即带鸡消毒，并在水帘循环池加入消毒剂。

（4）带鸡喷雾消毒：此方法是当代集约化养鸡综合防疫的重要组成部分，是控制鸡舍内环境污染和疫病传播的有效手段之一。鸡舍在进鸡之前，虽然经严格消毒处理，但在后来的饲养过程中，鸡群还会发生一些传染病，这是因为鸡体本身会携带、排出并传播病原微生物，再加上外界的病原体也可以通过人员、设备、饲料和空气等媒介进入鸡舍。带鸡喷雾消毒能及时有效地净化空气，创造良好的鸡舍环境，抑制氨气产生，有效地杀灭鸡舍内空气及生活环境中的病原微生物，消除疾病隐患，达到预防疾病的目的。

三、生物安全中最易出现的两个问题

当今鸡场对疫病的控制有两个难点：一是进风口的控制，即对进入鸡舍内的空气质量进行严格控制；二是坚决不能把泥土带入鸡舍。

空气质量管理在蛋鸡饲养管理中是必不可少的。鸡舍空气质量不佳会使蛋鸡容易受到疫病的威胁。

空气中存在各种各样的病原微生物。禽流感病毒在干燥灰尘中能存活 14 天。马立克病毒藏于鸡的皮屑对外界有很强的抵抗力，常和尘土一起随空气到处传播而造成污染。法氏囊病毒传播方式是通过直接接触而感染，也可通过带毒的中间媒介物，如饲料、饮水、垫料、尘土、空气、用具、昆虫等，空气是重要的传播媒介。

空气中的灰尘是很多病原体的载体，是鸡场传染病的罪魁祸首。如何净化进入鸡舍内的空气，全力减少进入鸡舍内的空气中病原体的数量是疫病防治的关键。

鸡舍的温湿度环境非常适宜病原体滋长。降低鸡舍内的湿度可以抑制病原体的繁殖，同时可以在进风口处放置一些易挥发的消毒药品。

使用水帘时，可在水中定期加入消毒剂。空气中的灰尘会附着在水帘上，从而降低鸡舍中灰尘的数量，灰尘中携带的病原体也会被消毒剂杀死。

目前大部分蛋鸡场内的路面没有硬化，鸡舍外多为土地面。土地面（泥土）中容易滋生大量病原微生物。候鸟迁徙中拉下的粪便，农田中鸡粪肥，大风带来的灰尘，本场上批鸡饲养中的日常积累，以及淘汰鸡车辆都是土地面病原微生物的来源。如果遇到雨天，一场大雨就分不清污区与净区了。

土地面（泥土）是病原体的培养基。病原体的存活条件如营养、水分和温度等，泥土能全部提供。消毒剂对泥土中的病原体没有作用。

所以我们坚决不能把泥土带入鸡舍，平时尽量走砖路与水泥路。进入鸡舍前要更换水靴。

清理场内土地面上的腐蚀土，把腐蚀土运出场外。对清理过的地面，两人配合，先洒水，再撒生石灰。水分与生石灰结合后，地表形成一层生石灰薄膜。尽量不去破坏这层生石灰膜。为了确保生产区的安全和洁净，以后每一次大雨过后可在地表撒一次生石灰粉。用 1%～2% 氢氧化钠溶液按 500 毫升/米^2 配合消毒。

表 3.1 中列出了一些病原体适宜的存活环境和存活时间，可根据其特点采取适当的措施进行杀灭。

表 3.1　鸡舍中常见的病原体

名称	类别	存活环境/存活时间
葡萄球菌	细菌	干燥脓汁中存活 15～20 天以上
大肠杆菌	细菌	在土壤、水中能存活数周至数月
沙门菌	细菌	夏季，土壤中存活 20～35 天，冬季，土壤中存活 128～183 天
禽流感病毒	病毒	在 20℃的粪土中可存活 7 天
马立克病毒	病毒	垫草中存活 44～112 天，在土壤和鸡粪中能存活 16 周之久
新城疫病毒	病毒	温度 15℃，在鸡肉中存活 98 天，在粪土中可存活半年以上
传染性法氏囊病毒	病毒	鸡群发病，完全清群 56 天后，鸡场粪土中仍可存在本病毒并具有感染性
曲霉菌	其他病原微生物	长期存于土壤、谷物和腐败的植物中
球虫卵囊	其他病原微生物	在隐蔽的土壤中可保持活力 86 周之久
支原体	其他病原微生物	温度 20℃，粪土中能存活 1～3 天，棉布中能存活 3 天

第四章 接雏准备期的管理方法

鸡舍进行蛋鸡饲养前要空舍两个月左右，冲洗干净后，空舍干燥 10 天以上。进行蛋种鸡饲养的鸡舍应干燥 20 天以上。雏鸡入舍前，必须充分准备并进行严格消毒。

雏鸡到达鸡舍之前，应做好下列准备工作：检查和维修所有设备，如加热器、饮水器、时钟、电扇、灯泡及各种用具等；保证垫料、育雏护围、饮水器、料称、家禽称、食槽及其他设施等各就各位；确保保姆伞和其他供热设备运转正常。

在雏鸡到来前先开动保姆伞，进行试温，看是否达到预期温度。接雏鸡前 3 小时到接鸡后 2 小时，即雏鸡完全喝上水前温度应控制在 27～29℃，以防止长期的运输过程加重雏鸡脱水。若是低温接雏，升温要循序渐进，入舍 1 小时后把温度升到 28～30℃，之后每小时提升 1℃，入舍 3 小时以后使舍温升至 30～32℃，维持 3 天。

雏鸡入舍前一天，将育雏舍、保姆伞调至所推荐的温度，或略微高于育雏前期控制中的最高温度。

雏鸡入舍前 1 小时先在饮水器中装好 5%～8% 的糖水和预防细菌疾病的开口药品，并在饮水器周围放上育雏纸或经过严格消毒的料袋，为雏鸡开食做好准备（这一点很关键，一定要做好）。选择开口药品首先要考虑预防疫病的效果，也要防止耐药性的产生，尽量不要使用易产生耐药性的药品，如头孢类、红霉素等。

准备好玉米碎粒料或其他开食饲料，玉米碎粒料可以用微生态制剂拌开口料替代，效果基本相同。另外，还要准备好各种药品、疫苗及添加剂，以便随时取用。雏鸡到来之前几天，必须彻底清洁和消毒育雏室、相关工具及其他工作场所。

标准化蛋鸡饲养周期长，且是大群密集饲养，病菌侵入后传播极其迅速，往往会使全部鸡群发病，即使没有那样严重，也会因感染疾病而使蛋鸡的生长性能降低 15% ~ 30%。所以，饲养蛋鸡的鸡舍及一切用具必须经过严格的消毒处理，这是减少用药，提高效益的唯一办法。常用消毒方法主要有以下几种。

（1）机械消毒：彻底清理干净含有病原体的鸡粪、鸡毛和垃圾。

（2）火焰消毒：使用火焰消毒机烘干和烧烤金属笼具、地面和墙壁。

（3）生石灰水消毒。

（4）化学药剂喷洒消毒。

（5）甲醛熏蒸消毒：养禽户可视具体情况选用。

在每批鸡出售后，立即清除鸡粪、垫料等污物，并堆在鸡场外下风处发酵。用水洗刷鸡舍中墙壁、用具上的残存粪块，然后以动力喷雾器用水冲洗干净，如残留污物不能彻底洗净，则会大大降低消毒药物的效果，同时注意清理排污水沟。

用两种不同的消毒药物分期进行喷洒消毒，然后把所有用具及备用物品全都密闭在鸡舍内或饲料间内用福尔马林、高锰酸钾做熏蒸消毒。方法为每立方米用 42 毫升福尔马林，21 克高锰酸钾加热蒸发，进行熏蒸。熏蒸消毒后鸡舍内的细菌、病毒等可基本被杀灭。密封一天后打开门窗换气。消毒时，每次喷洒药物需等干燥后再做下次消毒处理，否则影响药物效力。

引入的雏鸡具有生长快速的特点。生产过程中蛋鸡的生长受各种因素的影响，所以出现蛋鸡生长缓慢要分清是品种问题还是管理方面的问题。

一、接雏前的隔离与消毒

所有物品进入鸡舍前必须经两种以上消毒药消毒。空气、人员和物品均可将病原微生物带入鸡舍，所以入舍物品的消毒是必须的。

接雏鸡前对鸡舍的第一次大消毒。用过氧乙酸或其他消毒药按说明书浓度进行稀释，并按每立方米300毫升的量使用。消毒液的作用一是消毒，二是增加鸡舍的湿度，以满足接雏后雏鸡的需要。

鸡舍最后一次大消毒一般采用熏蒸消毒。现在熏蒸消毒有两种方式：一种是以甲醛为主的熏蒸消毒，另一种是以菌毒安消毒剂（三氯异氰尿酸粉）为主的熏蒸消毒。

熏蒸消毒必须具备四个条件：舍内温度不低于25℃；舍内湿度不低于70%；鸡舍严格密封；鸡舍育雏期所有物品备齐。达不到四个条件消毒效果会大打折扣。首先说温度，若温度达不到25℃以上，许多病原体处于休眠状态，熏蒸消毒不能有效地把病原体杀死，所以作用就不会太明显。湿度的作用也是为了增加病原体的活力，使消毒效果达到最优。密封的作用是为了让舍内消毒剂浓度达到消毒要求，同样也确保消毒时间能达到标准时间要求。舍内湿度也是细菌、病毒开始繁殖的必需条件，所以只有温度与湿度达标准，病原体开始生长时，熏蒸消毒也能起到作用。备齐物品也是为了在这次决定性大消毒中也能一起消毒到。

1. 甲醛的用量　新鸡舍每立方米用甲醛42毫升，旧鸡舍每立方米用甲醛56毫升。可采用化学反应法，即用甲醛量一半的高锰酸钾与甲醛反应进行熏蒸消毒。还可采用自然挥发法，即用甲醛量1.5倍的水与甲醛混合，对垫料喷洒，让其自然挥发，从而起到自然消毒的作用。

2. 菌毒安消毒剂的用量　新鸡舍每平方米用菌毒安消毒剂 5克，旧鸡舍每平方米用量为 7 克。使用时混匀，均匀撒到鸡舍中，用火机点燃即可。

每次接鸡前要以本场实际情况，制定出本场育雏期的卫生防疫消毒制度，必须严格对待育雏期的消毒工作，因为雏鸡育雏期免疫力没有或没有达到抵抗疫病的要求，所以只有通过严格消毒来预防疫病的发生。同时备齐育雏物资，鸡舍要清理消毒，经过化验室检测必须达到相关标准要求，重点是卫生要求和物品准备工作。

二、控制适宜的饲养密度

蛋鸡饲养密度是否合理，对养好蛋鸡和充分利用鸡舍有很大影响。饲养密度过大时，舍内空气质量下降，引发传染病，还导致鸡群拥挤，相互抢食，致使体重发育不均，夏季易使鸡群发生中暑死亡。饲养密度过小，棚舍利用率低。蛋鸡的饲养密度要根据不同的日龄、季节、气温、通风条件来决定，如夏季饲养密度可小一些，冬季大一些。

我们在确定饲养密度时至少应考虑三方面的内容：一是每平方米面积养多少只鸡，也就是笼具的规格；二是良好的通风条件；三是良好的保温和供温措施。三方面缺一不可。

适宜的饲养密度是提高蛋鸡生产成绩的重要因素之一。密度过高，鸡舍环境控制困难，鸡发病率高，生产性能下降；密度过小，则又造成浪费。此外，饲养密度与品种、季节、气温、通风条件等密切相关，所以密度管理同样要灵活掌握，饲养过程中要做到及时扩群。

三、雏鸡质量的管理

主要通过看、摸、听。一看：外形大小均匀，30 克以上者符合品种标准；羽毛清洁整齐，富有光泽；眼大有神，腿干结实，活泼好动，腹部收缩良好为优质鸡苗。二摸：手摸看雏鸡肌肉柔软丰满、富有弹性，脐部没有出血点；雏鸡握在手里应感觉饱满温暖，挣扎有力。三听：听叫声清脆响亮。

第五章　蛋鸡接鸡的管理重点

一、接鸡前的准备工作

雏鸡运输过程中，运输鸡苗的车辆必须具备下列条件：①必须使用车况良好的车辆。②保温性能良好，并具有良好通风设备，能保证车上出雏盒内温度在 24~28℃。③夏季最好使用带有空调的车辆运输鸡苗。④司机应懂得运输雏鸡的相关知识。⑤运输雏鸡应有详细记录。记录项目包括装车时间、蛋鸡场提供雏鸡的蛋鸡周龄、雏鸡母源抗体情况、建议免疫程序和用药程序。

接鸡前应做好以下准备工作：①高温区的建立。鸡舍前端 10~15 米（避开水帘处最好）留空不养鸡，待 20 日龄后再分笼到全舍时再使用。②在门口处设 2 米高的挡风帘，在空留网架与育雏区设第二道保温帘。网架下一定要用塑料布或料桶吊着，使其不透风。③在高温区炉管上方使用逆向风机，扩大地炉散热速度。④鸡只达到 20 日龄后，向前扩栏到全栋，此时第二道保温帘应移至笼前。⑤若网上平养育雏育成的话，育雏前两周的笼底要用小眼塑胶网铺垫，以防止腿病的发生。

高密度育雏应做好以下准备：育雏前 10 个小时，先按比例放入真空饮水器，密度一般为育雏前 5 天的两倍，即平方米 90~100 只，之后再进行分笼。接着做好育雏区的保温措施，就是将育雏区与全鸡舍之间用塑料布隔离开，以确保育雏期温度适宜。

接雏鸡前 10 个小时备好开水，按每只鸡 10 毫升去准备，同时算好加入的所有药品的量。是雏鸡经过长时间的路途运输，饥饿、口渴、身体较为虚弱。为了使雏鸡能够迅速适应新的环境，恢复正常的生理状态，我们可以在育雏温度的基础上稍微降低温度，接雏鸡前 3 个小时把舍内温度保持在 27～29℃，这样能够让雏鸡逐步适应新的环境，为以后生长的正常进行打下基础。

高温与低温都会严重影响到雏鸡食欲，使温度和湿度更难以控制。同时高温也会造成员工因出汗偏多而过于劳累等不良影响。所以，不要让雏鸡形成必须在高温下饲养才能正常生长的条件反射。

有的人认为提高育雏温度有利于提高雏鸡成活率，其实不然，要想雏鸡成活率提高，关键不是提高温度，而是控制好温差。舍内只要保持适宜的温度即可，但一定要注意控制温差，要保证昼夜温差和舍两头之间温差不高于 2℃。1～3 日龄设定鸡温度为 32℃，恒定舍内温度在 31～33℃，不受温差的影响，鸡群的成活率自然提高。

鸡舍内的湿度要保持在 60% 以上。让长途运输的鸡群在合适温度下和湿润空气中喝上水、吃上料后，再把温度提高到 31～33℃。进鸡前一个半小时加饮水器、加料，饮水器加好后，把湿拌料均匀撒入小育雏栏内并做好接鸡前准备工作。

提高湿度的办法：舍内地面洒水，同时进行一次舍内大消毒；热源处放水让其自然蒸发。这些方法都有利于舍内湿度的提高，但也要确保湿度在控制范围内。接鸡前一天，用水把墙壁全部冲湿，最好能把墙壁湿透，这样就能确保舍内接鸡时的湿度。在热风炉的热风筒上加几个喷雾设备进行加湿，效果也会很好。

二、接鸡时的安全问题

接鸡时的安全有以下几点：生物安全、雏鸡安全和人员安全。

生物安全方面，长途运输可能会造成雏鸡之间的疾病传染，也可能会把孵化场的病原体带入鸡场，所以做好进场车辆的消毒和进入舍时出雏箱表面消毒。

雏鸡安全主要是指经过长途运输的雏鸡有可能会出现缺氧、闷热和受冻致死的现象，车辆到达后以最快速度把雏鸡放到合适温度的鸡舍内。均匀把雏鸡尽早放出是关键，在此阶段，时间就是生命。

人员安全也是很重要的，要防止煤气中毒和意外伤害的发生。

三、育雏期的生理特点

0～3周龄是蛋鸡心血管系统、免疫系统的快速发育期，羽毛、骨骼、肌肉的启蒙发育阶段，但1周龄内蛋鸡的心血管系统、免疫系统、呼吸系统和消化系统的启蒙发育更为关键。尽早开水、开食有利于蛋鸡消化系统的快速发育，适宜的湿度是呼吸系统快速发育的关键。前两周内鸡舍应尽量减少化学药品的使用，以减少化学药品对雏鸡实质器官的伤害。4～8周龄是蛋鸡羽毛、骨骼、肌肉的快速发育阶段。12～16周龄是蛋鸡性腺启蒙和快速发育期。蛋鸡此阶段均匀度是很重要的。17～19周龄是蛋鸡性腺发育高峰期，是合适开产的最佳时期，此阶段合理周增重显得非常重要。

蛋鸡培育的方针是产蛋优势第一，培育的目的就是提高蛋鸡的产蛋性能。

四、雏鸡入舍注意事项

每栋称10盒算出初生重并记录，由栋长把关统计好每栏盒数，并分清大小鸡，按每平方米90～100只雏鸡进行前10个小时的育雏工作，以保证雏鸡的开食与开水工作。接鸡前加入开食的料和水，做好开水和开食准备工作。抽查鸡数，定下抽查盒数后，一人把盒子逐只打开，振动雏鸡盒，让鸡自由活动，得到准确数据后，随时按笼内数量把雏鸡转入育雏笼内。

五、开水开食的管理与操作

1. **开水开食和接雏时饲养笼内的密度** 接鸡最初的前一天的密度很关键，一般按每平方米 90~100 只，也就是育雏前 5 天的饲养密度的 2 倍。

2. **高密度饲养的原理** 雏鸡的特性是学着抢着吃食，就像老母鸡教雏鸡吃料一样，这是它们从祖代传下来的，所以合适的高密度饲养有利于所有雏鸡都学会吃料，而且能尽早吃饱料。做法是把所有的育雏面积都作为开食面积，铺上料袋或塑料布都行，使用拌湿的饲料开食。饲料湿度以手握成团，松开手握一下即碎为好，此时饲料含水量在 35% 左右。每半个小时撒一次料，少撒勤添，驱赶鸡群活动。所有的饮水器也都要安装到位。雏鸡越短时间内吃饱料就越好。高密度饲养能使雏鸡入舍 10 个小时时饱食率达到 96% 以上，吃上料的比率几乎达到 100%。吃不上料和喝不上水的鸡只要全部挑出。

3. **弱雏单独饲养** 一个好的做法就是把吃不上料和喝不上水的鸡集中，按每笼每平方米 45~50 只鸡放入一个小饮水器，周围撒入新鲜的湿料，重点照顾。3~4 个小时后每只弱雏鸡就都能吃饱料了。

4. **嗉囊与饱食率** 雏鸡最初开始吃料时，都倾向于采食优质适口性好的饲料，这些饲料直接进入嗉囊。嗉囊生长于鸡只脖颈前，是颈与锁骨连接处的一个肌肉囊袋。雏鸡在吃料饮水适宜的情况下，嗉囊内应充满饲料和水的混合物。在入舍后前 10 小时轻轻触摸鸡只的嗉囊可以充分地了解到雏鸡是否已经饮水采食。最理想的情况下，鸡只嗉囊应该充满圆实。嗉囊中应该是柔软，像稠粥样的物质。如果感觉嗉囊中的物质很硬，或通过嗉囊壁能感觉到饲料原有的颗粒结构，则说明这些鸡只饮水不够或没有饮到水。

嗉囊充满（饱食率）的指标：入舍后6小时，80%以上；入舍后10小时96%以上。

5. 做好1日内育雏　做好1日内育雏，关键是让雏鸡尽早吃上料，做好这点蛋鸡的全期饲养就至少成功了50%。做好1日内育雏，一是增强了雏鸡对疾病的抵抗力，提高雏鸡成活率；二是为育成期提高均匀度打下良好的基础；三是减少弱小鸡的出现，为育成期提高育成率打下良好的基础；四是有利于促进鸡只机体心血管系统和免疫系统的快速发育；五是有利于卵黄囊的按时吸收，这样可以把母源抗体逐渐释放出去，增强了雏鸡的抗病能力。

6. 雏鸡"初乳"营养（卵黄囊的充分吸收）　雏鸡出壳后的第1周内经历了从内源性营养（卵黄囊）过渡为外源性营养（饲料）的转变，是一生中最为重要的阶段。雏鸡0~3日龄的营养主要来自卵黄囊，4~7日龄是卵黄囊营养转为饲料营养的过渡阶段，8日龄后营养完全来自饲料。在实际养殖过程中常发现雏鸡的卵黄囊吸收不良。长途运输、阴雨天气、育雏温度低、湿度大、饲料不易消化、应激等原因都可造成卵黄囊吸收不良。卵黄囊含有丰富的卵黄脂，是中枢神经发育的必需物质，残留的卵黄蛋白是非常珍贵的先天性免疫物质，大约占卵黄囊的7%，同时含有大量的维生素和微量元素。研究表明，雏鸡充分采食有利于卵黄囊的吸收。有卵黄囊就是雏鸡的"初乳"的说法，可见其重要性。

可以使用开封六和饲料公司的"育雏宝-320"进行前两周开食，效果会更佳。

7. 体重控制原则（"5 周定终生"）　各育种公司都制定了商品蛋鸡的标准体重，如果雏鸡在培育过程中，各周都能按标准体重增长，就可以获得较理想的生产成绩。由于长途运输、环境控制不适宜、各种疫苗的免疫、断喙、营养水平不足等因素的干扰，一般在育雏初期较难达到标准体重。除了尽可能减轻各种因素的干扰，减轻雏鸡的应激外，必要时可提高雏鸡饲料营养水平，而在雏鸡体重没达到标准之前，即使过了 6 周龄，也仍然应该使用营养水平较高的雏鸡料。5 周龄体重能否达标对终生生产性能的发挥至关重要，5 周龄体重和 72 周总产蛋数相关系数为 0.93，5 周龄体重和开产体重也有很强的相关性。海兰褐 5 周龄标准体重为 390 克，罗曼褐为 350～440 克。使用"育雏宝－320"对蛋鸡的体重控制会起到良好效果。

8. 饲料营养供应　可以选择高品质雏鸡开口料如"育雏宝－320"，使雏鸡在第 1 周和第 2 周能超过标准体重 15 克以上。此时雏鸡由于生长迅速而胃肠容积不大，消化机能较弱，必须注意满足雏鸡的营养需要，所以应该选用质量最好、最卫生的原料生产高能高蛋白的雏鸡饲料。

优质雏鸡料应具备易消化，卫生指标良好，维生素含量高，抗应激性能好等特点。传统雏鸡饲料的根本缺点是只适用于两周后的雏鸡营养需要。肉小鸡破碎料可以满足肉鸡的快速生长发育的需要，但不适合生长周期长的蛋鸡和种鸡（肉鸡料油脂过高，雏鸡早期对油脂的利用率很差），另外杂粮添加量过多。蛋雏鸡粉料原料消化率低，卫生指标差，采食不均匀，杂粮和玉米副产品添加量过大。自配雏鸡料原料质量无法把关，并且无法精细加工。

9. 1 周内的管理重点　让每只雏鸡在最短时间内吃饱料，不惜一切代价刺激其食欲。确保 1 周末体重超品种标准 15 克以上，胫骨长超品种标准 2 毫米以上。

10. **蛋鸡温度的控制办法**　接鸡前两个小时到接鸡后两小时温度控制在 27～29℃；1～3 日龄控制在 31～33℃；4～7 日龄控制在 30～32℃。1 周后每天控制温度下降 0.4℃，使舍内温度逐步下降到 24℃左右。25℃以下的舍温有利于控制舍内有害细菌的繁殖，此时多数病原微生物处于休眠期，病原微生物活力差，在湿度适宜的情况下，有利于控制疾病的发生。之后不再下降温度。蛋鸡饲养管理中温度和温差的控制是至关重要的，舍内温度高低直接影响到蛋鸡采食量的大小和蛋鸡群的健康情况，同样也就影响到蛋鸡的正常增重。高温会使蛋鸡采食量下降，同样也能造成员工易疲劳的情况。当然低温的影响也是巨大的。

11. **蛋鸡的分笼管理**　随着雏鸡的生长发育，应逐步降低鸡舍温度，进行分笼管理。作为笼养的蛋雏鸡要想把雏鸡养好，蛋鸡育雏育成时合理的饲养密度是管理的关键，也就是合理分笼。

各日龄阶段分笼密度如下：1 日龄每平方米笼内面积为 90～100 只；2～10 日龄为 45～50 只；11～25 日龄为 35～40 只；26 日龄后把雏鸡转到全舍的笼内最低层，每平方米笼内面积为 33 只左右。

70～77 日龄转入产蛋笼饲养。为预防上产蛋笼时产生应激，可增加各种维生素的用量。

分笼的管理重点：按时分笼，合理控制上下层温度，达到雏鸡能适应的范围，确保雏鸡安全生长。

12. **笼养育雏的管理重点**　蛋鸡笼养育雏过程中，众所周知，鸡笼上层温度较高，下层温度较低，所以合理分群能把雏鸡的均匀度有效地调上去。在管理方面，中间层最方便管理，而上层较明，下面较暗。所以分群时，把鸡群分成三群，大雏转入下层笼，中雏转入上层笼，把较小的雏鸡留在中层笼，以促进其快速发育，这样效果会比较好。

温度的高低与雏鸡的体重和饲料转化率密切相关。低温使雏鸡的饲料消耗量增加、耗氧量增加，易引发腹水症的发生。

在生产中，育雏前期雏鸡舍内温度高，雏鸡排泄量小，相对湿度经常会低于标准，所以必须采取一些补充舍内湿度的措施，如可以向地面洒水，在热源处放置水盆或挂湿物，往墙上喷水等。育雏中期，育雏舍相对湿度经常高于标准，使垫料板结，空气中氨气浓度增加，饲料发霉变质，病原菌和寄生虫繁衍，严重影响蛋鸡的健康，因此，日常要注意管理，加强通风换气，勤换垫料，不向地面洒水，防止饮水器漏水等。

做好育雏期物品准备工作，控制好舍内湿度，绑好育雏栏和高密度开食栏。

13. **青年鸡购销管理办法**　为了减少育雏成本，也为了广大散养户养殖蛋鸡方便，青年鸡场的建立是一个重要的环节。青年鸡的定购和出售会出现一系列的问题，关键是信任度的问题。青年鸡的标准没有出台，所以经常出现价钱不合理，体重和胫骨长严重不达标准等情况。

那么如何去规范化青年鸡的市场呢？青年鸡场必须做到以下几点：青年鸡出栏日龄控制在 70 天；体重和胫骨长必须达到本品种标准；出栏鸡群均匀度不低于 75％；病鸡不出场。

第六章 蛋鸡场的基础管理

蛋鸡的饲养管理是所有养禽工作中相对容易的一个项目。蛋鸡场大部分为规模化蛋鸡场，饲养量较大。规模化蛋鸡场管理人员一般素质相对较高，鸡舍里的环境条件也相对较好。

一、了解鸡群

每天抽出半个小时仔细观察鸡群。观察鸡群的行为、采食情况、精神状态。触摸鸡只，检查肌肉丰满度和龙骨的发育情况。观察鸡只的主翼羽脱落情况及羽毛的损伤情况。

1. 观察姿势行为　健康鸡一般站立有神，反应灵敏，食欲旺盛，分布均匀，不聚堆；而病鸡精神萎靡，步态不稳，翅膀下垂，离群独居，不思饮食，闭目缩颈，翅下打盹。

在热源处拥挤，常见于温度太低。远离热源，展翅伸脖，张口呼吸，饮水增加，常见于温度过高。行走无力，蹲伏姿势，常见于佝偻病、关节炎。腹部膨大，企鹅样站立行走，常见于腹水症。两腿麻痹，一前一后伸，常见于马立克病。仰头观星，头颈僵硬，或一侧弯曲，常见于新城疫或维生素 B_1 缺乏症。聚集在鸡舍边缘，常见于供氧不足。

观察的时间一般选在早晨、晚上和饲喂的时候，这时鸡群健康或病态表现明显。观察时，主要从鸡的精神状态、食欲、行为表现、粪便形态等方面进行观察，特别是在育雏第一周，这种观察更重要。如果发现呆立、耷拉翅膀、闭目昏睡或呼吸有异常的鸡，要隔离观察，查找原因，对症治疗。

要准确地记录鸡群每天的采食量、饮水量，如有变化往往提示鸡群正在经受应激或有可能是发生疾病的前兆。

2. 观察粪便　对粪便的观察可以粗略掌握鸡群内消化道的部分疾病，应从粪便的颜色、气味、形状、黏稠度、粪便中的异物及粪便中是否带血，来判断鸡群是否正常。

要经常检查粪便形态是否正常，有无拉稀绿便或便中带血等异常现象。正常的粪便应该是软硬适中的堆状物或条状物，上面附有少量的白色尿酸盐沉淀物。

粪便中带血呈红色，多为肠胃出血引起。肠胃出血可见于急性传染病、肠胃寄生虫病等。粪便呈深棕红色，多见于胃部及肠道前段出血。粪便呈鲜红色，多见于肠道后段出血。粪便呈绿色，多见于急性、热性、烈性传染病引起的胆囊炎症。粪便颜色呈白色，多见于不同原因引起的肾脏及泌尿系统性疾病。粪便呈黑色，通常由于饲料中含血粉或者肠道内有慢性、弥漫性出血。

一般来说，稀便大多是饮水过量所致，常见于温热季节。下痢是由细菌、霉菌感染或肠炎所致。血便多见于球虫病。绿色稀便多见于急性传染病，如鸡霍乱、鸡新城疫等。

3. 听鸡看群　这是了解鸡群的详情的一个重要方法。听鸡群需要在绝对黑暗的情况下，也就要在关灯半个小时后进行。此时，环境比较安静，无杂音。主要听鸡群是否有呼吸杂音。

在夜间仔细听鸡只呼吸音。健康鸡呼吸平稳无杂音，若鸡只有啰音、咳嗽、呼噜、打喷嚏等症状，说明鸡只已患病，应及早诊治。

注意观察鸡冠的大小、形状、色泽。若鸡冠呈紫色，表明鸡体缺氧，多数是患急性传染病，如鸡霍乱、鸡新城疫等。若鸡冠苍白、萎缩，多数是患病程长的缓慢性传染病，如贫血、球虫病、伤寒等。同时还要观察眼、腿、翅膀等部位，看其是否正常。

4. 观察产蛋情况　正常蛋壳表面光亮，颜色均匀，致密匀整，符合品种特征。若蛋壳变薄或变软，破损严重，应检查日粮中是否缺钙和维生素 D，钙磷比例是否平衡，并调查鸡群是否受过惊吓。若蛋大小不一，着色不均，畸形蛋增多，多是由饲料品质不良、减蛋综合征、传染性支气管炎、禽脑脊髓炎等所致。开产后蛋重应稳步增加，到 35 周龄后蛋重基本稳定，若蛋重增加缓慢或降低，而采食量、产蛋数等方面基本正常，可能与开产过早或日粮蛋白质不足有关。产蛋率下降幅度较大，且持续天数较多，管理方面可能的原因主要有接种疫苗或防病驱虫时粗暴抓鸡，用药不当，陌生人突然闯入鸡舍使鸡群受到惊吓，忽然换料或连续几天喂料不足，日粮成分和质量发生显著改变等。

5. 及时、科学地淘汰低产蛋鸡　所谓低产蛋鸡一般是指病鸡、弱鸡、有伤残的鸡，多数产蛋率较低。对于低产蛋鸡应进行及时、科学的淘汰。科学地淘汰低产鸡，需要及时发现低产鸡。发现低产鸡的方法有多种：一是看伏窝。多数蛋鸡在每天光照开始后 5 ~ 11 个小时产蛋。在下午 4 ~ 5 时，检查蛋鸡产蛋情况，发现伏窝鸡单独饲养，如连续 3 天不产蛋，即可淘汰。二是看腹部。产蛋鸡腹部松软适宜，对腹部膨大、行走不便、腹部收缩狭窄的蛋鸡应根据实际情况进行淘汰。三是看羽毛，摸耻骨。有些不产蛋鸡羽毛特别整齐光亮，体型如公鸡。耻骨间距不足一指半，耻骨与龙骨间距离不到二指，出现这些情况的蛋鸡均属不产蛋鸡，应予淘汰。

二、环境控制对生产性能的影响

现代化规模化的蛋鸡场生产管理上有三个方面的需求：饲料和饮水，舍内小气候的控制，健康保护与生物安全的控制。这三个方面对蛋鸡的生存和生产都是至关重要的，因此不可能把它们的重要性分出先后次序，但是舍内小气候的控制可变性最大，也是蛋鸡生产者最有可能通过管理来改变的因素。通过控制好舍内小气候，可以提高蛋鸡的成活率和生产性能。我们所讲的"舍内小气候控制"包括规划好蛋鸡舍的建筑结构，以及采取一定措施让鸡群不受外界不良环境影响。

1. 环境控制（舍内小气候的控制）　控制舍内小气候涉及重要的管理因素包括温度、空气质量、垫料质量，这些重要的管理因素是相互作用的，通常蛋鸡生产者改进了一个因素的同时，也改进了其他因素。例如，当鸡舍内增加新鲜空气量的同时，排除了舍内的热空气而改变了鸡舍的温度，带走了舍内多余的水分而改善了垫料质量。

2. 鸡舍的基础管理（常规管理）　基础管理虽然在各时期有所不同，但重点都是一样的，是蛋鸡饲养成败的关键。

3. 喂料管理（重点在一周内）　蛋鸡的饲养中喂料管理事关重大。栏内喂料一定要准，料位、料量一定要均。笼内加料方法不能改变，加料一定要准。化验各期饲料品质，杜绝撒料。严格遵照蛋鸡提高均匀度的喂料"三同"原则：在同一时间内，相同条件下每只鸡都能吃到相同料量。

（1）提高均匀度要从育雏开始做起：首先是喂料方面的管理，自由采食时料位要适宜。若料位偏少会造成部分雏鸡怯场、失去斗志，对均匀度提升造成很大的影响。要每天观查吃料情况，计算料位。以第一次加料时让鸡只百分百同时吃到料为准。

（2）喂料器具的过渡：第一天全用料袋平铺撒料开食。1天后过渡成料盘喂料。3天后开始使用料槽配合开食盘和小料槽。10天后分笼全用小料槽。3周后全用料槽。

（3）喂料注意事项：喂料器具过渡时，要清楚撒料情况并及时补给，以防止因撒料造成蛋鸡增重不足。垫料饲养过渡到棚架饲养时，饲料浪费的危害更大。喂料器具不同，撒料与补给也不同，应进行精确测量，促进采食是管理重点。

（4）喂料管理重点：每天统计准确无误的料量。每天都要有一定的控料时间，每天控料时间不低于1小时（吃净料桶内颗粒饲料后计时）。这样持续下去，每天都能统计出准确料量，有利于最早发现鸡群的不正常情况。若出现采食量减少，就要找清原因进行处理，否则就会出现大的问题了。

4. 引起采食减少或采食时间延长的原因

（1）疾病的发生：所有疾病的发生都会首先影响到蛋鸡的食欲，然后才会影响死淘率。

（2）应激的产生：蛋鸡产生应激也会引起采食量下降，如室内温度过高或过低引起热应激和冷应激，异常的声音等引起鸡群惊吓。

（3）水供应不足：水线有断水现象没有及时发现，或者水线偏高偏低。

（4）喂料管理方面：找清采食量减少的原因才能避免更大的问题出现，如加料方式改变，一次加料太多，或者是统计料量不准。蛋鸡采食时间的长短和采食量的多少是最关键的记录数据，也是每个蛋鸡场管理人员必须关心的问题。

（5）适时更换喂料器：喂料器具适时更换是非常关键的，也是控制喂料的一个很关键的措施。

最初一天可以将饲料撒在干净的消毒过的旧料袋上、塑料布或饲养盘上让鸡采食，要按每平方米料位上供90～100只采食为宜。为节省饲料，减少浪费，2～4日龄使用开食盘喂料配合小料槽。为刺激食欲，促进雏鸡多采食饲料，可以采取湿拌料饲喂。4～5日龄后，应逐渐加入小料槽里料，10日龄后全改用大料槽。每次更换喂料器都要有一个过渡时间。

三、水的管理

水是生命之源，对于蛋鸡的管理，水应放在第一位。但水对鸡舍内的管理也会存在不利的方面。对有益的方面要合理利用，对不利的方面要适当控制。

1. 水对蛋鸡有益的方面的管理　对水的管理以确保不断水为准。按所用饮水器种类不同，制定冲洗水管的周期时间表，任何时间都要确保水管不阻塞，水位不过高或过低。勤修理饮水器，防止断水；要有责任心，注意准时开关水线。

2. 避免水不利方面的管理　想尽办法防止饮水器洒水，减少舍内有害气体浓度。确定饮水器高度，尽量让鸡抬头饮水，不让鸡在运动中撞到饮水器。对于普拉松饮水器要确定水位高低，以饮水器拉离中线 $30°$ 且不洒水为准。清理饮水器下多余的水。三周后使用乳头饮水器时，以鸡只抬头饮水为宜。

3. 水线消毒办法　每天为鸡只提供洁净饮水，是确保鸡群健康和实现最佳经济效益的必要条件。由于输送饮水的管线不透明，我们看不到里面的情况，因此，当我们在空舍期内清洗和消毒鸡舍时，很容易忽略这一重要部分。每批鸡淘汰后，应认真清洗消毒饮水系统。

良好的饮水卫生，需要一套完善的饮水系统清洗消毒程序。水线的结构多种多样，它们的状态不断变化，这些都会给水线卫生带来挑战。不过，我们利用日常的水质信息、正确的清洗消毒方法和少许的努力，就能应对这些挑战。遵循下列指导原则，鸡只将会拥有一流的饮水供给。

（1）第一步：分析水质。分析结垢的矿物质含量（钙、镁和锰）。如果水中含有 90×10^{-6} 以上的钙、镁，或者含有 0.05×10^{-6} 以上的锰，0.3×10^{-6} 以上的钙和 0.5×10^{-6} 以上的镁，那么就必须把除垢剂或某种酸化剂纳入清洗消毒程序，这些产品将溶解水线及其配件中的矿物质沉积物。

（2）第二步：选择清洗消毒剂。选择一种能有效地溶解水线中的生物膜或黏液的清洗消毒剂。具有这种功用的最佳产品就是浓缩过氧化氢溶液。在使用高浓度清洗消毒剂之前，请确保排气管工作正常，以便能释放管线中积聚的气体。此外，请咨询设备供应商，避免不必要的损失。

（3）第三步：配置清洗消毒溶液。为了取得最佳效果，请使用清洗消毒剂标签上建议的上限浓度。大多数加药器只能将原药液稀释至 0.8% ~ 1.6%。如果必须使用更高的浓度，那么就在一个大水箱内配制清洗消毒溶液，然后不经过加药器直接灌注水线。例如，如果要配制 3% 的溶液，则在 97 份的水中加入 3 份的原药液。清洗消毒溶液可用 35% 的过氧化氢溶液配制而成。

（4）第四步：清洗消毒水线。灌注长 30 米、直径 20 毫米的水线，需要 30 ~ 38 升的清洗消毒溶液。如果 150 米长的鸡舍，有两条水线，那么您最少要配制 380 升的消毒液。水线末端应设有排水口，以便在完全清洗后开启排水口，彻底排出清洗消毒溶液。请遵照下列步骤，清洗消毒水线。

1）打开水线，彻底排出管线中的水。

2）将清洁消毒溶液灌入水线。

3）观察从排水口流出的溶液是否具有消毒溶液的特征，如带有泡沫。

4）一旦水线充满清洗消毒溶液，请关闭阀门；根据药品制造商的建议，将消毒液保留在管线内 24 小时以上。

5）保留一段时间后，冲洗水线。冲洗用水应含有消毒药，浓度与鸡只日常饮水中的浓度相同。如果鸡场没有标准的饮水消毒程序，那么可以在 1 升水中加入 30 克 5% 的漂白粉，制成浓缩消毒液，然后再以每升水加入 7.5 克的比例，稀释浓缩液，即可制成含氯 $(3 ~ 5) \times 10^{-6}$ 的冲洗水。

6）水线经清洗消毒和冲洗后，流入的水源必须是新鲜的，并且必须经过加氯处理［离水源最远处的浓度为（3～5）× 10^{-6}］。

7）在空舍期间，从水井到鸡舍的管线也应得到彻底的清洗消毒。最好不要用舍外管线中的水冲洗舍内的管线。请把水管连接到加药器的插管上，反冲舍外的管线。

（5）第五步：去除水垢。水线被清洗消毒后，可用除垢剂或酸化剂产品去除其中的水垢。柠檬酸是一种具有除垢作用的产品。使用除垢剂时，请遵循制造商的建议。

1）将110克柠檬酸加入1升水中，制成浓缩溶液。按照7.5克浓缩液加入1升水的比例稀释浓缩液。稀释后的浓缩液作为酸化剂。用酸化剂灌注水线，并将酸化剂在水线中保留24小时。要达到最佳除垢效果，pH值必须低于5。

2）将60～90克5%漂白粉加入1升水中，制成浓缩液。按照7.5克浓缩液加入1升水的比例稀释浓缩液，稀释后的浓缩液作为消毒溶液。排空水线，之后用消毒溶液灌注水线，并保留24小时。消毒溶液中的氯将杀灭残留细菌，并进一步去除残留的生物膜。

3）用洁净水冲刷水线（应在水中添加常规饮水消毒浓度的消毒剂，每升浓缩液中含有30克的5%漂白粉，然后再以7.5克浓缩液加入1升的比例进行稀释），直至水线中的氯浓度降到5 $\times 10^{-6}$以下。

（6）第六步：保持水线清洁。水线经清洗消毒后，保持水线洁净至关重要。应为鸡只制定一个良好的日常消毒程序。理想的水线消毒程序应包含加入消毒剂和酸化剂。这种程序需要两个加药器，因为在配制浓缩液时，酸和漂白粉不能混合在一起。如果只有一个加药器，那么应在饮水中加入消毒溶液（每升含有40克5%漂白粉的浓缩液，按照7.5克浓缩液加入1升水稀释，稀释后作为消毒溶液）。目标就是使鸡舍最远端的饮水中保持 $(3 \sim 5) \times 10^{-6}$ 稳定的氯浓度。

其他可用的清洗消毒剂有臭氧和二氧化氯。臭氧（O_3）是一种非常有效的细菌、病毒杀灭剂和化学氧化剂。它与铁、锰元素起反应，使二者更容易被过滤清除。它的功效不受 pH 值影响，与氯同时使用时，能使氯失活。然而，臭氧是一种接触消毒剂，挥发很快，水线中不会有残留物。

二氧化氯正逐渐作为家禽饮水消毒剂被广泛使用，因为新的生产方法已经解决了它的应用问题。作为一种杀菌剂，二氧化氯和氯一样有效；作为病毒杀灭剂，它比氯效率更高；在去除铁、锰方面，它比氯更出色，同样也不受 pH 值的影响。另外，水线消毒的一些操作标准指数可参见表 6.1。

表 6.1　水线消毒的几个重要的操作标准指数

水源中	好	可接受	不可接受
细菌数/毫升	0 ~ 100	101 ~ 300	>301
大肠杆菌数/毫升	0		1
假单胞菌数/毫升	0		1

4. 注意事项

（1）不要把酸化剂用作水处理的唯一方法，因为单独使用酸化剂可以造成细菌和真菌在水线中生长增殖。

（2）越来越多的人把过氧化氢用作饮水消毒剂，但 pH 值和碳酸盐的碱性会影响过氧化氢的效率。它可以被储存在使用现场，但过期后很容易失效。它是一种强氧化剂，但不会有任何残留。

（3）过氧化氢刺激性强，操作需要格外小心。使用前，必须在设备组件上先做试验。为了防止对人员和设备造成损伤，必须严格遵循操作和使用剂量的说明。经硝酸银稳定处理的 50%

过氧化氢，被证明是一种非常有效的消毒剂和水线清洁剂，而且不会损伤水线。

（4）当给鸡只使用其他药物或疫苗时，应停止在饮水中加氯（或其他消毒剂）。因为氯能使疫苗失活，能降低一些药物的效力。投药或免疫结束后，应在饮水中继续使用氯或其他消毒剂。

（5）水线卫生要符合地方法规的要求，请咨询地方权威部门。请务必始终遵循设备和药品制造商的指导原则。

（6）防止水线堵塞。水线堵塞的原因多数是由不完全溶解的药品与水中的沉积物引起的生物膜造成的。要清除这些生物膜，可以使用一些酸性制剂，但要同时注意酸的负面作用。生物膜是微生物附着在管壁而形成，它为更多有害的细菌和病毒提供保护场所，避开消毒剂的攻击，如沙门氏菌在水线的生物膜里可生存数周；有害细菌还可以利用生物膜作为食物来源，降低水的适口性，堵塞供水系统，造成水线末端流速缓慢，更适宜微生物生长。生物膜中的有机物能够中和消毒剂，降低消毒效力，影响药物、维生素和疫苗的使用效果。

酸性水质净化剂的作用：水质净化，杀菌；降低饮水 pH 值，酸化肠道；清洗饮水系统，除垢，除生物膜；同时也起到酸化剂的作用；促进消化功能，提高采食量。

（7）改善生产性能清洁饮水系统：

1）空舍期间：用高压水冲洗管道（双方向）；用酸性水质净化剂 2% 水溶液浸泡 24 小时后，用清水高压冲洗；用 0.2% 酸性水质净化剂水溶液浸泡饮水系统，直至新鸡群进入（如果临近接雏）。

2）生产期间：傍晚关灯前用高压水冲洗管道（双方向），然后用 1% ~2% 酸性水质净化剂水溶液浸泡管道系统至次日天明前（开始饮水前），再用高压水冲洗管道。之后要逐个检查饮

水器，看是否有堵塞现象，出现堵塞及时排除。最后使用0.1%
~0.2%酸性水质净化剂溶液。

3）饮水管理：及时调节水线高度。应在雏鸡入舍前1天将
储水设备内加好水，使雏鸡入舍后可饮到与室温相同的饮水，也
可将水烧开晾凉至室温，这样操作是为了避免雏鸡直接饮用凉水
导致胃肠功能紊乱而下痢。

育雏期间应保证饮水充足，饮水器的高度要随着鸡群的生长
发育及时调整。使用普拉松饮水器应保持其底部与鸡背平；如果
使用乳头饮水器，在最初两天，乳头饮水器应置于鸡眼部高度，
第3天开始提升饮水器，使鸡以45°角饮水，两周后继续提升饮
水器，使鸡只伸脖子饮水。

第一次给蛋用种雏鸡饮水通常称为开水。开水最好用温开
水，水中可加入3%~5%的葡萄糖或红糖、一定浓度的多维电
解质和抗生素，有利于雏鸡恢复体力，增强抵抗力，预防雏鸡白
痢的发生。这样的饮水一般需持续3~4天。从第4天开始，可
用微生态制剂饮水来清洗胃肠和促进胎粪排出。水温要求不低于
24℃，最好提前将饮水放在育雏舍的热源附近，使水温接近舍
温。

蛋鸡的饮水一定要充足，其饮水量的多少与采食量和舍温有
关。通常饮水量是采食量的2~3倍，舍温越高，饮水量越多，
夏季高温季节饮水量可达到采食量的3.5倍，而冬季寒冷季节饮
水量仅是采食量1.5~2倍。刚到的雏鸡1 000只大概能饮水10
千克。

饮水器应充足，每只鸡至少占有2.5厘米的水位。饮水器应
均匀分布在育雏舍内并靠近光源。饮水器应每天清洗2~3次，
每周可用3 000倍液的百毒杀消毒2次；饮水器的高度要适宜，
使鸡站立时可以喝到水，同时避免饮水器洒漏弄湿垫料。

四、舍内小气候管理

蛋鸡正常生长发育需要的生存条件：适宜的温度和湿度、良好的通风和供氧。

舍内小气候是指通过温度、湿度和通风的管理给鸡舍创造不受外界影响、适合蛋鸡生长的良好的小环境，这个小环境就是舍内小气候。舍内小气候控制就是指控制好舍内温度、湿度和通风的关系。对于蛋鸡饲养管理来说，就是做好温度控制的情况下，再协调好湿度和通风的关系。较好的做法是设定好全期每天温度曲线，以全期温度曲线为标准，再设定好每天最高温度值和最低温度值，以最高温度值和最低温度再做两条曲线，在最高温度和最低温度曲线内进行温度的控制，然后再设定最小通风量。湿度控制曲线也应同时设定好。

在蛋鸡生产管理中最关键的两个管理重点：第一就是开水开食工作即一周内管理重点。第二个管理重点是舍内小气候控制。第一个管理重点做好的话就保证了蛋鸡的机体各种系统功能最有效发育。第二个管理重点做好的话有效地防止鸡群的疫病的发生。所以舍内小气候控制至关重要。

最小通风量指既保证舍内有害气体不超标，又能满足舍内氧气的充足供应所需要的通风量最小值。生产中，常使用循环通风换气来达到最小通风量。例如，以5分钟为一个通风循环，可以每5分钟开启2分钟换气扇进行循环通风换气。换气扇定时循环工作，可以让进入鸡舍的新鲜空气与原来污浊的空气进行混合，换气扇工作时将混合后的污浊气体排出舍外，换气扇停止工作时舍内空气又一次进行混合。这样可以使鸡舍死角的空气交换相对来说更加充分，全天实现通风200多次，这是人工通风不可能达到的。所以，循环通风换气的空气质量也是不言自明的。

控制最小通风量，恒温定时通风是关键，即保证良好通风的同时，温度不能过低，防止鸡舍温度过低，温差过大对鸡群造成不良影响。循环定时通风好理解，那如何实现恒温呢？这就需要设定一个鸡群所需要的最低温度值，在达到鸡群温度最低值以上时才可以循环定时通风，比如鸡群需要的标准温度是30℃，那么温度低于29℃时暂停定时通风，这样可以防止定时换气时出现温度过低，鸡舍的温差大，同时又不影响定时通风换气。这种恒温定时通风方法可以让鸡舍温度保持稳定，又可以解决育雏期或寒冷季节鸡舍氨气味大、灰尘多的问题，舍内氨气浓度可以下降30%~75%。实现恒温定时通风的自动控制产品，鞍山捷力的鸡舍环境控制器JL318在生产实践中受到了众多养殖户的认可，可以使蛋鸡的日常温度与通风管理水平进一步提高。

最小通风量的标准：通常认为蛋鸡每千克体重每分钟需要新鲜空气0.0155~0.017立方米。最小通风量控制开启风机时间（占循环周期时间）百分比公式如下：

开启时间百分比 = 鸡只数 x 鸡平均体重（千克）x 每千克体重需要的排风量（0.0155~0.017）/风机排风量

例如，排气扇使用1台轴流风机，每台排风量为每分钟约为167立方米，5000只鸡，平均体重为1千克，通风时间可以利用上面的公式计算，开启时间百分比为50%（0.5）。

最小通风量以5分钟为一个循环周期，计算出的风机开启时间为2.5分钟，关闭时间为2.5分钟。如果外界温度不是很低，舍内温度比较稳定，可以加大通风量，比如开启时间改为4分钟，关闭时间改为1分钟。通风量增加后可以获得更好的空气质量，如果鸡只数量多，体重大，可以增加风机的数量或者使用更大风量的风机进行最小通风量控制。

舍内湿度过大的原因有饮水器漏水，鸡群拉稀，长期阴雨天气，通风不良，垫料控制不良。

舍内湿度过大，舍内易产生氨味，通风的一个重要目的是防止舍内有氨味存在。防止舍内湿度过高或过低。舍内空气湿度过高，促进有害气体的产生，夏天不易降温；湿度低，则空气中尘埃过多，容易导致严重的呼吸道疾病，气囊炎等病变。

1. 标准化蛋鸡场温度的设定和管理

（1）温度的设定：按生产日期提前设定每天温度控制曲线。整个生产期的温度设定如下，进鸡前两小时到接鸡后一个小时内温度为28℃，温度控制在27～29℃；入舍1个小时左右，设定温度为29℃，温度控制范围为28～30℃；入舍2个小时左右，设定温度为30℃，温度控制范围为29～31℃；入舍3个小时左右，设定温度为32℃，温度控制范围为31～33℃；入舍1～3天，设定温度为32℃，温度控制范围为31～33℃；入舍4～5天，设定温度为31℃，温度控制范围为30～32℃；入舍6～7天，设定温度为30℃，温度控制范围为29～31℃；入舍8～10天，设定温度为29℃，温度控制范围为28～30℃；入舍11～12天，设定温度为28℃，温度控制范围为27～29℃；入舍13～14天，设定温度为27℃，温度控制范围为26～28℃；入舍15～16天，设定温度为26℃，温度控制范围为25～27℃；入舍17～18天，设定温度为25℃，温度控制范围为24～26℃；入舍19～20天，设定温度为24℃，温度控制范围为23～25℃；入舍21～29天，设定温度为23℃，温度控制范围为22～24℃；入舍24天后，控制温度不变直到蛋鸡出售；若因冬季外界温度偏低，可在30日龄左右下调1℃，30天后设定温度为22℃，温度控制范围为21～23℃。

若因为供温设备问题不能按要求供给舍内设定温度范围内的温度，仍可以更改蛋鸡饲养后期的设定温度。设定温度从入舍21天开始：入舍21～23天，设定温度为23℃，温度控制范围为22～24℃；入舍24～26天，设定温度为22℃，温度控制范围为21～23℃；入舍27～30天，设定温度为21℃，温度控制范围为

20～22℃；入舍 30 天后，设定温度为 20℃，温度控制范围为 19
～21℃。

（2）温度的管理：每天下调温度应在上午 8 时进行，给蛋鸡
一白天的适应时间。绝对不能在晚上下调温度。应全力做到舍内
两端没有温差并保证鸡舍昼夜没有温差。标准化鸡舍内通过进风
口大小的调节，供温设备对温度的调节，以及通风量的大小和风
速的控制，是不难做到鸡舍内没有温差的。控制风速是调节鸡舍
两端温差的一个重要措施。这需要管理人员在舍内进行长期调试
并设定标准值。对于供温设备的要求是要确保任何时期供温都能
达到设定温度范围内。只有温度超过设定温度 3℃以上的情况下
才可以通过加大风速来控制舍内温度保证鸡群的舒适感。温度偏
高的控制要先从供温方面做起，然后才是通风的管理作用。昼夜
温差的应激是后期死淘偏高的一个不可忽视的原因，要给鸡群创
造一个良好环境，让蛋鸡感觉舒服。温度偏低，或风量偏大的情
况下，鸡群感觉不舒服，不愿意活动，也会严重影响到蛋鸡的食
欲，进而引起采食量减少，产生冷应激，会使死淘率上升。鸡舍
内昼夜或两端温差越大，分栏要小，以防止栏内鸡只向温度舒适
的地方移动，造成部分饲养区密度过大而影响到鸡只的采食。

夏季时，舍内设定的最低温度应当是 26～28℃，所以应以
设定温度为基础，进行通风管理。温度低于设定温度或在设定温
度内的时候，也是要通风的，但通风时要注意控制，不能使舍内
感觉到有风，否则会给鸡群带来一定影响。舍内温度高于设定温
度 2～3℃可以加大通风量，用提高风速来解决温度偏高带来的
问题。若舍内温度高于设定温度 3℃以上，要使用水帘并加强通
风量，使舍内风速进一步提高。通风量不足会加重后期的死淘
率。

夏季蛋鸡舍温度高于 28℃时，除了采取相应的通风降温措
施外，安装温度的监测报警系统和电源的监测系统也非常有必

要，如果一旦风机出现损坏或者风机电源跳闸断电等，会使鸡群产生强烈的热应激，甚至会大批中暑死亡，造成严重的经济损失。捷力电子推广的鸡保镖 2 号报警系统在实际应用中可发挥重要作用，提高温度管理的安全性，是值得普及的比较专业的报警系统。

定时通风和温度控制结合进行，即温度在标准温度范围内时应定时启动换气扇，实施最小通风量控制，当温度超出鸡群需要的温度上限应该用温度控制使换气扇一直工作，把温度降到适宜的温度范围内，这样的结合控制方法使用鸡舍环境控制器 JL318 会更容易实现。

2. 标准化蛋鸡场通风量的设定和通风操作管理要求

（1）标准化蛋鸡场通风量的设定：通风的重要作用有控制温度和湿度，排除有害气体和灰尘，提供新鲜空气（供氧）。通风时，以最小通风量维持整个饲养期为好。通风能达到供应充足氧气的目的，又能保证生产区内没有有害气体和灰尘的存在，即为最理想的结果。产蛋舍的温度不能低于18℃。蛋鸡 3 日龄后，开舍内匀风窗进行自然通风。开匀风窗户时要在白天，舍内温度最高时进行。5 ~ 10 日龄可以考虑自然通风结合横向通风，横向风机的数量依据舍内温度控制。间断通风和不间断通风结合进行。11 ~ 20 日龄可以考虑横向风机和纵向风机结合的办法进行，确保舍内感觉不到有风即可。夏天出现极端温度，如超过设定温度 3℃ 以上，也可以加大通风量，舍内可以感觉有风。这样做是为了提高蛋鸡的舒适感。21 日龄之后，要求使用纵向风机进行通风，以确保舍内两端温度均衡，以没有温差为好。夏天出现极端温度，也可以通过加大通风量解决。若温度超过设定温度 3℃ 以上，要同时配合水帘的使用。

舍内小气候控制的管理重点是协调好温度和通风的关系。冬季通风的管理要点是维持最小通风量。冬季通风的唯一目的是提供新鲜空气。控制温度可以利用供温设备解决。控制湿度方面，首先要防止供水设备洒水，同时注意鸡群是否出现拉稀。控制好舍内湿度来解决有害气体和灰尘的问题。采取这些措施后，维持最小通风量就能满足鸡群生长需要。

3. 标准化蛋鸡场湿度的设定和管理

（1）湿度的设定：接鸡前3个小时到3日龄舍内湿度控制在65%～75%；4～7日龄，湿度控制在55%～65%；8～21日龄，湿度控制在45%～55%；22日龄后，湿度控制在40%～45%。

（2）湿度的管理要点：育雏前期提高舍内湿度，育雏后期控制舍内湿度，育成期降低舍内湿度。管理重点在一周内湿度的提高。

接鸡后一周提高鸡舍内湿度要注意以下几点：①接鸡前两天先用消毒液把墙壁消毒一次，然后再用水把舍内墙壁湿透，以确保进鸡后舍内湿度达标准。②接鸡前用消毒液对育雏区进行消毒，消毒剂用量为每平方米160毫升。消毒同时也能提高接鸡时舍内的湿度。③舍内地面洒水或在热源处洒水。

3日龄后不在地面洒水。5日龄后结合舍内湿度大小控制洒水。15日龄后可以通过通风进行湿度的控制。冬季管理重点是控制舍内湿度不超标准，尽可能维持最小通风量。

总之舍内小气候控制就是温度、湿度和通风三个方面。协调好三者之间的关系，是蛋鸡饲养管理的重点。通风要尽量做到只向鸡舍提供新鲜空气，维持最小通风量。要想以最小通风量通风的话，就要确保舍内温度和湿度合理。蛋鸡生产中湿度的问题是较严重的问题，所以控制舍内湿度过大是我们管理的重中之重。一定要把湿度控制在设定范围内。比如，冬季若舍内湿度偏大，舍内有害气体偏多，此时必须加大通风量进行排除，而加大通风量就会降低舍内温度，并给鸡群带来不适的感觉。所以说，温度、湿度和通风三者是密不可分的。

4. 其他一些注意事项

（1）防止缺氧：空气缺氧会使蛋鸡腹水症发生率大大提高，对蛋鸡的生长、生产性能、均匀度和成活率等都能受到影响。

（2）测定蛋鸡舍内氨气浓度的一般标准：$(10 \sim 15) \times 10^{-6}$ 可嗅出氨气味；$(25 \sim 35) \times 10^{-6}$ 开始刺激眼睛和流鼻涕；50×10^{-6} 鸡只眼睛流泪发炎；75×10^{-6} 鸡只头部抽动，表现出极不舒服的病态。

（3）通风时要注意设备的配套使用：首先要确保进入舍内的风不能直接吹到鸡的身上，所以在进风口内则要设风向导流布或导流板，使风吹向鸡舍顶棚，然后使风向自然下落为好。这样风不会直接吹到鸡的身上，鸡只就不会受凉了。所有进风口都要有导流板与导流布。

（4）光照管理：光照可以提高采食速度和鸡群均匀度高，促进其生长速度和生产性能的正常发挥。光照时要确保光照均匀，灯具干净。光照管理必须跟上。

育雏期饲养重点是控制光照情况下的自由采食。蛋鸡 0 ~ 2 周自由采食，工作重点是促进食欲。0 ~ 3 日龄，光照时间为 23 小时，光照强度为 60 勒克斯；4 ~ 8 日龄，每天减少光照时间 1 个小时，光照强度不变；9 日龄以后每天减少 2 个小时，光照强度减弱到 15 勒克斯；光照减到 8 小时后维持不变。减光同时要求保证蛋鸡的最低标准料量，否则不减光。

（5）垫料管理：垫料管理对蛋鸡 3 周后生产表现特别重要。

（6）消毒的管理：消毒前关风机，消毒后 10 分钟再开风机通风。大风天气应对水帘进行严格冲洗消毒，立即关闭其他进风口，并带鸡消毒一次，在水帘循环池加入消毒剂。

（7）环境卫生管理：环境卫生指的是舍内外的地面卫生，搞好了给人以耳目一新的感觉。卫生差鸡舍会成为细菌、病毒的集散地，也影响他人的视觉感官。每次吃饭前对舍内卫生进行打扫，每天早上上班前打扫场院卫生，确保环境良好。

夏季还要重点注意防蚊蝇，鸡舍所有进风口和出入门都要钉上窗纱和门帘防止和减少蚊蝇出入；同时还要减少舍内洒水。

（8）高温季节的管理：①每天尽早开动风机和降温设备，打开所有门窗，在鸡感到过热之前，提高通风量，以尽可能降低禽舍温度。②如果蛋舍内装有喷雾系统和降温系统，需要时可早些打开，可预防高温中暑。③确保一切饮水器功能正常。降低饮水器高度，增加饮水器水量，并供给凉冷的清洁饮水。④当鸡群出现应激现象时，基本的方法是人在鸡舍内不断地走动，以促进其活动，或适当降低饲养密度。鸡舍内一定要有人，并经常检查饮水器、风扇和其他降温设备，以防出现故障。⑤高温到来前24小时，在饮水中加入维生素C，直至高温气候过去。⑥在热应激期间及之后不久，饮水中不要使用电解质。内部屋顶采取隔热措施，并且将屋顶涂成白色来反射热量。

第七章　蛋鸡的分季节管理

一、春季管理要点

春季气候由冷变暖，气温逐渐回升，日照逐渐延长，是鸡产蛋最旺盛的季节。这时要特别注意加强管理，最大限度地满足蛋鸡对营养和环境条件的需要。当温度渐暖，管理上易放松，也会给鸡群带来或多或少的影响。

1. **春季育雏的优点**　俗话说：一年之计在于春。蛋鸡的育雏也是如此，在一年四季当中，以春季育雏最佳。①气温适宜。每年3~4月气温逐渐转暖，光照逐渐延长，有利于雏鸡的生长发育，雏鸡的成活率也高。②开产期适宜。春季育雏一般于当年8~9月开产，可避开炎热的夏季，免受高温的影响，但也会出现推迟开产的问题。如何预防产蛋鸡推迟开产是管理的重点。③产蛋持续时间长、产蛋多。春雏在当年秋天开产后，到第二年的夏末秋初就可进行淘汰，这样，既便于鸡群更新，又能保持较高的生产水平。④进鸡不能太晚，防止产蛋上升期处在逆季，育成期处在秋季天气转冷时期，会影响到育成蛋鸡的生长，这也就是发生推迟开产的原因。

2. **进雏前的准备**

（1）消毒：按以下具体步骤消毒。①彻底清扫鸡舍，包括地面、屋顶、窗台等，每一个角落，不能留有死角。②用水由内向外冲洗鸡舍，冲洗干净后开窗干燥 7 天为好。③育雏用的食槽、水槽及其他饲养用具用百毒杀浸泡消毒后，在阳光下暴晒 2 天。④空舍期间及时填补鼠洞，修补屋顶漏雨处以及破损门窗，用 20% 的石灰水刷墙壁。若舍内地面为土地面，可铲去表层土后再拌入生石灰夯实，也可起到消毒作用。⑤用 3% ~ 4% 的氢氧化钠溶液喷洒消毒，水温以 40℃ 左右为宜，喷洒时每立方米用 1 ~ 2 升，喷洒要均匀，不留死角。⑥喷洒消毒 2 天后，把消毒过的料槽、水槽以及其他用具放入鸡舍，关闭门窗后进行熏蒸消毒。注意鸡舍的所有漏洞、门窗缝隙都要封严，防止熏蒸消毒的气体流失。因春季气温仍然较低，为保证熏蒸效果，鸡舍需要加温加湿，熏蒸时间以 24 ~ 48 小时为宜，熏蒸完毕后可开窗 12 小时通风，然后重新封闭后待用。

（2）预热试温：对于初次育雏的养殖户来说，预热试温这一环节就显得尤为重要。以农村养殖户常用的火炉育雏为例，在育雏前 2 ~ 3 天，要把炉子点燃，观察温度是否能够达到育雏所需的最高温度，要特别注意夜间和白天的温度是否一致。同时，应仔细检查烟囱是否漏烟，烟囱和屋顶或墙壁的结合处是否安全，以消除火灾隐患。在这一过程中如果发现问题，应在进雏前及时解决。

3. 蛋雏鸡的日常管理

（1）温度：最初几天，育雏温度要保持在 30 ~ 32℃，以后随着雏鸡的生长，温度可逐渐降低，通常每周下降 2 ~ 3℃，至 4 周龄后，可最终保持在 20 ~ 22℃。对有经验的养殖人员来说，育雏温度是否合适，可完全通过雏鸡的表现和行为观察出来。

雏鸡表现活泼好动，食欲旺盛，饮水适量，粪便正常，羽毛有光泽，在垫料上分布均匀，夜间安静，伸脖休息，说明温度正常。雏鸡远离热源，两翅张开，伸颈张口喘气，饮水频繁，说明温度过高。雏鸡扎堆，靠近热源，并发出尖叫声，说明温度过低。

另外，育雏过程中在温度的掌握和控制上，还要注意这样几点：一定要保证育雏温度的均衡性，每天的温差不应超过2℃，特别要避免夜间温度骤然下降；温度表用前要进行校对，挂在比雏鸡背稍高的地方，并在室内均匀悬挂，但一定要远离火炉，以免引起误差；温度控制要灵活掌握，温度表显示的数据要与雏鸡的状态结合起来；弱雏或病雏的温度要比健康雏鸡高1～2℃，夜间比白天高1℃，接种疫苗期间要比正常时提高1℃。

（2）湿度：雏鸡喜欢干燥而怕潮湿，1～7日龄时育雏室内的湿度要保持在60%～70%，1周后，随着体重的增加和水分代谢的加快，可保持在50%～60%。在育雏过程中，保持室内湿度的方法有这样几种：①蒸汽法，用锅或水壶放在火炉上烧水，既给雏鸡提供了饮水，又增加了湿度；②喷雾法，用喷雾器喷洒温水以增加湿度，可配合消毒液进行带鸡消毒，但喷洒时喷头要避免直接对着雏鸡；③洒水法，向周围墙壁或垫料上洒水，但洒水量不应过大。

（3）通风：雏鸡饲养密度较大，排泄物多，粪便和垫料在微生物、温度和水分的作用下，产生氨气和硫化氢等有害气体，这些有害气体均严重影响雏鸡的生长发育，也是降低雏鸡抗病力诱发或并发其他疾病的重要原因之一。因此，在考虑保温的前提下，要加强育雏室内的通风换气。在进行通风换气时，要注意预先把室内温度提高2℃，这样通风后才不至于造成温度降低。通风时要看准风向，迎风面窗口要开小些，背风面可开大些，要避免外部的冷风直接吹到雏鸡身上。

（4）光照：光照对雏鸡的影响主要表现在两个方面，一是光照时间，二是光照强度。光照时间方面，1～3日龄可采用23小时光照，这样可以促进雏鸡的活动，方便采食和饮水。3日龄以后，可利用自然光照，也可每周依次降低光照时间2小时，直至夜间不开灯为止。在光照强度上，第1周的光照强度可稍大一些，所用灯的功率可按照每平方米地面3～5瓦，第2周以后可降至1～3瓦，这样可防止由于光线过强而造成雏鸡啄癖。为了防止蛋鸡推迟开产，在育成期里，4～15周里光照时间不能超过10个小时。同时要避免太阳光直射鸡舍内部，并在非光照时间内进行遮光处理，遮蔽光线要严格，不要有漏光现象。这样做的目的只是为了确保蛋鸡能按时开产。

(5) 密度：饲养密度对雏鸡的生长发育影响很大。一般1～6周龄在地面平养方式下每平方米可饲养雏鸡20～25只。笼养者可增加密度到每平方米30～33只。如果密度过大，鸡群拥挤，采食不均，个体发育不整齐，容易感染疾病和引发啄癖；密度过小，成活率可能高一些，但对保温不利且不经济。

(6) 环境卫生：育雏室内的地面和垫料要保持干燥，注意饲养用具的清洁卫生，同时要注意舍内地面卫生。应本着"预防为主，养防结合，防重于治"的原则，制定严格的内外环境消毒制度。

应禁止外人随便进入。鸡粪和垫料清除后不能随便堆放，死鸡要深埋或焚烧处理。育雏室门口应设消毒池或撒布生石灰，消毒液要经常更换。定期或不定期进行舍内外环境的消毒。在进行带鸡消毒时，应注意喷出的雾滴不应过大，否则容易引起雏鸡的呼吸道疾病。

(7) 断喙：在雏鸡6～8日龄断喙最佳。断喙时一定要避开疫苗接种的时间，有些养殖户或种鸡场技术服务人员为图省事，往往把接种鸡痘或油苗注射同断喙一起进行，这样不但容易造成免疫失败，而且会因双重应激降低雏鸡的抗病力。断喙前后各1天，应在饮水中加入维生素K_3粉，以减少出血，避免造成葡萄球菌感染。另外，在饲料中应加倍拌入电解多维，防止应激。断喙后1～2天要自由采食，料槽中应多加料，以免鸡喙碰到较硬的槽底会有疼痛感而影响采食。总之，蛋雏鸡十分娇嫩，育雏期间稍有疏忽，都会对雏鸡的健康造成很大的影响，因此，养殖户从接雏到育雏，都必须予以精心的饲养管理，以便为以后的育成、产蛋期打下良好的基础。

4. 合理调整日粮的营养水平

（1）初春伊始，乍温还寒，饲料中应适当增加玉米等能量饲料的比例，以增强鸡体抗寒能力。育雏使用优级开口料育雏宝-320。

（2）供足蛋白质。预产期与产蛋高峰期的鸡需要大量营养物质来满足其产蛋与增重的需要，所以此阶段应适当提高日粮的营养水平，否则难以满足鸡的营养需要。日粮中的蛋白质比例要符合产蛋标准的要求，适当增喂些鱼粉、豆饼等含蛋白较高的饲料。粗蛋白含量不得低于16.5%。一般鸡的产蛋率每提高10%，日粮中的粗蛋白质要提高10%左右。当预见到产蛋率上升时，要提前一周加大蛋白饲料的用量，当产蛋率下降时，不要急于调低蛋白质水平，要维持一周再调低，以减慢产蛋率下降的速度。如果此时产的蛋做种蛋用，应注意饲料营养全面，适当添加维生素A、B族维生素、维生素C等。为了避免产软壳蛋或母鸡患软骨病，在产蛋量最高的时候，应将蛎粉增加到7%~8%，也可另设料槽补饲蛎粉或蛋壳粉。

（3）合理控制能量。此季节日粮中能量应达到每千克2.75~2.85兆卡（1卡约为4.19焦耳）。日粮中含能量较高时鸡采食量低，蛋白质摄入量就不足，既造成能量浪费，又影响鸡对蛋白质的摄入。使用全价饲料是蛋鸡饲养成功的关键。

5. 搞好鸡舍的环境，加强防疫

（1）入春以后，应对鸡舍内外和整个鸡场内外彻底地清扫一次，以减少疾病的威胁。

（2）初春时节，昼夜温差大，在管理上，要注意鸡舍保温，尽量使产蛋鸡舍气温维持在18℃以上，同时也要兼顾通风换气。在每天中午气温高时打开门窗，以排出有害气体，应根据情况逐渐地将防寒设施撤去，但要注意避免鸡群受寒。育成及产蛋鸡的日温差应控制在2℃之内，避免因温度的不稳定给生产造成损失。初春气温低时，早上放鸡出去前，必须先开窗户，调节室温30分钟以后再放鸡，注意不要突然把鸡放出户外，因为这样鸡易患感冒。

（3）注意光照时间。产蛋鸡应每天早5时开灯（也可选择5时30分或者6时），晚9时关灯（9时30分或10时），使光照时间稳定在16个小时。若用红灯光照效果更佳。

（4）春季中期后，气温稳步提高，鸡的生理机能更加旺盛，产蛋率也迅速提高。但此时也是微生物大量繁殖的季节，蚊蝇等昆虫也开始滋生繁殖，而多风多雨的气候特点又利于疾病的传播，搞好环境卫生和加强防疫应列为日常管理工作的重点。此外，将病、弱、残等不产蛋鸡挑出淘汰，加强疾病预防工作，勤除粪、勤消毒。产蛋窝要勤换垫草、勤扫粪便，增加捡蛋次数。有条件的鸡场要搞新城疫、传染性支气管炎等疫病的抗体监测，发现异常立即免疫，也可以进行预防性投药。

二、夏季管理要点

夏季温度较高，对蛋鸡是一种较强的热应激源，使之出现采食量下降、产蛋量降低，严重时还会导致鸡群死亡，严重影响着蛋鸡生产的经济效益。如何提高夏季蛋鸡的产蛋性能是广大养鸡专业户十分关注的一个问题，下面结合我们实际的生产经验谈一下对此问题的解决办法。

1. 严格控制喂料时间　由于中午的温度较高，而鸡体表又有羽毛覆盖，因此体温升高很快，蛋鸡的采食量降低。据观察，当气温升高到30℃时，鸡的采食量减少10%～15%，有的甚至拒绝采食。为了提高蛋鸡的采食量，可以将饲喂时间安排在清晨及傍晚气温较低的时候，中午时加喂一次湿拌饲料，也可加喂适量青绿饲料，进一步提高蛋鸡的维生素摄入量，从而达到促进蛋鸡采食，补充水分的目的。

2. 合理调整饲料组分　为了保证夏天蛋鸡摄入足够的营养成分，就要及时调整饲料的日粮结构，合理调整饲料的组分，提高饲料的养分浓度，多加入一些蛋白质和能量水平较高的饲料，如鱼粉、豆饼、肉粉等。另外，还要进一步提高蛋鸡钙、磷的摄入量，如在饲料中加入较多的贝壳和蛋壳粉等。一般贝壳粉含碳酸钙96.4%左右，折合钙38.6%，而蛋壳粉不仅含钙24.5% ~ 26.5%，且还含有粗蛋白约12.4%。这两种钙源饲料在加入前一定要经过消毒，尤其是贝壳粉。为了提高钙、磷的利用率，可以将全天需加入的钙源饲料的3/4在下午拌料时一次性加入，让蛋鸡在下午及晚上采食。饲料中仅增加钙质是不够的，还要加喂碳酸氢钠。有数据表明，当气温达到27℃时，在日粮中每100只鸡一次投喂0.3 ~ 0.5克碳酸氢钠，可大幅度提高产蛋率。

3. 加强蛋鸡的饮水管理　加强蛋鸡的饮水管理，增加蛋鸡的饮水量，是缓解热应激的措施之一。蛋鸡的饮用水必须符合卫生指标，清洁、无色、不浑浊，水的pH值以6.8 ~ 7.5为宜，其他指标均按有关规定检测。定期对水源进行卫生及理化检验，必要时还要进行净化处理。夏季在任何时候都不要缺水，鸡最佳饮水时间为上午6时到10时这段较凉爽的时间。水温控制在8 ~ 12℃，必要时还可以加入冰块，饮水量应控制在采食量的3 ~ 4倍。

4. 改善蛋鸡生长环境　蛋鸡生长环境的好坏直接影响到产蛋率的高低，在夏季高温季节尤为重要。蛋鸡生长环境包括温度、湿度、通风、鸡舍卫生、外界对蛋鸡的应激（人群的喧哗、汽车鸣笛）等。蛋鸡最适宜的产蛋温度在18 ~ 22℃，温度达到

27℃时采食量下降，32℃以上时产蛋量急剧下降。因此夏季降低鸡舍温度是保证蛋鸡高产的关键，主要措施有以下几点：

（1）加强通风，增加鸡舍与外界空气的对流，在鸡舍悬挂湿帘，并向地面喷洒凉水，这样不仅可有效降低舍温，而且还能调节舍内的相对湿度，使舍内相对湿度保持在50%～55%，避免高温及太低的湿度对蛋鸡生长带来的不良影响。

（2）将蛋鸡的翅羽和尾羽剪掉，增加鸡的传导散热量。

（3）为了改变鸡舍的卫生条件，应及时对鸡舍的墙壁、笼具等用喷雾灵等干粉状的消毒剂进行消毒，刷洗料槽、水槽，保持舍内环境清洁。

（4）在鸡舍周围的汽车噪声、人声喧哗等外界因素对蛋鸡的产蛋率也有很大的影响。因此，降低这些外界的应激因素对蛋鸡的影响也是提高夏季蛋鸡产蛋性能的手段之一。

5. 调整光照时间　光照时间也是影响蛋鸡高产的因素之一，由于夏季白天气温较高，使蛋鸡的采食量降低，从而影响蛋鸡的产蛋率，为了增加蛋鸡的采食量，在温度相对较低的晚上增加光照时间是一种行之有效的措施。具体做法是，在夜间（11时到凌晨2时）安排2～3小时的人工光照。另外还可以根据实际情况，在增加光照的时间内加喂一次。夏季午夜人工光照不仅可提高产蛋率，还可以增加鸡群的蛋比重，改善蛋壳的品质。

三、夏秋交替管理要点

夏秋交替时天气高温高湿，极易造成鸡只的热应激，引起机体免疫力下降，严重影响蛋鸡的生产效益。

1. 改善饲养环境

（1）鸡舍、设备的检查和改造。一是检查通风设备是否完善有效。二是检查饮水系统功能是否完善，最大限度地满足鸡的饮水需要。三是鸡舍屋顶应加盖隔热覆盖层，有条件的养殖户可在鸡舍内安装淋浴。四是在鸡舍周围要种植绿化带，做好鸡舍周围环境绿化工作。

（2）搞好环境卫生，控制蚊蝇滋生。坚持带鸡消毒，特别是水槽、地面等细菌易繁殖生长的地方要作为重点，坚持每天1次，且宜多种消毒剂交替使用。有水槽的要及时擦洗，食槽内不得存有霉变饲料，以减少疾病的传播；在饲料中添加阿维菌素10毫克/千克，一次性用药，每20天用药1次，可有效控制蝇蛆的滋生繁衍。

（3）加强防疫灭病工作。保持鸡群的良好健康水平，增强其抵抗力，减少热应激和疾病对鸡的影响。

2. 调整饲料营养

（1）调整饲料配方，提高日粮粗蛋白含量。由于夏秋交替时气温高，鸡只采食量下降，应注意提高饲料能量水平，保证鸡能摄入足够的营养，尤其是蛋白质一般提高到18%。如果产蛋率94%以上，可将蛋白质水平提高到16.5%。

（2）适当补充钠、钾、氯等电解质。有利于维持电解质平衡，同时还可增强鸡的抵抗力和免疫力，降低破蛋率和料蛋比。

（3）提高维生素和矿物质水平。根据高温天气鸡采食量降低，肠道的吸收功能差，维生素易损失等特点，至少将日粮中多维用量提高15%～30%。另外，还要注意提高矿物质的含量。

3. 加强饲养管理

（1）在高温天气时尽量避免转群、断喙、免疫接种等工作，种鸡夏秋季人工授精时间必须调整到下午4时以后，以减少外来干扰、应激等带来的不必要的损失。

（2）调整光照时间。根据夏秋季夜间相对凉爽的特点，将补光时间进行调整，一般在凌晨3时左右开灯，晚上8时左右关灯，喂料时间相应调整到凉爽的时间段进行，促进鸡只多采食。

（3）采取降温措施。每天在最炎热的时段，用喷雾器或喷雾机向鸡舍顶部和鸡体喷水，进行降温。降低饮水温度可提高采食量，防止产蛋量下降，保证蛋壳质量。

（4）调整鸡群密度。在夏秋季来临之前要及时调整笼内鸡只，做到鸡舍内鸡群分布均匀，减少密度过大而出现的热应激现象。

4.合理用药　许多药物会对产蛋鸡的生产性能造成不良影响，如磺胺类药物、硫酸链霉素和某些抗球虫药物等都会影响蛋鸡的产蛋率。因此，在日常生产中要尽量少用或不用影响产蛋效果的药物。

总之，通过改善饲养环境、科学合理调整日粮配方、加强饲养管理、合理用药等综合性措施，可确保安全平稳度过夏秋交替。

四、秋季管理要点

秋季是蛋鸡养殖业的黄金季节，但又面临着气候多变、昼夜温差大、各种病原微生物迅速滋生等诸多不利因素，如何为蛋鸡营造一个舒适的生产环境来创造更大的经济效益，是养殖户应当考虑的问题。

1.适当调整鸡群　将低产鸡、停产鸡、弱鸡、僵鸡、有严重恶癖的鸡、产蛋时间短的鸡、体重过大过肥或过瘦的鸡、无治疗价值的病鸡及时淘汰，留下生产性能好、体质健壮、产蛋正常的鸡。一般产蛋鸡饲养1～2年为最好，超过2年以上的蛋鸡最好淘汰。也可将机体素质差，产蛋率低的鸡及时挑选出来，分圈饲养，增加光照，每天保持光照时间16小时以上，多喂优质饲料，促使母鸡增膘，及时上市处理出售。

2.人工强制换羽　秋季成年蛋鸡停产换羽，在正常条件下，蛋鸡换羽时间长达4个月左右。鸡在换羽期间产蛋量大大减少，且因个体换羽时间有早有晚，换羽后开产也有先有后。由于产蛋的高峰期来得晚，给饲养管理带来不便，所以必须进行人工强制换羽，促使蛋鸡换羽同步，同时开产。实行强制给鸡换羽前1~2周，对鸡舍要彻底清扫，消毒、灭蚊蝇，并对参加换羽的鸡接种Ⅰ系新城疫疫苗。还要抽样称重，并根据体重将鸡只分为大、中、小三类，同类鸡安置在同列笼内，以便掌握不同的停料和放药时间。采用人工强制换羽可使蛋鸡产蛋整齐、蛋重大、产蛋量提高，且能减少培育费用和提高鸡的抗应激抗病能力。人工强制换羽可选用三种方法。

（1）药物法：在蛋鸡日粮中按2.5%的比例加入氧化锌或按4%的比例加入硫酸锌。加入氧化锌或硫酸锌后，蛋鸡的食欲、采食量、体重、产蛋率均下降，2~3天后日采食量降至20克左右，到第4天其产蛋率下降75%~80%。到第7天，产蛋率几乎为零。高锌饲料持续喂7~8天，鸡的体重会降低25%左右。如果体重下降不足25%，可以再继续饲喂高锌饲粮。当鸡群体重下降25%，鸡群停产后，要去掉氧化锌或硫酸锌，改喂蛋鸡前期料。第一天每只鸡喂给30~40克，然后逐日增加10克，增到100克后可自由采食。注意在喂高锌日粮期间不必停水，光照可降至6~8小时，恢复正常饲喂时开始逐渐增加光照时数，至每天16小时。

（2）激素法：使用此法前12天去掉人工光照，即可自由采食饮水，保持自然光照，然后每只鸡肌内注射30毫升孕酮，鸡的羽毛很快脱落，40~50天后开始产蛋。

（3）饥饿法：首先停止供水，停水时间为3天，3天后恢复供水。在停水的同时，停止给料。停食的天数应根据鸡只体重降低的情况而定。体重小的鸡一般停料7~8天便会减重25%~30%，这部分鸡先恢复饲料供应。体重中等的鸡需停料10天左右，而体重大的鸡需要停食14天左右，当减重25%~30%时也恢复饲料供应。在停水停食的当天，应将光照时数由原来的每天

16 小时左右降至 6 小时，并维持到恢复供料时。恢复供料要讲究方法，第一天每只鸡给料 30 克，中午一次供给，第二天每只鸡供料 60 克，上午、下午两次供给，第三天每只鸡供料 90 克，分早、中、晚三次供给，第四天恢复自由采食。恢复供给鸡的饲料应当粗蛋白质的含量不低于 17%，含硫氨基酸应占饲粮 0.7%，这有助于换羽。恢复供料后光照时数也随着逐步恢复，可以每周以两个小时的速度递增，当增至 16 小时便不再增加。

3. 新鸡催产　立秋以后，春天饲养的蛋鸡即将产蛋。但这时新鸡采食的营养，一部分用于产蛋，一部分用于身体的生长和发育，要提高产蛋量，必须供给营养比较丰富的饲料，进行人工催产。当每 100 只新产蛋鸡每天产蛋 5～10 枚时，在每 50 千克饲料中，掺拌豆饼 7.5～15 千克，鱼粉和血粉 2.5～3.5 千克，食盐 250 克，禽用多维 5 克，麸皮 2.5～5 千克，槐树叶粉 1.5千克，骨粉 2.5 千克，贝壳粉 2～2.5 千克，其余用玉米补充至 50 千克。经过一个半月的催产，当每 100 只鸡每天产蛋达到 70～87 枚时，在每 50 千克饲料中再添加鱼粉或血粉 0.5～1.5克，豆饼 0.5～1.5 千克，并适当减少麸皮或玉米的用量。增加人工光照时间。发现有的鸡体重下降，再适当增加玉米用量。经过催产，一般每只鸡在秋季可多产蛋 20～40 枚。

4. 提高营养成分，注意饲料质量　鸡群经过长期的产蛋和炎热的夏天，鸡体已经很疲劳，入秋后应多补喂些动物性蛋白质饲料，使尚未换羽的鸡继续产蛋，促进已换羽的鸡迅速长成羽毛，尽早恢复生产。由于这时鸡的神经非常敏感，在增加高营养的饲料时，注意增加幅度要缓慢，以免鸡的神经受到刺激而换羽停产，同时要给予易消化的优质饲料和补充维生素，特别是 B 族维生素含量要充足。刚开产的鸡群依开产日龄和产蛋率及时更换饲料。添加饲料时要少量多次，每次加料不超过食槽的 1/3，尽量让鸡把料槽内的饲料采食完。入秋后空气湿度比较大，要注意保存好饲料，防止发霉和变质。有条件的鸡场可在鸡的日粮中添加 10% 的青饲料和 2% 的沙砾摩擦剂，这样既可补充鸡对多种维生素的需要，又可促进饲料的消化和利用，并降低成本。

5. 补充人工光照　产蛋期的光照宜逐渐延长而不宜逐渐缩短，光照强度可渐强而不可渐弱，也不可突然一次长时间增加，应循序渐进。秋季自然光照逐渐缩短，及时调整开灯时间，注意保持光照时间和光照强度的稳定，若光照不足，可采用早晨和晚间各补光一定时间。补光不可忽长忽短，以免影响鸡群换羽，防止啄癖发生，影响产蛋。注意调整舍内光照使其分布均匀。在鸡舍内增加 40 瓦的灯炮，并安装灯罩，电灯距地 1.5 ~ 2 米，每天光照 16 小时为宜。

6. 调节舍内环境　减少气候变化的影响，鸡舍内的小气候变化幅度不宜过大，注意处理好保温与通风的关系。蛋鸡比较适宜的温度为 18 ~ 26℃，相对湿度为 50% ~ 75%，过高和过低都会降低鸡的产蛋率。早秋季节天气依然比较闷热，再加上雨水比较多，鸡舍内比较潮湿，易发生呼吸道病，为此必须加强通风换气。白天打开门窗，加大通风量，晚上适当通风，以降低温度和湿度，有利于鸡体散热和降低鸡粪中的水含量，减少鸡舍内鸡粪酵解，防止产生过多的有害气体和某些疾病的发生和蔓延。到了秋末冬初，要及早检修鸡舍，安好门窗，做好取暖避寒的准备，以防气候突变引起鸡群发病，影响产蛋率。

7. 进行驱虫　对感染鸡蛔虫等线虫病的鸡可选以下药物进行驱虫。给鸡驱虫期间，要及时清除鸡粪，集中堆积发酵。

（1）盐酸左旋咪唑：在饲料或饮水中加入药物 20 克/千克，让鸡自由采食和饮用，每天 2 ~ 3 次，连喂 3 ~ 5 天。

（2）驱蛔灵：每千克体重用驱蛔灵 0.2 ~ 0.25 克，拌在料内或直接一次投喂。

（3）虫克星：0.2% 虫克星粉剂灌服或均匀拌入饲料中饲喂。

（4）氨丙啉（对患球虫病鸡用）：0.025%氨丙啉混入饲料或饮水中，连用3~5天。

8. 严格防疫措施 夏末秋初，气候多变，根据气候特点，鸡群保健要点主要是根据"防重于治"的方针，切实搞好卫生、防疫、防应激的管理工作。此时秋季气温适宜病原微生物大量繁殖，鸡易患各种疾病，应搞好鸡舍的环境卫生，定期进行消毒。对鸡场大环境，鸡舍墙壁、地面、用具等用2%~3%的氢氧化钠溶液消毒。用0.2%的过氧乙酸溶液进行鸡舍内消毒，保持良好的卫生环境。及时采用高效低毒的药物扑灭蚊、蠓等吸血昆虫。预防感冒、鸡痘，大肠杆菌、传染性鼻炎等呼吸道疾病的发生。同时蛋鸡经过一个产蛋盛期，到秋末时体质变差，易发生传染病，因此必须加强防疫措施。重点做好鸡新城疫（每1个半月到2个月，Ⅳ疫苗2~3倍饮水1次）和禽流感的免疫工作。

9. 加强饲养管理，减少操作应激

（1）防止饲料突变，尽量保持饲料稳定。更换饲料应循序渐进，不使用霉变饲料。

（2）固定工作流程。定时完成灯的启闭、喂料、添水、捡蛋、清粪等规定的日常工作。对食槽、水槽、地面、墙壁、顶棚经常刷洗，定时消毒。勤擦灯泡，及时捡蛋，保持舍内卫生，定期消毒，以确保蛋鸡有一个安静、清洁的环境。防止打破鸡的生物钟。

（3）防止惊群应激。为保持鸡舍内环境相对稳定，要定人定群饲养管理，开放式鸡舍要注意天气骤变和恶劣天气对鸡群的影响，尤其是秋季昼夜温差大，晚上要注意适当保温。防止麻雀、老鼠、猫等动物进入鸡舍骚扰。非管理人员不得进鸡舍，以免引起骚动炸群。

（4）定期投喂维生素C、维生素E和电解质药品，以增加机体的抵抗力，降低各种天气突变、疫苗接种等应激因素带来的不利影响。

10. 做好各项记录，便于指导生产　记录喂料量、鸡存栏量、产蛋量、蛋重、死淘数等经济技术指标，以便及时发现问题。

总之要抓住秋天这一黄金季节通过各种方法为鸡群营造一个舒适的生产环境，这样才能创造更高的经济效益。

五、冬季管理要点

1. 温度与通风是冬季管理的要点　在生产实践中发现，"保温兼顾通风"这句话不够严谨。因顾及保温而把鸡舍堵得太严，就会影响通风，连带会出现许多问题，管理上难度增加，也不能有效解决温度下限的保持。鸡体被羽毛覆盖，体表的散热量并不大，鸡舍温度主要受呼吸、粪便及粪便发酵产热两个方面影响。实践发现，2~3周不清理粪便，当清理粪便后，鸡舍温度会下降5~7℃。而呼吸时会排出大量水分，使鸡舍变得潮湿阴冷，尤其是水泥楼板结构鸡舍，早上还有水珠从舍顶滴下。房顶、四周墙壁吸收热量，也将耗去舍内大量热源。采用塑料薄膜覆盖窗户墙壁花格，这对阻挡冷空气侵入舍内的作用是明显的，但还达不到使鸡舍保持适宜的温度的效果。

因此，"保温兼顾通风"里的"保温"，根据具体情况，还必须加上"增温"，"兼顾"不妥，要"强调"。这是观念的问题，保温与通风之间的矛盾，最终还是要通过鸡舍设计、相应硬件配套设施方面给予解决。在这些方面虽投资一时，但会受益多年，一时凑合，问题却没完。冬季管理的要点是温度与通风，抓住这个要点努力去做，据情增温，保持下限，强调通风，减少发病，问题一定会减少很多。

产蛋舍一定要配备合适的供温设备，这是以后的发展方向。配备专门供温设备，可以确保良好通风的情况下，还能确保鸡舍温度不低于18℃。随着优良蛋鸡品种的引进，蛋鸡产蛋性能越来越高，只有良好的供温设备才能确保蛋鸡生产性能的正常发挥。

区域温差有别，情况不尽相同。在舍温基本能保持在下限（18℃）左右时，自然通风的简易鸡舍，一般设有下层风口（出粪口）、中层风口（窗户或花格）、上层出气口（天窗）。原则上，冬季应堵下、开上、调中为好。堵下，即冷空气不要经鸡体再由天窗排出，这样易伤鸡，堵就是要严实不留贼风。开上，天窗的作用是利用舍内外空气压力差向外抽气，这好比炉子的烟筒，根据通风需要，天窗可适当调整出气风量，但绝不能关闭堵死。调中，在中层（超过上层鸡的位置），要留有进（调）气口，这好比是炉子的风门。风为空气流动，只开天窗不留进气口，不能形成空气对流，会降低自然通风效果，甚至达不到通风的目的，不流动则无风。在舍温低于下限时，须增添外来热源给予温度保障，决不可以牺牲通风来换取保温。火墙、土地暖等方法，温度相对均匀，易管理，能源也可多样，适用一般小型鸡舍。热风形式增温也是一种好方法，它可将增温与通风兼顾起来。生产中可根据规模、经济条件，广集思路，因地制宜，实惠、能解决问题的办法都可尝试。一些养鸡论坛中介绍有土法自制热风炉，用家用锅炉烟筒改制简易热风管等方式，都可以借鉴。多想办法，积极作为，就怕凑合，或只顾温度而把鸡舍捂得太严，而使问题不断。养殖户要提高自身素质，注重细节，才能提高受益，同时促进整个养鸡行业的整体发展。

2. 寒冷的本身就是致病因素　机体的"抵抗力"是机体综合素质健康水平的反映，是自身防御外来病毒、致病菌侵袭的保障。寒冷会造成机体抵抗力的下降，而病毒、致病菌"无处不在"，就会"趁机而入"。由此，提高机体的抵抗力，是冬季防病管理的切入点。前提是必须做好增温和通风。

（1）就危害较严重的易发鸡病，如禽流感、鸡新城疫、传染性支气管炎应借助抗体检测，做好前期工作，强化疫苗免疫工作，防患于未然，"抓其要害，突出重点"。冬季机体抵抗力差，进行疫苗免疫工作时要加强保护意识，免疫谨防激发病。

（2）鸡霉形体病、鸡大肠杆菌病、鸡球虫病等这些易发病，要加强防病意识，做阶段性预防处治。

3. 注意饲料的调整　饲料中多加脂肪，脂肪比起糖类，能提供更多的热量，而且起效迅速，当寒流经过时添加上几天，起码能顶挡一阵。"给点辣椒能抗寒"，类似这些经验花钱不多，却很有效。用质量好的水溶性维生素，每月额外添补一两个疗程，将会受益匪浅。用一些鱼肝油等补充维生素 A，保护和修复机体黏膜，使其处于最佳功能状态，发挥其有效屏障作用。维生素 C 有很好的抗应激作用，寒流来了用上几天，会有很好的效果。"晚餐喂饱好熬夜"，冬季夜长，鸡相对耐饥时间长，夜间饲料在体内存留时间相对长点，益于消化吸收。蛋的形成大多也是在夜间完成，相对营养供给需求有所增加，因此晚餐一定要料足喂饱。一日三餐给料量不是等分的。

4. 饮水的管理　对于散养鸡，放一盆温水，一盆凉水观察，鸡还是喜饮温水。鸡饮冷水会加大体内热能的消耗。冬季要给鸡饮温水。充足的饮水助于健康、提高抵抗力，正如人们常说的，要多喝水防感冒是一个道理。有一个简易方法可用来给鸡舍提供温水，用砖砌一小火炉，将自来水用铁管，做加热管置入鸡舍内，两端分别接进出水管，效果良好。

5. 冬季护肾　实践中发现，经过冬季，鸡大多肾脏不好，肾小叶明显，尿管有轻微尿酸盐沉积，这可能与低温通风有关。可以一个冬季至少给两次护肾保肝类中药。

6. 问题讨论

（1）蛋鸡要不要预防球虫病：因慢性小肠球虫病而引发的

坏死性肠炎较为普遍，咨询养殖户全部都不预防球虫，理由是蛋鸡不得球虫病。大家可能说要预防，但做到程序化管理的为数不多。要根据鸡群状态，参考季节、饲养阶段，制定相应的管理程序，这既是一批鸡的档案，也是管理参照依据，不能稀里糊涂，一问三不知。

（2）做了免疫为什么防不住：从管理角度，问题或许出在两个方面。一是鸡群基础免疫实际状况不明。通过抗体检测就可了解鸡群的基础免疫情况，有问题再从多个方面分析查找具体原因。二是与管理不当，影响鸡的健康，从而影响鸡机体抗体水平的发挥。任何影响机体"健康"的不利因素，会直接或间接影响到抗体水平的发挥，这是部分与整体的关系，是管理理念上要强调重视的环节。

一股寒流一场病，管理不能老处于被动，或老从大的方面去思考，岂不知小失能铸成大错，要防患于未然。饲养管理没有太多奥秘，动脑、勤快、细心就足够了。

第八章　蛋鸡分期管理与饲养

一、空舍期

清理鸡舍外围杂草，保证鸡舍两边 5 米范围内无杂草。随着鸡群淘汰及时整理可整理的饲养设备。根据老鼠数量，鸡舍周边均匀设定灭鼠点，投药灭鼠，至少持续 7 天以上。根据昆虫数量，喷洒杀虫剂。拆卸棚架，清理鸡粪。清完鸡粪后，要洒水，并尽可能彻底清扫舍内灰尘及剩余鸡粪。冲洗鸡舍及设备，喷枪最低压力为 250 ~ 300 磅/英寸^2（1 磅/英寸^2 约为 6894.76 帕）。如果产蛋箱要拿出鸡舍，则在出舍前冲洗干净。用 3% 氢氧化钠溶液消毒地面。维修鸡舍及设备。将福尔马林稀释 20 倍后喷洒消毒。安装棚架，安装时浸泡漏粪地板。鸡舍周围铺撒生石灰。垫料要消毒（根据各自鸡场消毒程序操作）。安装好育雏设备，各种设备必须先消毒后入舍。安装结束后，进行检查调试，确保正常运转。用福尔马林消毒整个鸡舍。摇上卷帘，关好门，封舍 7 ~ 14 天。如开启鸡舍到进鸡，时间超过 10 天，要用消毒药再次消毒。空舍 10 天以上很关键。

淘汰完蛋鸡到进鸡间隔要有 45 天以上。10 天内舍内完全冲洗干净。舍内干燥期不低于 10 天，任何病原体在绝对干燥情况下是不会存活太久的。舍内墙壁和地面要冲洗干净，以流水不留痕迹为宜。空舍 10 天后，再把地面和墙壁均匀地刷上 20% 生石灰，然后再干燥 10 天以上。任何消毒（包括甲醛熏蒸消毒在内）都要到达屋顶。

舍外也要如新场一样。如何做呢？污区清理干净，禁止任何人员进入最好撒生石灰，形成生石灰膜。净区严格清理，之后撒上生石灰，不要破坏生石灰形成的保护膜。

二、育雏期 1 ~ 3 周管理

1. 接鸡准备工作　主要包括饮水、饲料、温度、湿度、卫生防疫等准备工作，主管必须检查落实好每项工作，使用进鸡准备工作检查表。鸡舍和饲养设备必须于 3 天前消毒过。进出鸡舍人员必须严格消毒。检查保温设备，根据季节不同提前 1 ~ 3 天预温。提前一天预温是必须的，预温同时确保舍内墙壁湿透，这一点是为了让墙壁温度达到标准。育雏笼中下层温度要达到 32℃。合理分配各栏育雏笼内的设备，各栏必须有专门温度计。水质要达标，水温与舍温相同。初次给雏鸡喝水，最好要用 5% 的葡萄糖水。准备称重设备、采血用品及报表等。该阶段不允许外来人员参观，围墙到鸡舍地面要定期消毒。进鸡前进行人员培训。

雏鸡经过长时间的路途运输，会饥饿、口渴，身体条件较为虚弱。为了使雏鸡能够迅速适应新的环境，恢复正常的生理状态，我们可以在育雏温度的基础上适当降温，使温度保持在 27 ~ 29℃，这样，能够让雏鸡逐步适应新的环境，为以后生长的正常进行打下基础。具体可按下面的程序控制温度，接鸡前 2 小时到雏鸡来后 1 个小时温度应控制在 27 ~ 29℃，鸡入舍 1 个小时后上升 1℃，以后每过 1 个小时上调 1℃，4 小时调整为 31 ~ 33℃。这样鸡群就会有一个慢慢适应的过程。

2. 雏鸡到场工作操作程序　掌握准确的接鸡时间，一定要随时联系送雏车辆，密切关注准确的入雏时间，以便合理安排进雏前的准备工作，如舍温的保持、饮水器的添加、饲料的湿拌，等等。

不允许运输雏鸡车辆直接进场，要通过场内车转运，或者严格消毒后进入场内，司机不下车。接鸡前必须核实好箱数。按计划数量把雏鸡分放到各栏。每一栏应该尽量放置同一生产周龄的雏鸡。雏鸡都要抽样称重。打开雏鸡盒，点数，每次抓5只，放在饮水设备较近的地方。记录好每栏鸡数。记录运输中死亡及点数时淘汰的雏鸡数量，调整使各栏数量一致。雏鸡箱纸盒、垫纸送检，雏鸡采血送检。训练雏鸡饮水。进出鸡舍必须严格消毒，不允许有漏风，禁止昆虫、鸟及其他动物入舍。

3. 育雏期饲养管理

（1）地面平养要：①饲养设备的配置与使用。饲养设备包括手提饮水器（50只/个）、乳头式饮水器（15只/个）、围栏板（10张/栏）、料槽（5厘米/只）、开食盘（60只/个）、料盘（60只/个，雏鸡用）。②温度、湿度控制及其影响因素。③关键时期体重要求。④开水及开食的方法。⑤断喙、通风换气及光照管理。

（2）笼养育雏舍管理重点：除育雏笼全套设备外，还要按高密度育雏面积去准备充足的消毒过的料袋。每个育雏笼里放一个小真空饮水器。在每层育雏笼都要挂温度计，舍内各层的温度要保持恒定。

（3）温度湿度控制及其影响因素：温度、湿度要适宜。雏鸡数量要合适。围栏扩大要及时。保温设备使用时间要合适。根据鸡群实际分布状况去控制温度。舍外温度的高低及变化，鸡舍有无漏风的地方，都会影响舍内温度。

（4）鸡舍里保证一定的湿度对于球虫免疫效果以及环境控制都有很多好处。

（5）控制温度：第1天温度必须达到30～33℃，温度测定点距地面高度与鸡头持平。育雏控温时间一般为 3 周，每周下降 2~3℃。前两周检查鸡群要格外认真仔细。检查温度是否合适的最佳方法，是观察雏鸡的分布状态及表现。温度适宜，雏鸡在围栏内散开均匀，感觉舒适，呼吸均匀，身体舒展，活泼。雏鸡集中在某一角落，说明有贼风。发现雏鸡在围栏扎堆，说明温度太低。少量鸡只张开翅膀，张口呼吸，说明温度偏高。热源处鸡只较少也是温度偏高的表现。

4.0~1 周管理重点　蛋鸡入孵后开始发育，活体进入生长时期。生长所需营养全部通过尿囊供给，在雏鸡破壳后，由尿囊呼吸转成肺呼吸，一个真正意义上的生命出生。经过一系列操作后，雏鸡接转到育雏场内，雏鸡进入生长初期级段，开水开食后刺激胃肠道开始发育，过渡到通过胃肠道吸收营养，该时期也是心血管系统、免疫系统和体温调节功能快速发育期，其他系统的启蒙发育期。这个期为蛋鸡的第一个生命薄弱期。管理重点为刺激食欲及开水开食工作。

1~7 天自由采食，主要目标是第 1 周雏鸡体重达到超过标准体重 15 克以上，4 周时的体重达到标准体重要求，这对以后蛋鸡产蛋有深远的影响。笼养面积要逐渐扩大，因为该阶段蛋鸡生长特别快。水、料设备分布必须均匀，保证所有鸡只在 2 米范围内找到水、料。

（1）饲料管理：确保饲料新鲜、无污染，来场前要经过细菌学检查，特别是沙门杆菌和霉菌，并且留样 250 克。喂料设备数量充足，料盘分布、饲料分配要均匀。在 1~3 周，喂料要少量多次。第一次喂料必须保证每只鸡都能吃到料。通过敲响料盘，或抓鸡到开食盘教鸡吃料。光照强度要控制在 30~40 勒克斯，并且要均匀，以保证雏鸡看到饲料。检查料盘内饲料是否干净，定时清理，不容许有潮湿、霉变饲料。第 3 天准备用大鸡设备，第 5 天开始逐渐更换，第 10 天全部更换完毕。

选择合适的颗粒破碎料，加湿并添加绿源生等药物，不但利于开口，同时可以发挥绿源生等药物的作用，帮助消化，有利于胎粪排出，减少了糊肛的概率。同时也增加了适口性，有利于饲料全价性摄入，杜绝雏鸡挑食。

　　（2）饮水管理：雏鸡到场后及时给水、给料。前两天，每50只雏鸡准备手提饮水器1个。从第3天开始，引导雏鸡使用大鸡饮水设备，在引导过程中仍然使用手提饮水器，直到每只鸡都学会使用。第5~7天，每天拿掉两个手提饮水器，10天前将手提饮水器换完。手提饮水器均匀放置在围栏内，放置在砖头或木块上，防止垫料进入水中。雏鸡到场前4小时准备好水，放在围栏边，使水温接近舍温（水温27℃左右）。必须保证每只雏鸡都能饮到水。

　　饮水设备放置均匀。光照强度控制在30~40勒克斯，均匀度要好。保持饮水器干净卫生。如果使用葡萄糖饮水，饮水时间不要超过1小时，以保证水不受细菌污染。给雏鸡饮的水必须干净，一般用（0.2~0.3）×10^{-6}的氯消毒的水最好。

　　（3）开水开食：接鸡第一天的密度很关键，一般为每平方米90~100只，也就是育雏前5天的饲养密度的两倍。采用高密度饲养是因为雏鸡的特性是学着抢着吃食的，就像老母鸡教雏鸡吃料一样，这是它们从祖代传下来的，所以在合适的高密度饲养过程中有利于所有雏鸡都学会吃料，而且能尽早吃饱料。

　　做法是把所有的育雏面积都作为开食面积，铺上料袋或塑料布都行，使用拌湿的饲料开食，诱导雏鸡啄食，建立食欲。湿度为手握成团，松开捏一下即碎为好。一般湿料含水量在35%左右。每半个小时撒一次料，少撒勤添，驱赶鸡群活动。同时把所有的饮水器也都放入。雏鸡越短时间内吃饱料就越好。

　　开食6小时左右，即可将栏内的开食盘翻开并在内撒料，以后逐步将开食盘全部加入栏内，并不再向编织袋上撒料。10个小时左右，将雏鸡的采食全部过渡到开食盘，并慢慢取走料袋。在雏鸡入舍 10 个小时内饱食率要达到 96% 以上，吃上料的比率达到 100%。

雏鸡接鸡时开水是提高成活率和均匀度的重要工作。逐只将雏鸡从纸盒中拿出，将鸡嘴蘸入提前加入葡萄糖、电解质和多维素的饮水中。这样做可以使 100% 雏鸡喝到第一口水，不但能够达到百分百的开水率，同时，也为达到良好的开食率做好了铺垫。

开水方法分解：第一步抓鸡，拇指外的四指与手撑抓住雏鸡颈部上方，雏鸡头朝向拇指方向；第二步助饮，拇指与食指捏住鸡嘴用力按入水中一下，然后松开拇指与食指让其完全把水咽下去，再重复一次；第三步放鸡，第二次把鸡嘴按入水中，立即放手松鸡在饮水器边。可以总结为，抓鸡→蘸嘴→松手指→蘸嘴→放鸡。

测定饱食率：管理人员在 8～10 小时的时候，测定每栏的鸡群饱食率，将鸡群按照未吃料未饮水、饮水、吃料、吃饱料进行层次划分并计算饱食率。雏鸡开食情况可分为吃饱料（嗉内有一团饲料）、吃上料（嗉内有饲料和水的混合物）、饮上水和料水都没吃上。

依据管理人员测定情况，安排工人进行逐一摸鸡，将未饮水、没吃料的弱鸡、小鸡全部挑出放在残栏中单独饲养。注意对残栏内的雏鸡进行特殊照顾，并且由于鸡群的群居性，不要将单个、少量的弱鸡单独饲养，避免其孤独，精神不振，牢记它们是弱势群体。一般挑出鸡按每 20～25 只鸡放入一个出雏盒内，同时放入一个小饮水器，撒入料，并重点照顾。

待雏鸡开水后，根据用药程序适时更换、添加水球内的水。注意不要一次添加过多的水，避免因长时间放置导致药物的失效。以少添勤换为原则。

育雏期防止水被污染的一个好的做法：在水线下面铺上料袋，可以有效防止垫料进水，同时也能最快发现水线洒水，减少垫料湿度。一周后根据情况，可取走料袋。雏鸡一周后就能完全站直饮水了。

　　根据鸡群的分布状况进行赶鸡：如果鸡群分布均匀，开水、开食正常，可以每小时"驱赶"鸡群一次，让其自由活动，增强食欲。如果鸡群扎堆，则需随时赶鸡，保证鸡群不出现扎堆现象。

　　（4）1 日龄管理：1 日龄育雏在蛋鸡饲养全期中占有重要地位。做好 1 日龄育雏工作，可以增强雏鸡对疾病的抵抗力，提高雏鸡成活率；为育成期提高均匀度打下良好的基础；控制弱小鸡的发生，为育成期提高育成率打下良好的基础；有利于提高鸡机体心血管系统和免疫系统的快速发育。

　　育雏第一天温度不能过高或过低。开水前温度不超过 29℃，目的是防止雏鸡脱水和员工过于劳累。入舍开水 1 小时后和自由饮水 2 个小时后，温度控制在 31～33℃。高温与低温都会严重影响雏鸡的食欲。高温也会造成湿度难以控制。不要让雏鸡对高温适应后产生依赖。管理重点是让每只雏鸡在最短时间内吃饱料，不惜一切代价刺激食欲。

　　控制鸡舍内的相对湿度不低于 65%。提升湿度的方法有地面洒水和升温后喷雾两种。进行 100% 安全免疫，同时检出未采食到料的雏鸡。每 4 小时换水一次，保证饮水器与饮水干净。统计第一天的采食量，制定下一天的预计喂料量，尽最大努力让鸡群多采食饲料（入舍后 23 小时统计）。

　　（5）2 日龄管理：雏鸡已经逐步适应了新的环境，那么以后的工作也要逐步开展起来。料位要充足，饲料要分多次添加，饮水器要适时更换，按时诱鸡活动、促进采食，弱鸡要精心照顾，舍内环境要控制好，这些都非常关键。及时清理因鸡群跑动、排泄而受到污染、不新鲜的饲料，平养时料盘中的垫料和鸡粪，每天至少清理4次。每次清理可将多余的稻壳重新撒在栏内；清理完毕后的饲料可以拌入适量多维均匀地撒在每一栏的各个开食盘中，避免因一个开食盘中剩余旧料过多，雏鸡对此盘采食欲差而不去吃料现象的出现。及时清料，随时加料，防止饲料因污染酸败。平养的鸡舍在水线（饮水球）下方铺料袋，可以有效避免稻壳污染接水杯或饮水球。制作带钩的长杆，换饮水器时使用，可以减少工人劳动量，并且对鸡群的应激较小。挑出弱鸡单独饲养，尽快使其恢复健康状态。

定点进行喂料，定时驱赶雏鸡，每次加料要定量，一般是两小时加一次料，一个小时驱赶一次雏鸡，每只鸡按前一天料量加2克饲喂，作为当天料量。

继续拌湿料，分多次饲喂。第二天仍然需要把料拌湿（公鸡持续的时间更长一些，大约一周），预计并计算好总料量，然后根据每栏的鸡数将料分开，全部添加到开食盘中，注意撒料时要均匀，且不要撒得太厚。全天每两小时撒一次料，将料按预计总数分开，每只每次大约1克，一定不要图省事减少加料次数，避免因料盘内饲料长时间过多剩余造成雏鸡食欲下降，影响采食。

按时驱赶鸡群，增加食欲。为了保证能够使鸡群吃足当天的料量，可以每小时进行一次"驱赶"，让其多活动，增加食欲。要根据具体情况赶鸡，鸡群采食后也要有一个休息、消化的时间，观察鸡群，如果分布均匀、无扎堆现象，即可每小时赶一次。如果有扎堆现象，则需不断地赶开。如果扎堆持续出现，就要仔细查找原因，看是否是因为温度偏低，鸡群因受凉而聚堆。

（6）3日龄管理：根据天气状况，3日龄可以开始通风，通风时水帘为唯一进风口，并加强水帘消毒工作，一天三次为好，通风前进行。

如果3日龄晚上11时前吃料情况良好可以再熄灯1小时，

提前 1 小时将料盘撤出，余料回收称量，填写报表。准备料桶，充分消毒后进入鸡舍。注意料位，自由采食阶段也保证料位充足，料位不足会导致弱鸡增多。可以打开水线，让鸡群慢慢适应。挑至残栏中的弱鸡，一定要照顾周到，及时更换水料。

5. 断喙　蛋种鸡管理在鸡舍环境良好的情况下，母鸡可以不断喙。断喙的好坏会影响鸡只的发育、产蛋和受精率。

（1）断喙目的：减少饲料浪费和啄羽发生。

（2）断喙人员：固定专人进行断喙，断喙人员越少越好；断喙人员必须认真踏实，吃苦耐劳；有一定经验，操作方法准确；操作时对雏鸡温和，轻、快、准。

（3）断喙设备：断喙器用前要检查。断喙孔板必须达到标准。断喙孔板要平整无变形，如有问题要及时更换。断喙器必须经过消毒，并清理干净，保证没有杂物残留。断喙器必须保证用电安全，电线无破损，接触要良好。刀片要锋利，每只刀片保证断喙 2 500 只。刀片温度应在 700℃ 左右，刀片颜色为深红色（樱桃色）。经常用湿棉擦拭孔板，防止孔板过热。注意断喙时的排烟，减少对人的影响。保证刀片与孔板间隙合适，防止间隙太大或太小。

（4）断喙具体操作：

1）断喙时间最好为 7 ~ 8 日龄，具体时间要根据雏鸡到场时的大小而定。过早断喙可能影响雏鸡发育，过晚断喙可能造成断喙困难，出血较多。

2）根据喙的大小及断喙标准选用断喙孔板。可选用的规格有 10/64 英寸（1 英寸约为 2.54 厘米）、11/64 英寸、12/64 英寸，一般情况第 5 天断喙用 11/64 英寸的孔板比较合适。

3）断喙长度不准超过喙长 1/2。

4）断喙人姿势要端正、舒适，手臂要与孔板配合好，控制喙的手臂与身体成 90°，小臂与孔水平。手臂动作要灵活。机器要稳、牢靠。用一只手抓鸡,用另一只手大拇指压在鸡头部,用食指托住鸡下颌部,轻轻拉长鸡脖,使舌头回缩。把喙放入合适孔中,鸡喙与孔板成90°。踩下脚踏板,不超过3秒要放开。检查鸡有无出血,如有出血,应灼烧烫喙,但时间不能太长,否则会损坏生长点细胞,影响喙的生长。操作完毕后,轻轻将雏鸡放到围栏内。

断喙人数每舍不超过三人,其中一人负责公鸡,另两人负责母鸡。每人断喙应分栏,使每栏板断喙效果一致,有利于以后饲养管理。每栋鸡舍断喙必须在当天完成。

5)断喙前后对雏鸡的管理要求:抓、握、放要轻柔。装入断喙筐的鸡只不可太多,断完一筐抓一筐。要有人负责检查已断喙雏鸡,检查断喙质量,有无出血,如有出血要及时处理。断喙后雏鸡给料要多加一些,并用粉料或破碎料,防止鸡喙碰到料盘出血。断喙后2~3天,雏鸡应激大,饮水量少,供水供料设备要放低,并保证水料充足。保证温度合适,喂料、饮水设备在热源范围内。断喙后3~5天添加维生素于饮水中,以减小应激。

6. 光照程序(表8.1)

表8.1　蛋鸡前两周光照表

日龄/天	光照时间/小时	光照强度/勒克斯	灯泡/瓦
1~3	23	30~40	100
4~7	每天减少1小时	30~40	100
8~14	每天减少2小时 (减至8小时停止)	5~10	25

7. 通风换气　鸡舍要封闭好,防止昆虫及带病生物进入鸡舍,用排风扇通风。根据排风扇开启数量合理调整进风口大小,保证鸡舍负压符合标准。风扇开启数量应根据鸡龄、温度等确定,要经常观察鸡群冷、热和呼吸的表现。

三、育雏期 4~6 周管理

该时期是蛋鸡骨骼快速发育期，8 周时的骨骼长度已达到成年骨骼长度的 85% 以上。这一时期的均匀度直接决定了体成熟均匀度，体成熟均匀度又直接决定了蛋鸡一生中的生产性能。这一时期的管理也是至关重要。所以我叫这个期为第一个管理重点期。管理重点保证蛋鸡合理的增重。

1. 育雏期影响均匀度的因素

（1）雏鸡的质量直接影响到蛋鸡均匀度的高低。

（2）不同周龄的蛋鸡产的雏鸡质量不同。

（3）蛋鸡有传染病存在，将疾病带给雏鸡，也会影响均匀度。

（4）舍内不同地点的温度不同，产生温差，使雏鸡采食不均，进而造成均匀度下降。

（5）育雏前三天湿度偏低，易引起慢性呼吸道疾病发生，同时会引起雏鸡脱水，造成雏鸡大小不均。

（6）首次开水与开食的好坏：开水、开食不好会引起弱小鸡的发生和采食不均匀。

（7）饲料：饲料的分布、料量、料位、喂料速度投料是否均匀都会影响均匀度。

2. 合理分群　7~8 日龄断喙时认真挑鸡。12 日龄左右按大、中、小进行分群。3、4、5 周每周进行一次分群。6 周时每栋只分两栏，均匀度低时可逐只称重分群。

3. 育雏期体重控制　蛋鸡饲养中体重控制是非常重要的，育雏期更是如此，但各周控制方法不尽相同。

四、育雏期全期管理重点（1~6 周）

1. 第 1 周　做好前 10 个小时高密度育雏笼具（90~100 只/

米²）的准备工作，笼内铺入料袋以供开食之用。凌晨 2～3 时调试舍内育雏笼的温度，冬季提前二天预温为好，以确保舍内温度均衡。做好开水的准备工作，按 10 毫升/只去配水。育雏笼水线高度应当可调。

（1）0 日龄：接鸡前车辆消毒备好。做好开水药物加入准备。接鸡前 1 小时加好水，撒上湿拌的饲料。接鸡前到接鸡后 1 小时恒定舍内温度在 27～29℃，然后每小时升高 1℃，逐步把温度提到 31～33℃。湿度控制在 75% 左右。可以使用消毒设备。

（2）1 日龄：前 10 个小时使用 2.5%～10% 的糖水。前 3 天在饮水中加入电解质多维。舍内温度控制在 31～33℃。升温要缓慢，温度绝对不能忽高忽低。分群点数，做好记录，称重。全价料开食。开照明灯，瓦数为 40 瓦。前 10 个小时饲料中拌入 12% 微生态制剂。前 10 个小时饲养密度在 90～100 只/米²。10 个小时后进行分笼，控制在 45～50 只/米²。入舍 10 小时后水线也要开始过渡使用，调教雏鸡使用自动饮水器。晚上 9～10 时应观察雏鸡表现，确定温度是否适宜。

（3）2 日龄：1～5 日龄饮水中加抗菌药预防细菌性疾病。每天添料 8～10 次，使鸡只尽早开食，采食均匀。观察雏鸡活动以确保舍温正常。调节适宜温度，控制在 31～32℃，23 小时光照。使用开食盘和小料槽喂料，确保料位充足。自动饮水器和小饮水器同时加入药品。

（4）3 日龄：每天早、中、晚各更换饮水一次并加料一次，并洗净饮水器。自动饮水器要慢慢过渡使用。关好门窗，防止贼风，但要考虑到舍内供氧气充足。观察雏鸡活动以确保舍温正常。每天 22 小时连续光照，2 小时黑暗，灯泡瓦数为 20 瓦。温度在 29～31℃。做好转笼前的准备工作。

（5）4 日龄：增加饮水器与料槽。观察鸡群状态与粪便是否正常。观察温度注意雏鸡状态，及时调节室内温度。撤去一半真空饮水器，使用水线供水，要教会雏鸡用水线。温度在 28 ~ 31℃。做好扩栏的工作，使密度在 30 只/米² 左右。料位是雏鸡均匀度的关键。

（6）5 日龄：注意饮水器洒水的问题，防止舍内湿度偏大造成的危害。早上检查是否缺料与缺水，及时增加料槽与饮水器。再撤去部分小真空饮水器。舍内温度在 28 ~ 30℃。

（7）6 日龄：注意喂料器的过渡，确保喂料充分。早上检查是否缺料与缺水，及时增加料槽与饮水器。撤去全部分小真空饮水器，全用水线供水。舍内温度在 28 ~ 30℃。

（8）7 日龄：晚上抽样称重和测量一次胫骨长，称重要有代表性。鸡的生长发育情况与标准体重对照，找出生长慢的原因。全部更换全自动饮水器和大料桶。舍内温度控制在 28 ~ 29℃。一周末的体重很关键，确保体重达到要求的标准。它代表着鸡群的健康情况。

2. 第 2 周　提高蛋鸡均匀度进行第一次分群管理。调整室内温度，控制在 27 ~ 29℃。注意通风。清理舍内鸡粪。8 ~ 14 日龄每天减少光照 2 个小时。根据体重控制喂料量，确保体重超过标准体重。注意粪便变化，及时防治球虫病。7 日龄、14 日龄的雏鸡体重必须达标，因为育雏期是雏鸡骨骼发育、羽毛覆盖、心血管系统和免疫系统发育的关键时期。7 日龄免疫新城疫油苗和弱毒苗。

饲料中开始补入保健砂。按每只鸡 1 克的量，将保健砂加入饲料中供给，也可以用专用保健砂石盆供给，让鸡只通过自由采食补给也可。第 3 周补充量增加至 2 克，第 4 周为 3 克，第 5 周为 3.5 克，第 6 周为 4 克。

本周免疫工作：14 日龄免疫 IBD 弱毒苗。

3. 第 3 周　确保蛋鸡母鸡的均匀度不低于 78%，要有充足的料位和水位。同一时间内，保证相同条件下每只鸡都能吃到相同料量。过渡喂料器具要清楚撒料情况及时补给。笼养殖的蛋鸡要注意群体密度的大小，每平方米雏鸡不超过 20 只。

本周免疫：禽流感疫苗 H5 + H9，同时新城疫弱毒苗点眼，并结合鸡痘刺种。

4. 第 4 周　4 ~ 8 周是骨骼快速发育期，8 周时的骨骼长度可达到成年骨骼长度的 90% 以上。加强育雏期管理确保蛋雏鸡 4 周末体重达到标准以上，拉大骨架。以体重是不是达标来决定是不是换二期料。

这一周的管理重点就是为体成熟打下良好的基础。在温度适宜的前提下，缩小到最小饲养密度，这样有利于蛋鸡的体格发育。第 4 周要求实际体重达到目标体重。第 4 周体重如达不到目标体重可延长光照时间至 12 小时，到第 5 周一定达到目标体重，饲料从育雏料过渡换成育成料。

4 周龄后蛋种公鸡有足够的活动量。饲养密度在每平方米 3.5 只以下。6 周龄前扩栏到每平方米 5 只，促进肌腱发育和骨架发育。

5. 第 5 周　蛋鸡在本周的体重和胫骨长必须达到标准。若不达标准可采取延长使用育雏料的办法。

蛋种公鸡的自由采食时料位也要适宜，若料位偏少会造成部分雏鸡怯场，失去斗志，对均匀度提升造成很大的影响。要每天观察吃料情况，计算料位。以第一次加料时让全部鸡只同时吃到料为准。一定要坚持三同原则，即同一时间内、相同条件下每只雏鸡都能吃到同等质量的饲料。

育雏期公鸡按自由采食料量饲喂到 5 周后，空腹称重，制定新的体重曲线，控制体重生长，确保 6 周末空腹体重不低于标准。公鸡满 5 周龄进行第一次选种，着重考虑体重，选种前不必限饲，严格淘汰腿和骨架等有缺陷、羽毛覆盖不良的鸡只。

本周免疫任务：鸡新城疫 Lasota 株 + 马立克疫苗 + Con。

6. 第6周 测量胫骨长度，对鸡群进行评价。棚架下铺上塑料布，测10个料桶喂料时撒料量，一次性补给。6周末公鸡体重不低于标准就行。淘汰弱小鸡和残鸡，以确保种公鸡质量。本周管理重点是确保正常的增重。

7. 其他

（1）做好育雏期的工作总结：①前六周体重曲线是不是合理。②均匀度是否达标。若均匀度不达标应找出原因，同时做出修改方案。③对于种公鸡要采取第一次选种。淘汰体重偏小鸡只、弱鸡和残鸡。本周由技术人员淘汰那些腿短的公鸡。④本周要对员工育雏期工作进行评价和肯定，通过对鸡群的健康评估，评选出优级的鸡群。

（2）做好蛋鸡的上笼和转群工作：转群前，接鸡方做好接鸡前的准备工作。所有用具必须清洗消毒。发鸡方做好转鸡前分群工作，使转出的鸡只栋内均匀度不低于90%。先在转出栋内以转出量范围建好隔栏，挑选合适的转出鸡。所建隔栏要方便出舍，但也不能违反消毒制度。

转群进行时发鸡方要注意转鸡的安全，清点好鸡数目，防止鸡只外伤和逃跑，确保路途安全。接鸡方做好鸡群适应新环境工作。准备好料位和水位。提前水中加入抗应激药物和抗生素。计算当天喂料量增加20%~30%（5克左右）预防应激，采用盘式料料量要保证一周的使用。

鸡只进入鸡舍前运行料线，到整栋鸡转完为准料线，中间可以暂停几次，但时间不能超过5分钟。放鸡人员必须把鸡全部放在料线圈内，并把鸡放在事先备好的垫料袋上，防止外伤。保证鸡只吃上料喝上水。勤查鸡舍，发现异常情况及时处理，混群后鸡只还要做好公母鸡分饲工作。

（3）开产鸡群的训练与防护：在开产前鸡群的训练工作是非常重要的。训练不好鸡群，将会大幅度增加整个产蛋期的工作量，同时严重影响种蛋的质量，会降低生产指标，增加生产成本。

（4）防止母鸡前期死淘率增加：前期母鸡死淘率高，多数是因为外伤引起的。笼具和其他机械原因都可造成外伤。这就要求员工在鸡舍内不停巡查及时发现体弱母鸡。该阶段员工值班很重要。

（5）严格执行好卫生防疫消毒制度：该阶段是疾病高发期，如何确保鸡群健康是该阶段的首要问题。要严格执行卫生防疫消毒制度，同时给鸡群创造良好的生存条件。注意温度、通风、饮水和喂料，合理使用各种用具和设备。对员工要严格要求，员工负责的鸡舍如果最先发病，就必须受到相应的处罚，提高员工的责任心。

五、育成期管理（7～17 周）

1. 饲养设备及饲养面积　准备清粪机一套，配套自动上料设备。按每笼 90～96 只备好鸡笼。配套鸡笼上所有设备。

2. 饲养方法　育成期饲养控制非常重要，通过饲料控制确保体重增长符合标准，均匀度良好，以保证开产整齐。

3. 鸡群称重与体重控制　体重控制的目标是将鸡群所有鸡只饲养达到周目标体重，且具有良好的均匀度。目标体重是通过控制饲料供给量实现的。饲料耗用量的确定在育成期以体重和维持需要为依据，在产蛋期，除这两个因素外，还要考虑产蛋量和蛋重。

体重检测时，每周每栏称量 60～100 只鸡或取样 1%～2% 进行称量。7 日龄和 14 日龄称重时，可许多鸡放在一起称量或每10 只鸡放在桶内称量。鸡群称重要在每周同一天同一时间进行。

以下基本程序可以保证称重的准确性。用来进行称量体重的秤具要有 5 千克量程，最小刻度要达到 10 克。秤要经常校准。建议使用带打印输出功能的电子秤。每栏圈大约 20 只鸡。每个抽样所围好鸡只必须全部称重，包括小鸡（淘汰鉴别错误的鸡）。每个鸡舍抽样点，抽样数量、抽样时间要固定。每舍选择抽样点至少 6 个。称重人员要固定，观察方法及记录要准确、真实。利用表格记录体重。计算所有称量过的鸡只的平均体重。决定后续饲料用量。育成期饲料用量必须维持或增加，但永远不能降低。产蛋高峰过后，饲料用量通常要降低以控制体重，同时维持产蛋持久性及繁殖力。

本阶段饲料中补入保健砂。按每只鸡 4 克的量，将保健砂加入饲料中供给，也可以用专用保健砂石盆供给，让鸡只通过自由采食补给。

4. 鸡群均匀度　匀度是反映鸡群中鸡只之间发育差异的指标，均匀度高说明最高和最低体重差别小，开产时，性成熟、体成熟发育整齐，高峰产蛋率良好。如何检查鸡只均匀度，可从体重及鸡骨架发育状况、换羽整齐程度、抗体是否均匀、性成熟是否均匀（加光时观察鸡冠颜色变化）等方面检查。

均匀度计算方法可参照下面的方法。称重抽样 3%～5%，抽样鸡只要全部称重，在平均体重上下各 10% 的范围内的鸡数占所抽样总鸡数的百分比为该鸡群均匀度。若群体偏小的话，要加大称重鸡只的数量，称量鸡只不少于 100 只。

影响鸡群均匀度的因素：进鸡时有甲醛残留；在雏鸡 1 日龄，来自不同周龄母鸡的雏鸡混养；断喙没有高标准要求；舍温过高或过低；饲料分布不均；喂料量不正确；饲料粉率过高或颗粒过大，储存时间过长；供水不足；饲料能量过高或过低；喂料时光照强度不够；料线高度不正确；喂料时间不规律；鸡只数量不准确或隔栏串鸡；疾病或寄生虫影响。

抽样称重的方法：抽样称重是一项非常重要的工作，它关系到饲养者是否能合理准确确定饲料量。称具必须经过检查，准确度高，最小分度 20 克。每舍选择抽样点至少 6 个。每个抽样所围好鸡只必须全部称重。抽样点、抽样数量、抽样时间要固定。抽样数量3%～5%，每次抽样数不得少于100只。称重人员要固定，观察方法及记录要准确。称重结束后马上计算体重、均匀度，以便确定料量。12周选淘鉴别错误的鸡只，到17周应把鉴别错误的鸡只完全淘汰。

5. 限水计划　限制光照同时限水。限料日定点供水，可以有效控制舍内湿度。

6. 光照控制程序及鸡舍饲养管理　光照与母鸡产蛋有很大影响，光照通过刺激脑垂体，产生卵泡刺激素（FSH）和黄体生成素（LH）两种激素，促进卵巢发育和卵泡生成。

增加光照分为增加光照长度和增加光照强度。在封闭鸡舍，从光照时间减到8小时开始，直到112日龄或114天日龄，这个时期要做好遮光，每只鸡受到的光刺激一致，保证发育整齐，保证开产时间达到标准要求，提高饲养效率，减少饲料使用量，减少鸡只活动，减少应激因素，以有效控制蛋鸡的体成熟和性成熟的同步发育。

遮光方法：从3周龄或4周龄开始缩短光照时间。光照时间为每天8小时。在封闭鸡舍育成期光照强度为1～2勒克斯，测定位置为鸡头部。光照强度要足够鸡只能看到水料。光照强度低可减少鸡只活动。育成期不能增加光照强度。

光照均匀：避免鸡舍内有太亮或太暗的地方。光照均匀度对鸡体重生长及性成熟整齐度有影响。

蛋鸡要取得高水平的生产性能，取决于在育成期几个相关管理技术的结合运用。在蛋鸡的一生中，日照时间和光照强度对生殖系统的发育起着关键性的作用。在建立有效的光照模式时，必须对两者综合考虑。正是在育成期和产蛋期对日照时间和光照强度的要求不同，从而控制和促进了卵巢和睾丸的发育。蛋鸡对日照时间和光照强度增加的反应好坏，主要取决于育成期是否达到了体重标准、鸡群的均匀度好坏和营养摄入是否适宜。蛋鸡使用不适宜的光照程序，将导致对蛋鸡刺激过度或刺激不足。

7. 青年蛋鸡场　一些育雏育成场利用专业育雏育成技术为蛋鸡场提供后备蛋鸡的一种做法的鸡场，称为青年鸡养殖场。

青年后备鸡应具有以下特点：具有完善手写记录，包括采食量、死淘数、用药记录、免疫记录、每周实际体重与标准体重对比值、胫骨长的对比值；出售时体重具有良好的均匀度；无疫病史。

胸部丰满度是青年蛋鸡的一个标准，以胸部肌肉呈清瘦的"V"形为好。若胸部肌肉和胸骨呈"Y"形的比例超过20%表示鸡群偏瘦，不利于以后产蛋。

8. 每年9月到第二年2月开产的蛋鸡要注意的问题　要注意5～16周的光照时间和光照强度，光照时间控制在10小时以内为好。适当遮光，光照强度不要超过3勒克斯。要注意12～18周周增重，确保体重达标准以上。

六、产蛋上升期管理（18～23周）

1. 转群带来的应激　蛋鸡转群是为了合理的饲养蛋鸡，使蛋鸡达到合理的饲养条件而必做的工作，但转群同样也带来重大的应激。主要表现如下：捉鸡装笼和路途上的应激；对新环境和新饲养员的应激；新喂料器具和饮水器具的应激，这是最主要的应激。

2. 高峰前后种公母鸡能量需要　母鸡接受光照刺激（112日龄）效果取决于母鸡在育成期（均匀增加饲料和体重）是否采食到足够量的营养物质。营养不足，加光照也不能达到按时开产，而且产蛋率低。相反营养足够（112日龄，每只鸡采食蛋白总量1 100克，代谢能83.6千焦），此时加光照，鸡反应较好，产蛋率高。进行光照刺激时，注意同时增加光照时间和光照强度，这样效果最好。

逆季提前加光照，避免推迟开产，前提条件是鸡必须采食足够的蛋白能量后效果才好。母鸡性成熟时体重较轻，为 1 450~1 500 克，更容易对光照刺激产生反应。由于母鸡产蛋上升快，体重不会在高峰前超重（前提是依据鸡对能量的需求而加料）。高峰后体成熟，体重增长缓慢。母鸡体重缓慢的增加时，获得的产蛋率最理想，高峰前和高峰后都适用，但各期标准不同。

种鸡管理中，公鸡体重缓慢的增加时获得的受精率最好。20~28 周龄每周增重要符合要求，公鸡发育均匀，不超重，种蛋受精率高。24 周时即喂高峰料量，可提高公鸡均匀度，残弱公鸡也少，公鸡繁殖期的能量需求是随着周龄的增大而缓慢增加的。

18~22 周控制体重不超过标准，并使鸡只获得良好的生长发育（体重增长、生殖系统发育），为产蛋期提供一个较高的体重素质。

如果公鸡或母鸡体重在性成熟前后给料过多，体重增加较快，这样对鸡的应激较大，再加上其他一些应激因素（猝死症、卵黄性腹膜炎、代谢疾病），易导致产蛋高峰前母鸡较高的死亡率。公鸡繁殖率降低多由于腿病和残弱鸡。

饲料中开始补入保健砂。按每只鸡 4 克的量，将保健砂加入饲料中供给，也可以用专用保健砂石盆供给，让鸡只通过自由采食补给也可。

七、产蛋前期管理（24~35 周）

1. 高峰期双黄蛋过多的原因分析　①育成期加料太多，体重控制失误，直接影响鸡群育成后期性器官包括卵细胞的发育。可采取以下措施，在育成期内提早到 11 周开始快速加料，确保 13 周后有一个较好的周增重。②鸡群的均匀度偏差。鸡群吃料不匀，开产鸡只无限度吃料，会造成营养过剩。所以应在 4~8

周和 14～18 周全力控制好均匀度。③鸡群发生一些影响卵泡发育的慢性病。解剖死鸡发现 60% 以上病死鸡卵泡发育不正常，卵泡变形、出血、坏死均有发生。相应措施是加强消毒，选择相关疫苗防疫，进行药物治疗。④产蛋期加料多，高峰期用料不多，加料也不快，依然发生双黄蛋过多，可以考虑鸡只吃料是否均匀，料位是否充足，鸡群分布是否均匀。相应措施是加强内部管理，精细操作程序。⑤外界惊吓导致卵泡提前进入输卵管内，这样产生的双黄蛋打开应是蛋黄一个大一个小。全力减少高峰期不必要的应激。⑥加光不合理。育成中期体重明显偏低，后期体重上来后，体成熟与性成熟不同步，加光后加速了不成熟卵泡的发育。相应措施是以体型发育决定加光时间，22 周前尽量不加光。

2. 产蛋高峰其间喂料细节管理　鸡舍内温度变化将影响饲料耗用量，鸡舍理想温度是 18～25℃，如果超出理想温度范围，要适当调整饲料量来适应温度变化。为保证生产的稳定性，应避免加料方法发生变化。对每批次运送饲料的质量都要检查，同时立即报告可能存在的问题。饲料取样（1 000～2 000 克）应当留场内保存，出现质量问题便于检测。样品要低温、避光保存。准确计量饲料量是非常必要的。

饲料称量系统要每周校准。根据鸡群实际数量计算饲料量，而不是根据入舍鸡数。每天料量要减去死淘鸡料量。在产蛋高峰期，鸡群的吃料时间应当在 2.5～3 小时，如果吃料时间突然改变，需要立即查找原因。撒喂粒料可吸引母鸡、公鸡在垫料区域活动、交配，有助于受精率的维持。撒料应当在下午进行，最大撒料量 1 000 只 500 克，避免饲料浪费。检查料槽磨损情况以及料箱回料处的漏洒饲料。料槽内料层应调整到 1/3 厚度。每天检查料箱调节板以保证准确的料层厚度。早晨当人员到位后方可运料，并且要一次运完，不要分多次运料。料机要连续运转直到全天料量分布完成。更换饲料料号时要清空料塔，生产期间每月料塔至少清空一次，以保证良好的饲料品质。

3. 孵化车间蛋托的消毒管理

（1）落盘后的小蛋托统一放入冲洗间的水池内，经过严格的氢氧化钠溶液浸泡消毒，并进行仔细冲洗、晾干后，方可再次进入蛋库使用。

（2）从生产场经种蛋运输车送到蛋库内的大蛋托，挑蛋结束后，需在车间外的氢氧化钠浸泡池浸泡，仔细冲洗、晾干后，方可由蛋车再次运输到生产场继续使用。

（3）每天晚上拉蛋车装好蛋托后进行2倍量熏蒸消毒。

3. 生产场蛋托的消毒管理

（1）从孵化场运送到生产场的大蛋托，先全部卸入商品蛋库间，使用2倍量的甲醛+高锰酸钾经过半小时的熏蒸，通风后方可拉入生产场区。

（2）熏蒸后的大蛋托，必须于鸡舍门前在加有消毒药的水缸内经浸泡、刷洗、晾干后，方可进入鸡舍。

（3）大蛋托在使用过程中，严禁拖拉，防止磨损塑料腿，影响种蛋安全。

（4）鸡舍内当天使用过的小蛋托需进行浸泡、刷洗消毒，晾干后第二天方可使用。

（5）请孵化场、生产场测量蛋车、商品蛋间的体积，根据要求计算甲醛、高锰酸钾的使用量，并进行标记。

4. 种蛋运输管理办法　注意保持车厢内的清洁、卫生，避免污物对种蛋造成污染。运输过程中，注意行车安全，车辆行驶平稳，保证种蛋安全，严禁驾驶员饮酒。种蛋交接时，查明数量后，方可签字离开。

（1）正常状况下种蛋的运输：

1）种蛋运输过程中应该使用保温、防尘的覆盖物（如棉被）覆盖。

2）覆盖种蛋用的棉被一定要保证干净、干燥，避免不卫生的棉被对种蛋造成污染。必须按照要求定期更换（清洗）被罩并对棉被熏蒸消毒。严禁随处乱放覆盖种蛋用的棉被。不使用时在晴朗天气要常在日光下晾晒。覆盖种蛋用的棉被严禁"下车"，使用清洁、卫生的支架或容器进行存放。

3）每周三、周日早上8时更换（清洗）被罩，每周日下午4时熏蒸棉被。每场准备至少两床棉被和四副被罩。被罩细菌化验超标准者处罚相关人员。

4）熏蒸棉被与蛋库定期的熏蒸消毒相结合，要将棉被平铺在一定的支架上，根据熏蒸室的体积计算熏蒸用量，熏蒸20分钟后，进行通风。

5）不能拖拉蛋托，防止小腿磨损。

（2）特殊状况下种蛋的运输：种蛋应有专门存放的地方。天气恶劣，无法正常运输的情况下，可适度推迟种蛋入库的时间，但是原则上不能在鸡舍过夜。雨雪天能够运输种蛋的情况下，务必要保证运输的安全。每场制备一套备用雨棚架，天气不好的时候装在三轮车上使用。当日种蛋在生产场内存放时间不得超过两天。

5. 净化地面蛋　平养蛋鸡的地面蛋不仅本身很难孵化出合格雏鸡，若在孵化箱里"爆炸"散菌，更会污染其他种蛋，所以很多管理者对地面蛋都很重视，采取过用砂纸打磨或将其放孵化箱底部以减少"爆炸污染"等办法，但效果都很有限，出于经济考虑丢弃所有的地面蛋也不现实。地面蛋经常让管理者陷于质量和效益的矛盾。对此作者的经验是，与其不断地考虑净化地面蛋，不如致力于从根本上减少地面蛋，查清地面蛋的成因和避免方法，尝试从源头上杜绝该问题对管理者的困绕。

一般来说平养母鸡遗传了祖先在地面营巢做窝的天性，而在现代化饲养场里，它们需要习惯人工蛋箱。所以从母鸡产蛋欲望开始到自觉使用蛋箱这一过程的顺利完成，是减少地面蛋的根本，任何可能影响干扰这个过程的因素，都是造成地面蛋的因素。比如，现代饲养者不断追求母鸡的均匀度是好的，但越高均匀度鸡群的产蛋时间越集中于一天内的某个时段，实践也证明了这一点，即60%的鸡只在上午，也就是开灯后的几小时产蛋，若蛋箱的数量不足而母鸡又不会忍耐排队的话，它当然会迫不得已在饮水器下、墙边等处产蛋造成地面蛋。而且众所周知，由于鸡只的模仿天性，只要第一个地面蛋出现了，第二个、第三个就跟着来了。

　　容易导致地面蛋的因素还有喂料和饮水。母鸡在产蛋前要求足够的采食和饮水，设备不足或管理不当能导致母鸡在产蛋与采食、饮水等活动上产生时间的冲突，会增加地面蛋。限水太严、饮水空间不足或者水压不够，都令母鸡留恋饮水设备的周围，造成不去蛋箱产蛋而产在地面上的问题，同时也必须在采食足够空间且分布均匀的情况下，让母鸡进入产蛋箱前吃饱。这一方面由开灯后投料时间决定，另一方面取决于母鸡料的料量和料型。母鸡一个很有意思的生理规律，即产蛋一般多集中在开灯后7~12小时，而这段时间里产蛋也非平均分布，开灯后5小时产蛋比较集中，超过全天的60%，这一点一般不会改变。所以这里的时机指是开灯后的投料时机，而不是开灯时机。也就是说生产实际中给予产蛋的采食时间是相当有限的，假设大部分母鸡的产蛋时间在开灯后4~5小时，再去掉半小时或一小时的饮水时间，母鸡采食时间就只有2~3小时，这段时间必须把料吃完。因此料量给予要有计划。如果料量摄入没有大的改变空间，可以考虑改变料型，一般鸡对颗粒料的采食时间短于粉料，颗粒破碎料介于二者之间。炎热季节里，母鸡不喜欢吃料，不能在有产蛋欲望前吃饱，因此会滞留在采食设备处，不愿意到产蛋箱里，地面蛋当然会多。使用链条式料线鸡场地面蛋出现在料线和边墙之间，除了这个区域相对安静外，母鸡留恋料线也是主要原因之一。地面蛋还会出现在公鸡料桶下面。

综上所述，鸡场生产中地面蛋过多的问题基本有因可查，有方可解，更多的原因也需管理者进一步去查证解决，以获得好的生产成绩。

6. 热应激　夏季高温在危及鸡只性命之前，可长时间对鸡只的生产性能造成严重的影响。热应激在环境温度达到27℃时开始产生，并于气温达30℃以上时产生显著影响。当鸡只开始喘息时，肌体内将发生一系列生理变化以排出体内过多的热量。对鸡只对高温的反应有一些了解，并采取一定的手段使鸡只感到舒适，有助于保持其良好的生长率、孵化率、蛋壳质量、种蛋大小及产蛋率（表8.2）。

表8.2　环境温度与热应激的影响

温度范围/℃	鸡只表现
13～24	鸡只不需改变其基础代谢率或行为来维持体温
18～24	理想温度区域
24～27	耗料量略微减少，但如营养摄入充足，生产水平不受影响。当温度接近此区域高限时蛋的尺寸可减少，蛋壳质量也可受影响
27～32	采食量明显减少，体重加缓慢，蛋的尺寸和蛋壳质量进一步恶化，产蛋通常受到抑制，应启动降温设施
32～35	采食量进一步下降，产蛋鸡可产生中暑衰竭，以体重较大或处于产蛋高峰者为甚。温度达此区域时必须使用降温设施
35～38	产蛋和采食严重减少，耗水量极高，易发生中暑性衰竭，视情况采取应急措施
＞38	必须采取紧急措施为鸡只降温，此时维持鸡只生命为第一需求

（1）散失热量的途径：夏季来临时，当气温超过35℃，鸡只能否将体内热量散发到外界环境中至关重要。禽类没有汗腺，

因此必须以其他形式散发热量以维持其 40.5℃ 左右的体温。鸡只通过传导、对流、辐射和蒸发散热。前三种途径为可感温度散失，当环境温度在正常区间（13 ～ 24℃）时较为有效。通过传导、对流和辐射散失的热量的比例取决于鸡只体温和环境温度的差异，并由鸡冠、胫部和翅下无毛区域等鸡只体表散发（表8.3）。以散失体感温度来维持体温时，鸡只无需明显改变其正常的行为方式、饲料摄取和新陈代谢。如鸡舍通风有效或舍温较低时，鸡只能通过可感温度散失来维持体温。

当环境温度超过 25℃ 时，热量散失的方式开始由可感散失方式向蒸发散热方式转换。温度达到 27℃ 后，通过蒸发散热以排出鸡只体内蓄积热量的过程需要鸡只通过喘息来完成。

表 8.3 散失热量的途径

可感热量散失方式	热量传输方向
辐射：热能无需物理媒介在两表面间传送	所有表面皆可辐射或接收热量，由温度高的表面向温度低者传输
传导：热能通过固体媒介或物理性接触的物体间传送	取决于温度梯度，由高向低传输
对流：热能通过物体间空气等流动媒介传送	当空气温度较物体表面温度低时，热量转移到在其表面流动的空气中
潜伏热量散失方式	热量传输方向
蒸发：当水由液态转为气态时，热量被利用而散失	热量的传输取决于温度、相对湿度和空气流动，由动物体表向空气中传输

（2）喘息的生理学效应：鸡只进行喘息的目的是通过蒸发其湿润的呼吸道表面来散发热量。但是，喘息本身产生体热，并带走体内的水分。同时，因鸡只过量呼出二氧化碳而导致呼吸道碱中毒，使体液呈碱性，从而致使肾脏过度排泄某些电解质。

当体液的 pH 值发生改变时，采食量减少，进而影响鸡只的生长、生产和一系列综合性能。夏季除非提供适宜的通风，鸡只将主要通过蒸发散热方式来调节其自身的体温。

7. 饲料和饲喂设备的管理　任何增进营养摄入的管理技术都可减少鸡只生产性能的降低。有三种方法可增进鸡只的营养摄入，即提高日粮中的营养水平、在适当的时间进行饲喂和调节风机在夜间降温。

保证适宜的营养摄入的第一个直接的方式是增加日粮中的营养水平，尽管这会使采食量有所减少。研究表明日粮中磷的含量较低时，会增加中暑性衰竭引起的损失。

第二个方法是在鸡只一天中采食量最大时饲喂它们。随日出日落的周期，采食量呈"U"形分布。日出后的一段时间内采食量较高，随后逐渐减少，然后在日落前的 1 小时有所回升。如果在一天中相对凉爽的时间饲喂鸡只，采食量较高。不应在夏季的下午饲喂鸡只，这会导致鸡只体温增加。这些增加的热量如果得不到散失，就会增加中暑的可能。另外，要避免骤然改变饲喂的时间。

第三个方法是在夜间尽量为鸡只降温。蛋鸡在夏季会蓄积过量的热量，如果这些热量在夜间得以散失，次日清晨会采食较多的日粮。可通过设置温度控制计，保证风机在夜间持续运转，直至舍内温度达到 24℃。

8. 鸡舍构造　鸡舍的建造地点、朝向、绝缘、顶棚和设备统统影响鸡舍内的温度。近年来养鸡业所用的房舍已从以往的简单的幕帘式鸡舍转向墙壁和顶棚绝缘良好的鸡舍。后者在措施得当时更易进行通风换气。所有的鸡舍应东西走向，以免阳光从侧墙直射入舍并由此导致舍内热量蓄积。在房舍的侧墙和顶棚设置充足的绝缘层可有效地减少阳光的辐射热，绝缘层应铺至 60 厘米的房檐末端，以减少阳光从侧墙入舍。良好的绝缘也可降低冬季的加热成本。

当前的鸡舍趋向于控光鸡舍并辅以机械通风，并借以提高饲养密度，因此更需注重房舍建筑细节。在美国南部房舍的绝缘层设置常建议 R 值为 18。如舍内顶棚建有隔层，应留有通气孔，以减少热量和水分的蓄积。鸡舍顶棚的侧墙的内表面应铺设厚的硬塑料防雾层，以免湿气侵蚀纤维质绝缘层，同时冬季也将防止水分在房舍内表面凝集。

9. **管理热应激的措施** 于房舍周围种植绿草可减少阳光折射入鸡舍。如鸡舍周围种植蔬菜应进行修剪，以免阻碍空气流动并减少老鼠窝聚。树木应种植在适宜的区域，以不影响通风为标准。风机应定期养护，维修工作应包括叶片的清洗、马达及皮带的调整与维护。进风口等处容易积灰而限制空气流动，应定期进行清洗。为鸡只提供可靠、清洁和凉爽的饮水是帮助鸡只克服高温影响的一个必要措施。因鸡只在耐受热应激时过度排泄电解质，应在水中添加电解质，以弥补损失并刺激饮水消耗量。避免将水管靠顶棚安装，以免水温上升。如水管中水温较高，可排出并充以冷水。此外，对断水或其他紧急情况下对水的供给应有所安排。

另一个影响热量在舍内蓄积的因素是屋顶的条件。闪亮的屋顶所反射的阳光辐射约为深色屋顶的两倍。应尽量减少屋顶的灰土蓄积。通过清洁屋顶并将其涂以银色或安装铝质屋顶可提高屋顶的反射水平。这些措施对非绝缘鸡舍尤为有效。

为减少热应激所应采用的相应的设备和通风措施。当夏季气温和湿度较高时，适宜的鸡舍通风为排出热量和维持鸡群的生产性能的重要保障。鸡舍的通风系统由多种设备组成，包括幕帘、风机、喷雾装置、水帘、定时钟、净压仪和温度计等。大多数的通风系统在正确管理下可保证舍内环境适宜。如通风系统的设计和管理不当且不能满足鸡群的通风需求时，污浊的空气将在舍内蓄积。这些污浊的空气及其中的污染源，包括氨气、二氧化碳、一氧化碳和灰尘等，可引起应激并降低鸡只的生产性能。这种应激可损害免疫系统并增加鸡只对疾病的易感性。为减少污浊空气引起的问题，通风系统应正确管理，并将温度、相对湿度和风速严格控制在适当。

10. 鸡舍冬季通风　鸡舍冬季通风的原则与夏季通风有很大区别。夏季通风往往需要利用大量的流动空气直接吹过鸡只身体表面来达到降温的效果，通风量由温度感应器或控制开关根据舍内的温度来控制。冬季通风则要求避免室外冷空气与鸡群直接接触，而且为了减少舍内热量流失，降低采暖成本，往往将通风量控制在最低限度。

寒冷季节通风的主要目标是在保证鸡舍适宜温度的同时提高舍内空气的质量。同时，排出舍内多余的湿气，保持垫料干燥也是一个很重要的方面。一般情况下，通过定时开关控制排风扇完成空气的交换和水汽的排出。根据业内实践经验和最新研究成果，下面总结一下冬季通风的成功要领。

（1）除进风口之外密封所有可能漏风的部位，以保证通风方案的有效实施。

应该保证鸡舍进风口是外界空气进入舍内的唯一途径。由于冷空气密度大，如果鸡舍存在漏风部位（门窗缝隙和墙上的孔洞等），那么泄漏进入鸡舍的外界冷空气会很快沉降到地面上，导致鸡粪温度降低。这些低温鸡粪与周围空气接触会产生大量的冷凝水，导致鸡粪湿度大大增加并出现板结，影响鸡群生产性能。

可以通过测量鸡舍内的静压来评估鸡舍的密闭程度。关闭鸡舍内所有门、窗、卷帘以及进风口，开启一台直径 1.22 米的风机，当排风量达到每分钟 20 000 立方英尺（非法定计量单位，1立方英尺约为 28.32 升）的时候，舍内产生的静负压应该达到31（旧鸡舍）~38（新鸡舍）毫米水柱（非法定计量单位，1毫米水柱约为 9.81 帕斯卡）。如果舍内静压达不到这个范围，就说明存在漏风部位。

（2）鸡舍内维持适宜的温度，为鸡群健康生长提供必要条件。中国的大部分地区冬季养鸡都需要安置取暖设备，使舍内温度适于鸡群生长，否则无法获得满意的生产性能。同时，做好保温工作可以尽可能地减少热量流失，节省取暖开支。在鸡舍顶棚安装保温层可以有效地阻止热量流失。此外，还应该考虑在鸡舍两端侧墙以及门窗等地方安装保温设施。应该定期检查保温设施，避免有破损、撕裂或移位等情况出现，充分发挥其保温效果。

（3）根据鸡群日龄，设定相应的最小通风量。应该用一台定时控制开关统一控制鸡舍内所有冬季通风风机。冬季正常的最小通风量取决于鸡群周龄，1 周龄应该为每分钟每只 0.002 8 立方米，到 8 周龄应该为每分钟每只 0.025 5 立方米。

例如，对于 24 000 只 1 周龄的鸡群，根据前面的数字计算，最小通风量需要每分钟 67.2 立方米。假设通风周期为 5 分钟，我们使用 2 台直径 0.9 米额定通风量为每分钟 255 立方米的风机，需要的通风时 39 秒，也就是说在每 5 分钟的周期里开启风机 39 秒，停机 261 秒。

风机的规格和使用数量也会直接影响到通风效果。直径 0.9 米的风机至少需要开启两台才可能达到应有的通风效果，因为单独一台直径 0.9 米的风机无法产生足够的负压。如果单独使用 1 台直径 1.2 米的风机，也不能达到满意的效果，一般会出现舍内热空气聚集到风机一端的现象。可以开启几台辅助小风机来解决舍内温度均匀的问题。这样才能保证理想的鸡群生产性能。冬季通风最关键的问题是要控制好进风，要使进入鸡舍的外界冷空气直接到达舍内顶棚附近，并有足够的气流速度来与周围热空气充分混合。切忌冷空气一进入鸡舍就直接下沉到鸡群周围（造成鸡群受凉）。

（4）应该每周调整定时控制开关增加风机通风时间（增加

最小通风量）。随着鸡群的生长，呼吸和排泄出来的水分也会不断增加。这就需要不断增加通风时间来保证这些水分排出舍外。需要注意的是，设置好适当的最小通风量对于年轻鸡群和年长鸡群同样重要。虽然通常在生长后期，鸡群对温度的要求逐渐降低，风机可能更多地受温控开关的控制开启，但是在这种情况下也一定要按要求设置好定时控制开关的最小排风量以确保温控开关没有启动时的空气质量。

（5）鸡舍最小通风量的设定不受舍内外的温度影响。如果没有最小通风的保证，鸡舍内的空气质量就会恶化，垫料湿度明显增加，氨气浓度大大升高。根据测定，维持最小通风所损失的鸡舍热量并不高，与由于舍内湿度增加所引起的损失比起来要小得多。需要特别注意的是，即使在舍外又冷又潮（阴雨）的情况下，最小通风仍然会将舍内多余的水分排出去。这一点的理论依据在于，空气温度每升高11℃（20°F），其相对湿度会降低到原来的50%左右，容纳水分的能力会相应提高近一倍。在冬季，冷空气进入鸡舍以后在温度升高的同时相对湿度也随之降低，这样就可以吸收舍内多余水分，再通过风机将这些水分排出舍外。因此在冬季，鸡舍空气和鸡粪里的多余水分排放的唯一途径就是通风。

（6）一定要控制好进风口的进风方向和风速，确保舍外冷空气进入鸡舍以后在鸡舍上部与舍内热空气充分混合以后再接触到鸡群。

为达到这种效果，一方面需要确保鸡舍的密闭性，使鸡舍内的负压保持在25毫米水柱高左右；另一方面需要设计并调整好进风口大小和方向。25毫米水柱高左右的负压可以使冷空气进入鸡舍以后向鸡舍中央冲流6米左右的距离，控制良好的气流会沿着天花板进入鸡舍，不会直接接触鸡群。此外，进入鸡舍的冷空气与房顶的热空气混合的过程本身也可以节省能源，因为鸡舍供暖设备以及鸡群产生的热量如果没有冷空气来混合，多会滞留在屋顶而发挥不了任何作用。而如果有冷空气沿天花板进入鸡舍并与这部分热气混合并转化为温暖干燥的空气降到鸡群周围，就可以充分利用这部分热量从而起到节能的作用。在鸡舍顶棚悬挂混气吊扇同样也可以达到提高舍温均匀度，节省能源的效果。通风时，只有在适当的负压下才能得到满意的气流。进气口开口过大将导致负压不足（气流无力），这样进入鸡舍的冷空气会很快下沉，危害鸡群。进风口开口过小将导致负压过大，通风量不足。根据经验，一台 1.2 米风机应该开启约 15 个进风口比较合适。在育雏期，应开启育雏区域内的一半进风口并关闭风扇端（育雏区域以外）的所有进风口。

如果使用卷帘式鸡舍，在密闭不严的情况下，外界湿冷空气会从卷帘的上下与侧墙的缝隙中进入鸡舍直接接触到鸡群和垫料。将卷帘与侧墙接缝充分密闭并在外面加装垂帘可以有效防止漏风。

（7）当舍内鸡粪湿度过大或者氨气浓度过高的时候就需要增加最小通风量（调整定时控制开关）。在这种情况下需要增加通风时间。鸡群每吃进 0.5 千克饲料就会通过粪便排泄出 1 千克的水分。因此在鸡群的整个生长期里，会有大量的水分被排泄到鸡舍内。潮湿的粪便会产生氨气，如果鸡粪潮湿将会加剧氨气的产生。合理的通风是排出舍内和垫料中水分的唯一办法。曾经有人尝试采用湿度控制开关取代定时控制开关来控制最小通风量，事实证明这种方法不可行。因为湿度控制开关的湿度探头很难准确测量出鸡舍内的实际水分含量。

（8）有时候当垫料湿度过大时，仅仅通过增加通风量也无法解决这个问题。这种情况一般需要提高一点舍内温度，这样可以使空气相对湿度降低一些，便于空气携带更多水分。一般来说，在每天气温最高的时候适当增加一些通风也会起到比较好的排湿效果。

（9）如果鸡舍内温度过高，则需要调整风机的温控开关，而不需要调整定时控制开关。控制鸡舍最小通风量的定时控制开关是来控制舍内湿度和空气质量的，而不是来控制温度的。温控开关是用来在当舍内温度超过预设温度时启动风机，通过增加通风量来降低舍内温度。因此，控制舍内温度是通过设置温控开关的风机开启温度来实现的，不用考虑定时控制开关的问题。

（10）从雏鸡入舍一直到饲养期结束，始终要做好通风设备、温控设备、卷帘以及报警装置等备用设备的维护和校准工作。即使在冬季，一旦出现停电、风机故障或者控制装置故障等情况，也会因温度过高或者湿度太大对鸡群造成极大伤害甚至威胁生命。如果停止通风，在完全密闭的鸡舍，即使在舍内温度11℃的情况下，大龄鸡群也可能在短短几分钟内就会因为窒息而死亡。为防止这种情况的发生，一定要做好备用设备的维护和调整，以便随时启动。将备用设备和报警装置的启动温度设在正常温度的±5.5℃，超过这个范围就报警并启动备用设备。合理使用循环风机，可以提高通风效果并节约取暖开支。

（11）除了上面提到的一些基本原则以外，在实际生产过程中还可以摸索出一些其他经济有效的方法来改善鸡舍内环境。舍内循环风机的使用可以改善冬季鸡舍内条件并节省取暖开支。研究显示，使用循环风机可以在很大程度上避免舍内温度分层（热空气聚积在鸡舍上方天花板附近，而在鸡群高度的空气温度相对很低）。

　　通过使用循环风机，可以使整栋鸡舍内部的温度比较均匀。这带来的好处是，鸡群所在高度的温度升高了，节省了取暖燃料的开支；鸡粪水分容易排出，使鸡粪保持干燥；减少饮水器下方的垫料结块现象；减少换群时的结块垫料；改善鸡群生长环境。鸡舍墙壁上的一些木头框架结构（门窗框、卷帘框等）与墙体之间的缝隙是一个常见的漏风部位，密封不好也会影响通风气流和舍内环境。吊扇式循环风机可以有效地将鸡舍顶棚附近的热空气与鸡群高度的冷空气充分混合，有助于节省取暖开支并促进湿气排出鸡舍。吊扇对于比较高的鸡舍尤为适用。水平循环风机比较适合于高度比较低的鸡舍，并且可以比较方便的升降，使用效果与吊扇类似。

虽然管理良好的最小通风系统可以使进入鸡舍的冷空气与舍内顶棚位置的热空气充分混合，但是风机每次启动通风时间都很短。而循环风机可以长时间开启，充分混合舍内空气，并且不会使鸡舍内热量流失。

很多年以前，曾经有人使用0.9米的大风机作为水平循环风机。由于风力太大，会对年轻鸡群产生较大的风冷效应，使鸡群受凉。当时在使用普通吊扇来促进空气循环时也同样存在这个问题，因为普通吊扇采用的是从上向下的吹风模式，在混合空气的同时会在吊扇下方产生较大的风力，吊扇下方的鸡群会因为感觉冷而四散躲避。随着纵向通风模式的普遍使用，循环风机的使用就越来越少了。

不过近年来，由于找到了解决风冷问题的办法，循环风机又显示出了其优越性。对于水平循环风机，使用46～60厘米直径的小规格风机，在获得理想的混合空气效果的同时不会造成空气流动过快的问题，避免鸡群受凉。同时采用不同的风机转速模式可以更好地根据具体环境条件来控制气流。对于吊扇式循环风机，人们设计出了上吹风式吊扇：将空气直接吹向顶棚（而不是向下吹向鸡群），然后气流向四周散开，这样在地面测量到的气流速度就会很小（气流速度在15米/分以下）。根据研究美国奥本大学的研究人员研究显示，使用改良后的循环风机在节约取暖开支和改善鸡舍内环境等方面效果显著。

11. 秋季管理向冬季管理过渡的一些建议　天高气爽的秋季

即将过去，寒风渐渐袭来。对家禽饲养业人员来说，做好从秋季管理向冬季管理的过渡也是一项具有挑战性的工作。现提供以下一些建议，希望对读者在饲养管理方面一定的帮助。

（1）供暖燃料仍是了冬季饲养成本的主要部分。这个时期正是彻底检查育雏器和供暖装置的大好时机。要好好清理炉具，更换破旧器件，使其在工作运转中尽量发挥出最大的效益。保养较差的供暖系统比保养较好的系统会增加约20%的成本费用。如冬季采用热风机供暖，要检修风机翅片，清除上面的灰尘及杂质，提高风机分配热量的效能。

（2）如冬季要进雏，在雏鸡到达之前，要特别注意充分预热育雏区域。要至少在雏鸡计划到达前24小时，开启育雏器，点燃供暖炉具。预热的必要性是毋庸置疑的。

（3）舍内对育雏区域提供合适的温度。密切观察雏鸡的行为动态，确保饲料和饮水设备都放置在雏鸡"舒适的区域"。要检查幕帘、窗户、门、顶棚、风机叶窗、进风口等等，确保无舍外贼风侵入鸡舍。

（4）随着蛋鸡培育，产蛋性能越来越高，只凭上述保温措施是不能完全使其发挥优良产蛋性能。只有通过外源供温才能真正解决冬季产蛋性能的发挥。首先选择良好的供温设备，所选择的供温设备要确保冬季最冷时期舍内温度不低于18℃。这是以后产蛋舍的发展方向。

冬季为了保持舍内温度，尤其是花费很大财力烧煤取暖使舍内达到一定温度时，舍内的空气一般较差。所以要采用一定的方法将空气质量提高到可接受的水平。如果舍内的湿气、灰尘、氨气和其他有害气体与舍内的空气混合，通风可将其排出舍外。

八、产蛋中期管理（36～45周）

这个时期重点是公鸡的管理。注意预防各种应激，合理用料，合理用药防病，进行抗体检测，以确保鸡群正常生产性能的发挥。员工要勤拣种蛋，提高种蛋合格率，仔细观察鸡群，统计采食时间。

九、产蛋后期的管理（46~86 周）

（1）重点是控制蛋鸡的死淘率，防止产蛋率下降过快，员工要认真工作，加强鸡舍内基础管理力度。

（2）舍内基础条件较差，管理不当，常造成产蛋不稳。

（3）高峰期过后，产蛋率下降，常导致员工情绪低落，工作热情降低，要和员工及时沟通，让员工知道产蛋率下降是极正常的现象。

（4）随着鸡群日龄增加，舍内各方面条件都不断恶化，笼具表面等各方面卫生条件变差。要加强鸡群舍内的卫生管理和温度与湿度的控制。

（5）鸡群进入产蛋后期，各方面机能都有所降低，对疾病的抵抗力自然要下降，这就要我们进行精细管理。

（6）产蛋后期由于舍内环境恶化，病原体增多，舍内杂病增多。

十、产蛋期全期管理重点（24~86 周）

1. 饲养设备及饲养面积　按笼位配齐所有设备，尽量使用自动上料设备。如果育雏、育成、产蛋在同一鸡舍饲养时，在 10 周左右就可以全部上笼了。

2. 光照程序　育成期封闭鸡舍光照强度控制在 1~2 勒克斯，给光 8 小时，遮光 16 小时，到 112~114 日龄增加光照到 12 小时，光照强度增加 4~5 倍。增加光照时，鸡群抽样母鸡（3%）其中的 85% 要达到以下水平：95% 的鸡的平均体重达到 1.4~1.5 千克；胸肉发育由钟形到丰满的"V"形；耻骨间距达到一指半到两指宽；耻骨处有脂肪沉积；累计摄入能量不小于18 000大卡，蛋白质累积摄入量不少于1 080克。

3. 光照强度与鸡群周龄的关系 1~7日龄，使用30~40勒克斯；加光前，使用1~2勒克斯；加光后到淘汰，使用至少15~20勒克斯。

4. 光照增加与产蛋时间的关系 加光时应直接增加光照到12小时；见第一枚蛋加光到14小时；到5%产蛋率时加光到16小时。

5. 产蛋鸡舍的设备使用与管理 要求会安全使用以及正常的维护与保养设备。

（1）水线：每天开灯前一冲洗，冲洗时间不得少于10分钟。冲洗方法为先将水线两头的排水阀门打开，之后将调压阀打到冲洗挡上，打开工作间的供水阀门，开始冲洗10~15分钟。之后将调压阀打到供水挡上，然后将水线两端的冲水阀门关闭。不论混入任何一种药物，投药时都要将配好的药物在最短的时间内冲到水线的两端，让鸡舍内的所有鸡群在同一时间内一起饮用。这个过程大约需要5分钟时间。每天在关灯之后要将水线关闭，停止供水。水线管道和乳头无漏水现象。每天要求对水线的外壁用消毒药水擦洗一次，保证水线的干净整洁。禽类无软腭，只有角质化的喙，不能形成真空腔吸水，所以注意开始使用水线时，乳头的高度与母鸡的眼睛相平，适应水线之后，水线以能让母鸡以60°的伸颈角度饮水为标准，这样可以减少水的浪费。

（2）料线：在每天的关灯之前，将第二天所要添加的饲料计算准确，并添加到主料箱和辅料箱当中。第二天开灯之后20分钟，将料线打开，将饲料拉匀之后再开灯，目的是让母鸡同时采食到相等的饲料。

（3）灯线：产蛋鸡对光照的要求比较严格，加光可以刺激生殖系统的发育，光照强度要求达到15~20勒克斯，光照时间要求达到 16 个小时，光照不可间隔，光照强度不可以不均匀，否则容易出现抱窝鸡。

严格按照规定的时间开关灯。及时更换坏了的灯。随时清理灯管上的灰尘。产蛋期不能减小光照强度。在 112 ~ 114 日龄，需要增加光照刺激生殖系统发育，光照强度在前期基础上增加 1.5 ~ 2 倍。光照刺激能否成功，决定于鸡只体重是否达到标准，而且光照增加之后，饲料量增加也要多一些。育成期适合用短波长光线，产蛋期适合用长波长光。注意，不可随意调试自动开关器的设置。

（4）风机：开风机前要检查风机叶片周围有无障碍物。每次开关风机时要细心观察和聆听风机的运转情况，风机有噪声或电机嗡嗡响均属不正常的表现，要及时关闭动力电源，排除故障。风机运转时，要求尽可能地发挥风机的最佳通风量，叶窗开启呈水平状态，风机保护网上无灰尘。风机排风口外无过高的杂草，但也不可没有杂草，要求草的高度为 50 厘米，以便降低排出。关闭风机后要求检查百叶窗有无落下，以防止通风短路。风机开启后，尽量将鸡舍的温度维持在 18 ~ 25℃。鸡舍的后头不得有过多氨气，应当保持空气新鲜。大风大雾天气应尽量减少风机开启的数量，减少污浊空气进入鸡舍。及时清除风机上的灰尘，保持风机的整洁。

（5）湿帘：开启湿帘之前必须进行认真检查水池中是否有水，水是否洁净。严禁水泵无水空转。平时将水池盖严防止杂物进入池中，保证水质干净，水位适当，水温过高降温效果差，及时更换，水泵进水口必须包扎好过滤网。水泵开启后检查是否上水，管道是否有漏水现象。定期将过滤器中的杂物清理干净。经常检查水池水位，防止缺水。确保水帘纸 100% 湿润，同时要注意使用水帘前必须封闭其他所有进风口，以确保降温良好。

本阶段饲料中补入保健砂。按每只鸡 4 克的量，将保健砂加入饲料中供给，也可以用专用保健砂石盆供给，让鸡只通过自由采食补给。

十一、逆季开产管理

逆季开产蛋鸡是指在 9 ~ 12 月进入开产期的蛋鸡，也就是 4 ~ 8 月接的雏鸡。对于这几个月接的雏鸡为了确保准时开产，要对这些育雏育成鸡在 4 ~ 16 周采取 8 ~ 10 小时弱光照饲养，这样能确保蛋鸡到 18 周准时开产。

现在社会上只要是这几个月进入产蛋期的鸡群，往往都会出现推迟开产的情况，正常情况下产蛋鸡在 18 周达到 5% 产蛋率为宜，但这一时期的蛋鸡往往推迟到 20 周以后才会达到 5% 产蛋率。对于蛋鸡饲养者来说，推迟开产的损失是巨大的，每推迟一周 1 000 只鸡浪费饲料 700 千克左右。

9 ~ 12 月开产的蛋鸡推迟开产的原因分析：开放式鸡舍的光照强度和时间逐渐减弱和缩短，抑制蛋鸡的准时开产；由于种种原因，蛋鸡增重不足，储存蛋白和能量不足。

采取下列措施可以保证蛋鸡准时开产：

（1）使用优质饲料确保每周周增重达到或超过标准。注意玉米的水分含量，不要影响到育成期蛋鸡的周增重。对于 12 周以后的鸡群要刺激蛋鸡吃料，确保以后每周的周增重。若增重不足要采取刺激食欲的办法增加蛋鸡的采食量，否则就要提高饲料中的营养浓度，甚至可以兑入少量育雏期优质饲料或者使用预产料。

（2）确保育雏育成舍的温度合适，最低舍内温度不低于 18℃，不能因为舍内温度逐渐下降造成蛋鸡增重不足。对蛋鸡采取保温措施，修补鸡舍漏洞防止贼风进入。提早供温确保舍内温度。

（3）蛋鸡育雏育成期的 4 ~ 16 周光照时间保证 8 ~ 10 小时，

体重达标准时可以采取 8 个小时的光照时间。可采取 10 个小时光照时间，但不要太长，否则会影响到后期的开产时间。为了确保蛋鸡育雏育成舍的光照时间，要对育雏育成舍进行遮光处理。光照强度方面，育雏育成期光照强度应控制在 2 勒克斯以内。没有测光仪的情况下，按灯泡距离 2.5 米，进行灯泡设置，使用日光灯时，5 瓦的灯泡即可。17 周初开始光照刺激，一次加光到 12 小时，光照强度提到 15 勒克斯以上，使用 40 瓦灯泡，并使用灯罩。

第九章　蛋鸡淘汰后的休整期

现在蛋鸡场谈疫色变，尤其是在产蛋高峰期前后出现的疫情。做了一定的疫苗防疫，隔离消毒也可以说做得不错了，但就是杜绝不了疫情的发生。有一个最重要的原因，就是一批鸡淘汰后，这批鸡携带的病原物总会影响到下一批鸡，这才造成疫病难以杜绝的局面。所以我们必须关注鸡群淘汰后清理是否彻底，到进下一批鸡的间隔期是否足够长。

现在人们最关心的鸡病是禽流感，都知道它的病原毒株极易变异，如果清理工作做得不彻底，很可能会给下批蛋鸡饲养带来灭顶之灾。对于清理消毒过程，很多蛋鸡场只重视舍内清理工作，往往忽视了舍外的清理。鸡群淘汰后只有从清理、冲洗和消毒三方面去下功夫，才能达到彻底清除病原微生物残留的目的。

休整期要做好淘汰鸡前后的所有工作。做好报表统计工作，并清点好鸡数。进行物品清点，小件贵重物品及时交仓库保管防止丢失。同时要及时拣出少量破损的种蛋，以防止种蛋污染。

一、休整期要突出"净"

（1）舍内外所有与上批鸡有关的有用或无用的物品全部清理干净，使生区内只看到地面，所有物品全部清理到固定地点，进行分类处理。对本批鸡所有废弃不用的物品、垃圾彻底清理干净运到 2 千米以外的地方，以减少细菌传播。

(2) 清理鸡粪后，垫料也要清理干净。鸡舍外不能见到鸡粪和垫料。

(3) 冲洗鸡舍前，对舍内各个角落进行认真清理打扫，之后再进行冲洗，尽量减少冲洗对舍外的污染，同样减少冲洗的难度。

(4) 冲洗工作完成后，立即冲洗干净舍内外下水道，以防止造成二次污染，并使舍内尽快干燥。干燥是最廉价的消毒方法。15 天内舍内完全冲洗干净，舍内干燥期不低于 10 天。消毒工作结束后也要注意使舍内尽快干燥。

(5) 舍外净区表面腐蚀的泥土清理干净，露出全部新土，撒上生石灰，再洒水。污区也要把舍外鸡粪清理干净，同时清理掉杂草和树叶。

(6) 舍内墙壁、地面冲洗干净后，空舍 10 天，再用 20% 生石灰消毒。任何消毒（包括甲醛熏蒸消毒在内）都不能遗漏屋顶。

(7) 污区清理干净不进人活动，最好撒生石灰。净区严格清理，撒上生石灰，不要破坏生石灰形成的保护膜。舍外路面冲洗干净后，水泥路面撒 20% 生石灰水或 5% 氢氧化钠溶液。土地面铺 1 米宽砖路供育雏舍内人员行走。育雏期间用煤渣垫路并撒上生石灰碾平（不用上批煤渣）。

二、休整期鸡场的清扫程序

1. 计划　要保证鸡场清扫的有效性，需要让鸡场的所有工作人员共同参与。清扫鸡舍的时间，也是维护鸡舍及其设备的良好时机，但这要列入鸡舍的冲洗和消毒程序中。在蛋鸡淘汰前，要制订出鸡场清扫具体日期、需要的时间、需要的人员及所使用的设备的计划，以便所有的工作都能很好地完成。

2. 控制昆虫　昆虫是疾病重要的传播媒介，必须在其移居于木制品或其他物品中之前，将其杀灭。当蛋鸡淘汰后，这时鸡舍还较温暖，应该立即在垫料、鸡舍设备和鸡舍墙壁的表面喷洒

杀虫剂，或者选择在蛋鸡淘汰前两周在鸡舍使用杀虫剂。第二次
使用杀虫剂应在熏蒸消毒前进行。

3. 清扫灰尘　所有的灰尘、碎屑和蜘蛛网必须从风机轴、
房梁、开放式鸡舍卷帘内侧、鸡舍内的凸处和墙角上清扫掉。最
好用扫帚扫掉，这样可使灰尘降落到垫料上。

4. 预加湿　在清理垫料和移出设备之前，应该对鸡舍内部
从鸡舍部到地面用便携式低压喷雾器喷洒消毒剂，从而使尘埃潮
湿沉降下来。在开放式鸡舍，应先封闭卷帘。

5. 移出设备　所有的设备和设施（饮水器、料槽、栖息杆、
产蛋箱、分隔栏等）应从鸡舍内移出，并放在舍外的混凝土地面
上，但不应把自动集蛋设施或鸡舍内不易移动的设备移到鸡舍外。

6. 清除鸡舍内粪便和垫料　从鸡舍内清除所有的粪便、垫
料和碎屑，拖车和垃圾车在装满前应放在鸡舍内，装满的拖车和
垃圾车在移动前要遮盖好，以免灰尘和碎屑在舍外被风吹得四处
飘散。离开鸡舍时，车轮必须清理干净并消毒。

粪便和垫料必须拉到离鸡舍 1.5 千米以外的地方。可以结合
当地规定，按下列方式进行处理：在一周内撒布在可耕作的或犁
过的耕地表面；在垃圾填埋点挖坑，埋在地下堆积发酵一个月以
上；撒在家畜放牧的草地上。

三、休整期的冲洗工作

冲洗干净对下批鸡有用的设备、用具和物品，包括仓库内存
放的东西，浸泡消毒后存放，准备最后统一消毒。冲洗鸡舍时先
上后下，把鸡舍冲洗得一尘不染，冲洗以不留存水为标准。将生
产区内的其他房间及清理后的厕所冲洗干净。用生石灰处理舍外
土地面。

冲洗前必须首先断开鸡舍内所有电器设备的开关。用含有发
泡剂的水通过高压水枪冲洗，以清除残留在鸡舍和设备上的灰尘

和碎屑，然后用含清洗剂的水进行擦洗，最后用有压力的水冲干净。在冲洗过程中，应迅速把鸡舍内剩余的水排净。所有移到鸡舍外的设备必须浸泡和冲洗。在设备冲洗干净后，设备应在有遮盖物的条件下储存。应特别注意鸡舍内以下几个部分：风机框、风机轴、风机扇叶、通风设备的支架、屋梁的顶部和水管。

为了确保难以接近的地方能冲洗干净，可以使用轻便梯和手提式便携灯，鸡舍外面也必须冲洗干净，并且要注意进气口、排水沟和水泥路面。

在开放式鸡舍，卷帘内侧和外侧都必须冲洗干净。任何不能冲洗的物品（聚乙烯制品、纸板等）都必须销毁。许多种工业用清洗剂都可以使用，在使用清洗剂时要参照厂家所提供的说明书进行。鸡场工作人员所使用的设施也需要彻底地清洗。蛋库要进行彻底的冲洗和消毒。加湿器在消毒前，需先拆装、检修和冲洗。

冲洗进行后，小进风口、水帘和风机内外，同时保证不存水，小进风口用消毒剂擦擦拭干净。水帘池内清理干净，干燥后用消毒剂处理。墙壁冲洗，池底浸泡一天，然后清理干净。

舍内所有地方要冲洗干净，其中包括地面、墙壁、屋的顶棚，舍内所有设备和物体表面也要冲洗干净。舍内冲洗干净后立即冲洗清理舍外污水道，以减少污染机会。

四、饮水系统和喂料系统的清洗和消毒

鸡舍内所有的设备都必须彻底清洗和消毒。设备在冲洗消毒干净后，一定要覆盖好再存放。

1. 饮水系统

（1）清洗程序：排干水箱和水管内所有的水；用清水冲刷水线；清除水箱内的污物和水垢，并排到鸡舍外；在水箱内重新加入清水和清洁剂；把含有清洁剂的水从水箱输入到水线内，但

注意不要出现不通气现象；水箱内含清洁剂的水要保证适当的高度，这样可以保证水管内的水有适当的压力；更换水箱盖要让消毒剂在水箱内最少保留 4 小时；用清水冲刷并把水排掉；在进鸡前重新加入清水。

（2）水垢的处理：水管内易形成水垢，因此应经常进行处理，以避免影响水的流速和造成细菌污染。水垢和细菌中的脂肪多聚糖易形成苔藓。水管所使用的材料，将影响到水垢形成的多少。例如，塑料水管和水箱，由于存在静电从而易于细菌吸附，在饮水中使用维生素和矿物质易于形成水垢和导致其他物质的聚合。用物理方法很难去掉水管内的水垢，在两批鸡之间的休整期使用高浓度的次氯酸钠或过氧化氢复合物可以溶解水管内的水垢。这需要在雏鸡饮水前把水管内的水垢彻底冲刷干净。如果当地水中矿物质（特别是钙或铁）含量很高，在清洗中需要加一些酸，以便去除水垢。金属水管也可采用同样的清洗办法。有时水管腐蚀易造成漏水，在对饮水系统进行处理前，应考虑水中矿物质含量。

蒸发冷却系统和喷雾系统应使用双硝酸清洗剂进行清洗，双硝酸清洗剂也可以在产蛋期使用，这样可以减少这些系统中的细菌数，并降低进入鸡舍的细菌数量。

2. 喂料系统 喂料系统的清洗程序如下：清空、冲洗和消毒所有的喂料设施，如料箱、轨道、链条和悬挂料桶；清空料塔和连接管并打扫干净，密封所有的开口。如可能可以进行熏蒸。

五、地面的处理

在舍外人易接触到的土地面均匀地撒一层生石灰，目的是为了让生石灰与水结合后，形成氢氧化钙，氢氧化钙与空气中的二氧化碳结合生成碳酸钙和水。碳酸钙在土地面上形成一层薄膜，可以防止地面内病原体散发到空气里污染环境。

把生石灰用水处理成面粉样，不能太干或有太多的存水（现用现处理）。将鸡淘汰后或第一次使用生石灰时，要先将舍外土地面上的腐土进行清理运出（露出新土）。对清理过的露出新土的地面均匀洒水（地面完全洒湿）。把处理过的生石灰均匀地撒到土地面上，尽量做到同一个厚度（均匀不露地面）。再次洒水，这次必须在水中加入消毒剂（可使用1%～2%氢氧化钠溶液，每平方米地面用量为500毫升），把所没有湿透的生石灰再用水处理一下（没有干石灰存在）。水分和生石灰充分混合后，地表面形成一层膜。以后尽量不去破坏这层膜，大雨过后可重复上述操作。

舍内地面用相同的方法操作。经过对舍外地面、舍内墙壁和地面处理后，鸡场如新场一样干净，自然减少了疫病的发生。

六、休整期的其他注意事项

（1）清理舍外砖路和水泥路两侧的土地面，使土地面的水流不到砖路或水泥路上来，否则易把泥土带入舍内引起疫病发生，这点很重要。

（2）对鸡舍熏蒸消毒时把舍内其他房间，包括生产区内外的仓库和住室，也熏蒸消毒一次，以做到全面彻底，其中住室床下清理消毒也不能忽视。进入场区的强制消毒间要打开，入场人员要强制消毒为好。

（3）金属物体表面清理干净，最好涂一层防锈漆，以起到保护舍内设备的作用，同时也起到良好消毒作用。

（4）热风炉进行炉内清理保养，清理干净热风带。

（5）干净的空鸡舍为建筑结构的维修提供了理想的时机。鸡舍一旦空置，应做以下几项工作：用混凝土或水泥修补地面上的裂缝；修补墙体的沟缝和粉刷的水泥层；修复或替换已损坏的墙体和屋顶；如果需要，用涂料或白石灰进行粉刷；确保鸡舍所有的门都能关严。

（6）必须防止老鼠和野鸟进入鸡舍，因为它们会传播疾病和偷吃饲料。具体操作程序如下：检查所有墙壁、挡板和屋顶上的缝隙，需要时要修补好；确保所有的风机和进风口不能让野鸟进入；检查所有的门是否能关严，不要有缝隙；检查料线是否漏料，因为漏料会吸引害虫进入鸡舍；对于开放式鸡舍，必须设置防鸟网，并给予维修；鸡舍周围 1～3 米建成水泥或沙砾地面，将有利于阻止老鼠进入鸡舍。

（7）休整期的生物检测标准见表 9.1。

表 9.1　生物检测标准

检测项目	限定标准			
	细菌总数	大肠菌群	沙门杆菌	霉菌
水线/毫升	<10 000	<100	不得检出	
消毒液/毫升	<250			
鸡舍空气/米^3		<1 900	不得检出	
饲料/克	<50 000	<2 000	不得检出	<5 000
垫料/克	/	<2×10^6	不得检出	<5×10^6
后备鸡舍熏蒸前（环境）/厘米^2	<2 000			
后备鸡舍熏蒸后（环境）/厘米^2	<200			
后备鸡舍熏蒸前（空气）/米	<600			
后备鸡舍熏蒸后（空气）/米	<60			
球虫卵囊/克	限定标准：<3 000			
药敏结果/毫米	0 不敏感，0～10 低敏，10～14 中敏，15～20 高敏，20 以上极敏			

第十章 蛋鸡的疫病预控

一、蛋鸡防病基础知识

预防疾病和减少死亡是鸡场兽医及饲养员的一项重要工作。在大型鸡场或养鸡大户中，对一些常见病、多发病及时做出正确判断，尽快采取有效措施，迅速控制疾病，减少死亡造成的损失是极为重要的。

1. 死后剖检和送检 死后剖检就是在动物死亡之后为搞清疾病或死亡原因而对其体表和各脏器做彻底检查的方法，也是诊断和防制疾病十分重要的第一步。对病死鸡的剖检，有利于详细了解鸡群的实际情况。要按要求、按步骤去解剖病死鸡，对解剖的病死鸡做详细的记录，总结特征性病理变化，对解剖记录进行系统性分析，对典型病变进行细菌培养和药敏试验，及时进行预防性和治疗性用药。动物脏器和组织对病原体的反应范围是有限的，许多疾病从外表上看都十分相似。因此，除肉眼直接观察外，有些病例还需借助实验室培养、切片观察等方法，以判明其特定的病因。但有些常见病、多发病，一经剖检基本上能定性，然后再了解其饲养管理情况，观察鸡舍、饮水、垫料、通风等小环境，可进行综合判断。实验室诊断对于解决疑难病症来说是必不可少的。

在剖检具体操作过程中，工作人员必须有条不紊，死鸡应妥善处理，在鸡场附近剖检时，工作场所一定要挖坑深埋或焚烧，用具要彻底清洗消毒。同时要注意工作人员的卫生防护。

病鸡和死鸡都可能提供重要的信息。关键是饲养员应经常注意观察鸡群的动态，及早发现异常及时请兽医人员确诊，尽快采取有效的预防和治疗措施，把损失减少到最低限度。

有时为了进一步确诊，在剖检完死鸡之后，有可能还要在鸡群中再找几只同样症状的病鸡送到别处做进一步鉴定，要确保送检的病鸡具有代表性，适当的样本有助于做出准确诊断。

不能见死鸡就扔，这并不是解决问题的办法。只有通过认真剖检，彻底搞清病因，才能做到有的放矢。属于营养方面的，要及时调整饲料配方，特别是矿物质、微量元素要搭配合理；属于温、湿度方面的，应加强保温与通风换气；是疾病引起的，抓紧时间选用特效药物进行预防和治疗及消毒；需要隔离的，一定要及时果断隔离，否则病源不清，损失骤增。

2. 免疫　通过致弱的或灭活的病原微生物（疫苗）的使用，使鸡只被动地产生对本病原微生物的抵抗力的办法，就是对鸡只的免疫。

（1）免疫途径：点眼、滴口、颈部皮下注射、肌内注射（胸肌注射、翅肌注射、腿肌注射）、翅膜刺种、饮水免疫和喷雾免疫等。

（2）不良反应：在疫苗使用过程中即使是正确操作，也会给蛋鸡造成一系列的不良反应，如球虫免疫反应、传染性喉气管炎免疫反应等。非正确的操作危害更大，如颈皮下注射引起颈部弯曲的神经症状，胸肌注射时打到肝上引起死亡或由于操作失误引起胸肌坏死，喷雾免疫引起的呼吸道反应等。

（3）疫苗的选用：在使用前，必须对疫苗的名称、厂家、有效期、批号做全面核对并记录。严禁使用过期疫苗。疫苗必须确认无误后方可使用。

（4）疫苗的保管：①灭活佐剂苗置于 2～8℃保存，使用前 1～2 小时进入预温至 30℃，摇匀使用。②弱毒苗在 2～8℃环境中保存，取出后用冰袋保存，尽快使用、稀释后在 1 小时内用完。③疫苗保管有其他温度要求及特殊要求的，以使用说明书为准。

（5）免疫操作方法：

1）滴鼻、点眼、滴口：将封条和稀释瓶打开，往疫苗瓶内注入稀释液或生理盐水，按上瓶塞，充分摇晃，将疫苗溶解稀释；稀释好的疫苗在 1 小时内用完。要求由生产主任稀释，根据操作速度决定稀释的用量，尽量减少浪费。操作时先将滴瓶排出空气，然后倒置，滴入鸡只一侧鼻孔、眼内或口中，注意滴管要垂直并悬空于鸡只鼻孔、眼睛、口的上部，保证有足够的一滴疫苗落在鼻孔、眼内或口中，待鸡只完全吸入后方可放鸡。滴口时轻轻压迫鸡只喉部，使鸡只嘴张开，滴头不能接触眼、嘴，操作中滴瓶应始终口朝下。

2）注射免疫：连续注射器、针头应严格消毒备用，并调整好剂量，并准备好使用的疫苗。

a. 颈部皮下注射：首先将鸡只保定好，提起脑后颈中下部，使皮下出现一个空囊，顺皮下朝颈根方向刺入针头。注意避开神经肌肉和骨骼、头部及躯干的地方，防止误伤。针头自颈后正方向插入，不能伤及脾脏。

b. 胸肌注射：保定者一手抓鸡的两翅一手抓鸡的大腿，注射人从胸肌最肥厚处即胸大肌上 1/3 处 30°～45°斜向进针。防止误入肝脏及腹腔内致鸡死亡。

3）饮水免疫：注意当时舍内温度与外界温度情况，同时要关注当时鸡群健康情况。整个饮水免疫过程中水中疫苗浓度要保持一致。疫苗用量按时间平均分配。断水时间为 2～4 小时。具体操作可采用三阶段饮水免疫法（表 10.1）。

表10.1 三阶段饮水免疫

三阶段	饮水时间/小时	用水量/每小时水量倍数
第一阶段	断水时间 + 1.5	3.5 ~ 5.5
第二阶段	1.5	1.5
第三阶段	1.5	1.5

4）鸡场疫苗接种（饮水法）：饮用水中投放活疫苗有很多方法，但广泛采用的是"乳头式饮水器"投放法。对于蛋鸡饲养业来说，这种给药方式基本固定使用泵或者剂量器（加药器）。

当采用"乳头式饮水器"之类的封闭式供水系统时，泵就是一个优选的方法。有各种类型的泵可供用来将疫苗从配制槽分配给各饮水器。有些泵功率相当大（0.735千瓦），安装在轻型货车后面；而有些泵功率则较小（0.049 ~ 0.122千瓦），可潜入配制槽内。但不管用的是什么类型的泵，都必须采取某些步骤来确保接种成功。

（6）免疫时的注意事项：①工作人员要认真负责，操作时轻拿轻放。不漏鸡，不漏免。②免疫过程中不准说话，更不准打闹。③不能浪费疫苗。④免疫接种完后，连续观察免疫反应，有不良症状时，及时报告生产主任。⑤免疫前1天起连续3天给鸡群饮抗应激药物和电解质多维素。⑥调整好注射器剂量刻度。⑦注射部位准确，经常检查核对刻度，注射一定要足量。⑧免疫过程中，不断地摇晃疫苗瓶。⑨注射接种时，每注射10只鸡换1个针头。⑩注意针头有无弯折和倒刺，如有应及时更换。⑪用完的疫苗瓶全部烧掉。⑫接种时生产主任必须参加。生产厂长必须亲自安排，必要时参加。

3. 生物制品管理办法 生物制品应由场指定的兽医技术人员或其他专人保存与管理。根据鸡群的免疫程序合理购置疫苗和其他生物制品。所有的生物制品要严格按照产品说明书的指定温度保存。保管人员每天至少检查一次冰箱的温度及运行状况，避免阳光直射，远离热源，需防冻的要防止冷冻。所有生物制品使用前应由生产主任或技术员写出书面申请，陈述理由，剂量及时间，上报场长，批准后方可发放使用。所有的生物制品使用本着先进先出的原则保存管理。所有的生物制品应在有效期内使用，临近失效期时应向生产主任及场长汇报。所有的生物制品应按品名、类型、分类放置，以利查找及使用。生物制品保管员每半月做出一份库存清单，报场长及各生产主任。

注意事项：按厂家说明书遵照免疫规程使用疫苗，并做好详细记录；任何时候避免疫苗在阳光下照射；疫苗不能接触所有的消毒制剂、化学制剂和含有重金属的物质；严格按正确的操作规程和正确的部位去使用疫苗；掌握准确的防疫剂量避免疫苗浪费；每次防疫前结合实际制定现场操作程序，并必须分清保定人员、看鸡人员与操作人员，按已制定程序严格执行；所有疫苗必须在规定时间内用完否则弃去不用；疫苗必须在规定温度下保存和使用；正常免疫时每 10 只更换一个消毒过的针头，紧急接种时每只更换一个消毒过的针头。同部位灭活疫苗注射间隔期在 1个月以上。

4. 影响免疫效果的因素　要成功地使蛋鸡免疫，有许多关键的因素。请注意，接种与免疫并非同义，正确施行接种的结果才是免疫。

（1）断水时间：为了使蛋鸡群中的大多数蛋鸡都能成功地接种，必须适当地使它们感到口渴。一般来说，或者根据经验，大多数家禽都要在接种前禁水 2～4 小时。不过这只是一个指导值，具体禁水时间必须根据环境因素来调节，其中室温是最重要的因素。如果室温较高（30～32 ℃），只要禁水 1 小时可能就足以使家禽感到相当地口渴，而如果室温较低（21 ℃或更低），则可能需要禁水 4 小时或更长的时间才能使家禽感到同样程度的干渴。断水时间的长短之所以重要，是因为当一群家禽中大多数都感到相当程度的口渴时，接种摄入量更均匀的可能性就越大，因而反应也就越好。禁水时间对蛋鸡消耗疫苗的速度也有直接的影响，而这又对接种的成功率产生重大影响。例如，倘若使蛋鸡感到过度口渴，疫苗消耗就可能过快，这样就会使有些（较弱小的）家禽不能摄入足够的疫苗剂量，或者根本就无法摄入任何疫苗。这种情况自然是不合乎要求的，因为那样会导致接种摄入量不均匀以及接种反应不一。而如果未使家禽口渴到足够的程度，疫苗留在饮水器中的时间就会过长，从而失去其功效，不能发挥疫苗接种的作用。例如，有些传染性支气管炎疫苗病毒在水温开始升高的情况下 1 小时后就会损失 50% 的活性。

（2）接种持续时间：比较理想的做法是在清晨当太阳刚刚开始激发家禽的活力的时候给蛋鸡接种（在多云的日子里接种时可用舍内灯光来激发蛋鸡的活力）。同时疫苗最好在接种开始后 2 小时内用完。如果疫苗在饮水器里停留的时间不到 1 小时，有些（较弱小的）蛋鸡就可能没有机会吸收到足够的防疫剂量的疫苗，这种问题会导致接种摄入量不均匀以及"接种反应不一"。而如果疫苗留在饮水器里的时间超过 2 小时，则病毒的活性就要受影响。

（3）疫苗溶液量：关系到鸡群接种成败的另一个关键因素是疫苗溶液量。根据经验，鸡群一般在充满活力的头两个小时里饮用大约一天饮水量的 40%。因此常用的经验方法就是先确定鸡群接种日的大致总耗水量（以千克为单位），然后再取该数字的 40% 作为所要加的疫苗溶液升数。这一经验方法与希望鸡群在大约 2 小时内消耗掉全部疫苗溶液量的想法相一致。确定将要接种的鸡群的大致日耗水量的最佳方法是用水表测量，水表能够提供每间鸡舍日饮水量的准确数据。在接种的前一天进行"干运转"模拟试验可以比较准确地判断接种日的实际耗水量是多少。这样也可更精确地估计接种持续时间，从而可相应地增加或减少给鸡群服用的疫苗溶液量。请注意，在有些情况下品种和年龄都相同的蛋鸡养在同一饲养场的不同鸡舍内耗水量会有显著差别。如果无法使用水表或者没有时间进行接种的"干运转"模拟试验，可以利用以下几种经验方法可以估计鸡群接种需水量。对于蛋鸡来说，一天的耗水总升数可通过将鸡群的年龄（按周计）乘以 5 来算出。其他实用指导原则是要求将疫苗在一定量的水中稀释，每 1 000 只在 4 周龄以下的家禽，可用 9.5 千克水稀释疫苗；每 1 000 只 4~8 周龄的家禽，则应用 19 千克水稀释疫苗；每 1 000 只 8 周龄以上的家禽，要用 38 千克水稀释疫苗。

（4）水质：水质会影响疫苗病毒的稳定性和活性，因而也影响被接蛋鸡群所达到的防疫水平。水中残留的消毒剂会使大量疫苗丧失活力，免疫失败。如果水中所含的消毒剂只有氯制剂，可将接种用水预先放在一只大的塑料容器中过夜来除去其中所含的氯。倘若所要用的水无法抽到塑料容器中过夜或者担心水中残留有别的消毒剂，有两种方法可供选择：①在稀释疫苗之前按 10 加仑（非法定计量单位，1 加仑为 4.55 升）水加 3.2 盎司（非法定计量单位，1 盎司约为 28.35 克）奶粉的比例往疫苗稀释用水中加脱脂奶粉（这样可以中和水中的氯，使其含量不超过 1×10^{-6}）；②用蒸馏水在配制槽中稀释疫苗。

最好是在接种前 24 小时关掉水加氯器和暂停投放消毒剂。同样也最好在接种前 24 小时通过剂量器（加药器）加脱脂奶粉或炼乳，刚接种完时也要这样做，因为我们知道管线上仍然留有一些疫苗溶液（使用乳头式饮水器时尤应如此）。

（5）饮水器状况：如果采用钟型或其他型号的开放式或半开放式系统，即将接种之前一定要用清水（不含任何消毒剂）刷净饮水器。疫苗稳定剂将有助于中和饮水系统中残留的少量消毒剂，但是如果饮水器不清洁，则无法中和其中存在的大量的有机物质。

（6）疫苗剂量及相容性：不主张"削减"饮水接种用的疫苗剂量。采用饮水接种群体免疫方法时，很难保证每一只鸡都能摄入足够剂量的疫苗。现场有太多的变数，往往会影响单个鸡只的饮水量。此外，由于鸡只强弱不等，争夺饮水器位置的能力也不一样，就更难保证每一只鸡都能摄入足够剂量的疫苗。接种的目的就是要确保每一只鸡都能摄入足够剂量的疫苗，从而产生足够的免疫力，而"削减"疫苗剂量只会使这一目的更难达到。如果鸡群面临传染病的威胁，就应设法让它们摄入足够剂量的疫苗。切勿将那些未经证明彼此兼容的疫苗混合施用。一般来说，给鸡群接种两次可能比一次混接多种疫苗而冒着疫苗相互干扰和彼此不相容的危险要合算。

5. 根据蛋鸡的生理特点来用药　①蛋鸡缺乏充足的胆碱酯酶储备，对抗胆碱酯酶药非常敏感。②蛋鸡对磺胺药的平均吸收率较其他动物高，故不宜用量过大或时间过长。③蛋鸡肾小球结构简单，有效过滤面积小，对以原形经肾排泄的药非常敏感，如新霉素、金霉素。④蛋鸡缺乏味觉，故对苦味药、食盐颗粒等照食不误，易引起中毒。⑤蛋鸡有丰富的气囊，气雾给药效果好。⑥蛋鸡无汗腺，用解热镇痛药抗热应激，效果不理想。

6. 了解目前临床上的常用药与敏感药　①抗大肠杆菌、沙门氏菌药，如先锋霉素、氟苯尼考、安普、丁胺卡那等。②抗病毒药，如金刚烷胺、利巴韦林、吗啉呱等。③抗球虫药品，如妥曲珠利、地克珠利、马杜拉霉素、盐霉素、球痢灵等。

7. 正确诊断、对症下药是发挥药效的基础　目前蛋鸡疾病多为混合感染，极少为单一疾病，因此，要用复方药，而且要多药联用。除了用主药，还要用辅药；既要对症，还要对因。如鸡感染法氏囊病，要用抗病毒药防止传染扩大，同时用肾病药解除肾肿，用补液盐缓解脱水，用解热镇痛药退烧，才会达到好的治疗效果。若有继发或混合感染，还要相应用药。

8. 不可忽视辅助药的作用 如肾型传染性支气管炎、法氏囊炎，要辅以肾肿药、抗脱水药、退烧药。呼吸道病，要辅以平喘药、化痰药、止咳药。

9. 正确用药

（1）时间：早用药比晚用药好。如鸡群发生新城疫，早用抗病毒药可收到较好效果，迟用则无效。

（2）顺序：肾毒威先用小包后用大包。杀菌药与抑菌药联用，先用杀菌药，再用抑菌药才不会拮抗。

（3）疗程：一个疗程少则3天，多则5天才能彻底治愈。

（4）剂量：剂量要足，特别是首剂量。磺胺药首剂量往往要加倍。

（5）给药方法（途径）：给药方法不同，效果不一样。如硫酸镁内服致泻，而静脉注射则产生中枢神经抑制作用；新霉素内服可治疗细菌性肠炎，而肌内注射则肾毒性很大，严重者引起死亡。一般来说，对于全身感染，注射给药好于口服给药，饮水给药好于拌料给药。饮水给药浓度要不足拌料给药的一半。感染部位不同，用药途径不一样。肠道感染口服好；全身感染注射好。

（6）用药次数：一般药品半衰期8~12小时，需每天用药2~3次。喘宁、痢停封（外用）半衰期20小时左右，每天用药一次即可。

二、蛋鸡预防性用药方案

控制蛋鸡疾病需要采取多项综合措施，预防性用药不失为一种重要的手段。根据生产实践，现总结如下预防性用药方案。

1. 第一次用药 雏鸡开口用药为第一次用药。雏鸡进舍后应尽快让其饮上2%~5%的葡萄糖水和预防性药品，以减少早期死亡。葡萄糖水不需长时间饮用，一般 3～5 小时饮一次即可。饮完后适当补充电解多维，投喂抗生素，但不宜用毒性较强的抗生素，如痢菌净、磺胺类药等。有条件的鸡场还可补充适量的氨基酸。育雏药可自己配制，也可用厂家的成品雏禽开口药，使用这类药物时切忌过量，要充分考虑雏鸡肠道溶液的等渗性。

2. 抗应激用药　接种疫苗、转群扩群、天气突变等应激易诱发家禽疾病，如不及时采取有效的预防措施，疾病就会向纵深方向发展，多数表现为如下的发病链：应激→支原体病→大肠杆菌病→混合感染。抗应激药应在疾病的诱因产生之前使用，以提高家禽机体的抗病能力。抗应激药实际就是电解多维加抗生素。质量较好的电解多维抗应激效果也较好；抗生素的选择应根据蛋鸡用药情况及健康状况而定。

3. 抗球虫用药　不少养殖户只在发现蛋鸡拉血便后才使用抗球虫药。但值得提醒的是，隐性球虫病虽不导致蛋鸡显示临床变化，而实际危害已经产生，带来的损失无法估量。所以，建议养殖户要重视球虫病的预防用药。方法是从蛋鸡 1 周龄开始，根据具体的饲养条件每周用药 2～3 天，每周轮换使用不同种类的抗球虫药，以防球虫产生耐药性。

4. 营养性用药　营养物质和药物没有绝对的界限，当蛋鸡缺乏营养时就需要补充营养物质，此时的营养物质就是营养药。蛋鸡新陈代谢很快，不同的生长时期表现出不同的营养缺乏症，如维生素 B、亚硒酸钠、维生素 E、维生素 D、维生素 A 缺乏症等。补充营养药要遵循及时、适量的原则，过量补充营养药会造成营养浪费和家禽中毒。

5. 消毒用药　重视消毒能减少抗菌药的用量，从而减少药物残留，降低生产成本。很多养殖户往往对进雏之前的消毒比较重视，但忽视进雏鸡后的消毒。进鸡后的消毒包括进出人员、活动场地、器械工具、饮用水源的消毒以及带鸡消毒等等，比进雏鸡前消毒更重要。生产中常用的消毒药有季铵盐、有机氯、碘制剂等。消毒药也应交替使用，如长期使用单一品种的消毒药，病原体也会产生一定的耐受性。

6. 通肾保肝药　在防治疾病过程中频繁用药和大剂量用药势必增加蛋鸡肝肾的解毒、排毒负担，超负荷的工作量最终将导致蛋鸡肝中毒、肾肿大。因此，除了提高饲养水平外，根据蛋鸡的肝肾实际损伤情况，定期或不定期地使用通肾保肝药为较好的补救措施。

现在蛋鸡散养户治疗病难的问题主要表现在：使用药物完全凭经验没有药敏试验支持，使用药物的方法不正确。早上一次集中饮水，一次饮水时间又不超过4小时，使用浓度与量不足。药品含量不足，有些散养户在不知情的情况下使用假药。用药不对症，治标没治本，没有配合用药。

三、蛋鸡的给药途径

投药途径有以下几种：饮水投药适用完全溶于水的药剂，优点是方便、快速，缺点是浪费较大。拌料投药适用不完溶于水或不溶于水的药剂，优点是不易造成浪费，缺点是用药麻烦，需要注意防止药物中毒现象发生。注射投药适用于小群鸡只或病危鸡只。喷雾投药适用于慢性呼吸道病的防治用药。

1. 饮水投药　饮水投药时，一定要确保蛋鸡在24小时内的血药浓度，所以用药一定要均衡。饮水投药最好是用全天自由饮水的方法，尽快使药品在血液里达到治疗浓度，可以最先4小时按说明书量的1.5倍量使用。也可以使用6小时，停药6小时，按常用量的2倍量饮水使用，就是把全天用药量分两次用完。

2. 拌料投药　拌料投药和饮水投药一样，也要保证血药浓度和用药均衡。拌料投药的最好办法是全天饲料拌入，但如何拌料应引起重视，否则会引起中毒。拌料方法有颗粒料拌入法和粉料拌入法两种。颗粒料拌入法按饲料量的1%准备水量，把药品兑入水中，均匀喷洒在全部饲料上。

3. 配合使用，不要单独使用　在一次治疗用药中一定要配合使用，应有主药、辅药、调节用药和补营养药品四个方面组成。有目的的治疗疾病使用主药，为预防继发感染的病用辅药。发病是一种大的应激，药物的副作用会引起食欲下降、营养不良。提高自身抵抗力方面，需用促进食欲调节和补充营养方面的药品。配合用药也要按疗程使用。

4. 相信药敏试验，加大疗程用药　治疗用药最好是做药敏试验，选出高敏药品进行用药，效果不好就加量使用。

5. 中草药的使用　蛋鸡生产过程中如何使用中草药呢？中草药不能溶于水，只有拌料使用，但现在使用的蛋鸡药多以颗粒料为主，如何拌料成为当今蛋鸡饲养管理的一个关键问题，拌料不好效果会很差。建议用下列方法去做：全天药品量拌入当天6个小时的料量中，药量与料量计算准确；先把药品兑入1/3料中，把这1/3料平铺薄薄一层，用喷雾器把料表面喷湿，随时撒上中药，让药品黏附在颗粒料上，然后再拌入余下的2/3料中；料拌好后立即饲喂。

总之就是为了让中草药均匀地黏附在饲料表面，使鸡只均匀采食为好。所加入药料让鸡吃完后再加其他料，中药在体内代谢很慢，可以一天使用一次。

四、蛋鸡疾病防治

蛋鸡生产中易发生的几种条件性疾病有两大类。第一类由病原微生物引起，包括大肠杆菌病、慢性呼吸道病、鸡白痢病、金黄色葡萄球病等细菌病，冷应激和通风不良引起的流感、新城疫病等疫病。第二类为条件性疾病，有腹水病、腿病和蛋鸡猝死症等疫病。

蛋鸡治疗过程中要注意，发病的鸡群在使用药品后有没有效果，主要表现在用药后的食欲和精神状态。只要药品有效，鸡群首先表现为食欲上升，也就是采食量增加，药品的效果不会立即体现在死淘率上。只要食欲恢复正常，精神状态良好则就说明药品效果较好。各种疾病的综合防控措施如下。

（1）认真做好疫苗免疫接种工作：病毒病目前仍无特效药物治疗，只能靠疫苗主动免疫产生抗体。在免疫时要根据实际情况制定适合本场可行的免疫程序，选用适当、可靠的疫苗，采取正确的方法和足够剂量免疫。

（2）加强饲养管理：做好防疫消毒和清洁卫生工作。饲养栏舍最好远离人畜繁杂地方，进栏前和每批鸡出栏后均应进行严格彻底清洗消毒，每栋栏舍均使用专用器械和用具，工作人员穿戴消毒过的专用衣服和鞋帽，不让外人进入。加强舍内管理工作，调节水线高度，方便病弱鸡饮水。控制舍内温度和通风，给鸡群创造一个良好的生存空间。

（3）采取全进全出的办法，杜绝一栋栏舍同时养几批不同日龄的鸡。

（4）一经诊断发生病毒病时，首先应将病死鸡做无害化处理，挑出病鸡隔离。对未出现症状的鸡群，可以在饮水和饲料中加入抗病毒中草药，交叉补充多种维生素，特别是维生素C。另外，还可以紧急接种疫苗，20天龄以内的鸡最好用Ⅱ系或Ⅳ系疫苗做4倍稀释后使用。

（5）综合治疗办法：抗病毒中药品＋抗生素类药品＋保肝护肾药＋多维素类补养药品。

（一）禽流感

禽流感（AIV）也称欧洲鸡瘟或真性鸡瘟，由A型禽流感病毒引起的一种急性高度接触性传染病。1878年，该病首次发生于意大利，以后在欧洲、美洲相继发生。我国一直没有本病发生，自 1991 年在广东分离到该病毒，之后疫情有扩大的趋势。因此认识本病发生和流行特点，有利于做好本病的防范，对阻止本病的蔓延有重要意义。

1. 流行特点

（1）血清型多：禽流感病毒 A 型是正黏病毒科、流感病毒属，该病毒表面抗原分为血凝素（HA）和神经氨酸酶（NA），容易变异，是特异性抗原。现已知 HA 抗原有 14 种（H1 ～ H14），NA 抗原有 9 种（N1 ～ N9），它们之间可以相互构成若干血清亚型，亚型之间无交叉保护作用，因此消灭这种病有一定的难度。

（2）毒株间毒力的差异：禽流感病毒在各地分离到的毒株血清亚型不同，毒力也有很大差异。根据欧洲的标准，以 1 日龄雏鸡脑内接种致病指数（ICPI）>1.2 判定为高致病性，ICPI < 1.2 为低致病性，0.5 以下为无致病性。一般认为 H7、H5 一些毒株为高致病性，我国已分离禽流感病毒株的血清亚型有 H9N3、H5N1、H9N2、H7N1、H4N6，ICPI 为 0.48 ～ 1.48，这说明了我国各地分离的病原中，高、低、无致病性毒株均存在。高致病性病毒株传播快，可引起高死亡率。

（3）以空气传播为主：禽流感病毒随着病鸡的流动，排毒污染空气通过呼吸道而感染。因此传播很迅速，一旦感染上全群鸡可引起暴发，甚至波及邻近的鸡场和乡村养鸡户。

（4）感染禽类多：禽流感病毒可感染多种禽类，家禽、野禽、水禽和野生水禽、迁徙鸟等。这些禽类均可分离到禽流感病毒。从鸡和鸭（相邻）群可分离到同一血清亚型的禽流感毒株，同一个场传到相邻场同种和异种禽群。根据这一特点，迁徙鸟也是传播本病的途径之一。

（5）我国禽流感的疫情有扩大的趋势：1991 年在我国广东发现本病之后，由于检疫、隔离、病死鸡处理不严格而使本病没

有得到有效控制，加上禽类流通领域中没有严把检疫关，在某种
程度上经家禽和禽产品流通领域而传播此病，因此近年流行的省
份比较多，所造成经济损失也较大。

（6）症状和病变的差异：根据我国 2012 年一些省份禽流感
流行情况，各地血清亚型致病性高低存在差异，在临床症状和病
变上也有差异，绝大多数鸡感染后表现为慢性感染，死亡淘汰率
增加不明显。在感染初期病鸡精神不好，少吃食或不吃食，拉
稀、粪便恶臭，眼睑水肿，有的鸡冠和肉髯水肿。剖检可见气管
黏膜和气管环出血，腺胃黏膜和乳头出血，肌胃黏膜也有出血。
一旦表现出更高的致死率，死亡率上升很快，会出现明显典型的
病理变化，以实质脏器（脾脏为主）出血坏死，为主要症状。
禽流感会引起角质层出血，脂肪有明显出血点或片状出血，重病
鸡只会出现肌肉出血的情况。

产蛋鸡群病死后解剖变化：输卵管内有大量的黄白色分泌物
和大块的干酪物（此为禽流感典型病理变化），同时卵泡出现完
全变形。禽流感疫病恢复期会出现一些神经症状。

2. 鉴别诊断（表 10.2）

表 10.2 禽流感和新城疫的鉴别诊断

项目	新城疫	禽流感
病原	副黏病毒	正黏病毒
发病季节	一年四季，秋冬季多发	冬春交替和秋冬交替时多发
发病鸡群	各种日龄的鸡群都发病，但多发于 20～50 日龄、70～120 日龄以及 200 日龄左右的鸡群	各种日龄的鸡群都发病，H9N2 禽流感多发生于产蛋鸡群

续表

项目	新城疫	禽流感
临床症状	临床可见各种日龄的鸡群发病。育雏、育成鸡感染后，发病迅速，头一天鸡群正常，第二天就出现大群精神不振，有呼吸道症状，拉黄绿稀粪，采食、饮水下降50%以上，死淘率高达60%以上，甚至全群覆灭产蛋鸡发病后，外观基本正常，但病鸡逐渐消瘦，有2~3天黄绿粪和呼吸道症状，采食量下降10~20克/只，产蛋下降20%~30%，出现少数神经症状。产蛋恢复极缓慢，并有部分鸡成为假产蛋鸡	临床所见多为产蛋鸡群，发病鸡精神沉郁，闭眼缩颈，出现呼吸道症状，鸡冠发紫，拉黄绿粪，采食量下降30~60克/只，部分鸡群出现死亡。恢复后的鸡群无神经症状，在发病的早期类似禽霍乱的症状，突然死亡。育雏和育成鸡发病后一般只表现呼吸道症状，呼吸道发病程度介于慢呼和传喉之间，没有继发感染，一般不引起死亡。若H5N1发病死淘率会很高
病理变化	雏鸡、育成鸡发病，病鸡机体脱水，气管充血出血，腺胃乳头出血，肌胃内膜易剥离，肠道有岛屿状、枣核状肿胀，出血溃疡灶，肾肿大。产蛋鸡主要表现在肠道淋巴滤泡处肿胀、出血，卵泡变形，发病的早期输卵管水肿，后期萎缩	病鸡脱水，气管充血，有血痰；腺胃乳头化脓性出血并有大量脓性分泌物，肌胃内膜易剥离，输卵管水肿，有脓性分泌物。卵泡变形、出血、易破裂，有时腹腔内有新鲜卵黄；肾脏肿大、淤血。脂肪有出血点
诊断	病毒分离	病毒分离
治疗	氨基维他饮水 新城疫CL/79苗3倍量饮水 电解质多维饮水，同时要预防大肠杆菌病的发生	氨基维他饮水 电解质多维饮水 抗病毒中草药拌料，同时要预防大肠杆菌病的发生

3. 防治方法 本病流行迅速，而且血清型比较多。防治本病时，以预防为主，需要采取综合性防治措施。

（1）杜绝禽流感高致病性毒株传入：要做好这个环节，兽医部门要有专门机构来加强家禽流通领域的检疫，一旦发现高致病性禽流感应上报主管部门并立即采取封锁和扑灭措施，杜绝其扩散。

（2）防止疫情扩散：一旦发现禽流感高致病性毒株时，首先划定疫区，对疫区的家禽和畜产品采取封锁，加强病死鸡处理和扑灭措施。特别要严禁病鸡的流通。

（3）加强防范：

1）在没有发生的地区应特别注意防范，最好办法是加强消毒，也就是应用消毒药对可疑的环境进行消毒，杀死环境中病原微生物，切断其传播途径，阻止疫病的发生。一旦发生时，也需想法杀死病鸡排出体外的病原体，达到切断传播途径、阻止疫情扩散目的。

2）防止继发或混合感染，如继发和混合感染时，可引起鸡死亡率升高，因此在流行过程中一定要防止继发感染，可以应用杀菌和抗病毒的药物。一方面可以杀菌防止细菌性继发感染，另一方面可以抑制病毒的复制起抗病毒的作用，但应用这类药物时必须早期或预防性应用。

3）增强免疫功能。一旦感染上本病，除加强上述两项措施之外，还可以在饲料中添加一些免疫增强剂，如维生素 C、维生素 E、硒或一些中药，提高其机体抵抗力，使病鸡尽快恢复。

4）做好病死鸡的处理。本病流行和病死鸡处理不当有很大关系，所以发现本病时，严禁病鸡流入市场，宁可自己损失，也必须及时淘汰病死鸡，阻止疫病的扩散。

（4）疫苗免疫是防治本病的主要途径。本病血清亚型多，且各地流行的血清型差异比较大，所以血清型不对，疫苗免疫起不了多大作用。经过这几年的研发，结合本病发病机制和流行状态，哈尔滨兽医研究所已研制出多价灭活苗，大约能预防两年的流感。防疫做好了，一般不会出现大的问题，所以做好防疫工作是防治本病的主要途径。

（5）加强病鸡群的管理，给病鸡提供良好的生长生产环境。

（6）建议参照表10.3的禽流感免疫程序。

表 10.3　禽流感免疫程序

日龄	疫苗	免疫办法
20	H9 + H5 二联苗	颈皮下注射或翅肌肌内注射
60	H9 和 H5 单苗	左右翅肌肌内注射
118	H9 和 H5 单苗	左右翅肌肌内注射
150	地方毒株自家苗	右翅肌肌内注射
36	H9 + H5 二联苗	翅肌肌内注射
48	H9 + H5 二联苗	翅肌肌内注射

（二）新城疫病

鸡新城疫也称亚洲鸡瘟、伪鸡瘟或非典型鸡瘟，是由新城疫病毒引起的一种急性、热性、高度接触传染疾病，其主要特征是呼吸困难、严重下痢、黏膜和浆膜出血，病程稍长的伴有神经症状。

1. 病原　新城疫病毒是副黏病毒科腮腺炎病毒属的成员。鸡新城疫病毒存在于病鸡的所有组织器官、体液、分泌物和排泄物中，以脑、脾、肺含毒量最高，骨髓含毒时间最长。因此分离病毒时多采用脾、肺或脑乳剂为材料。

鸡新城疫病毒在鸡胚内很容易生长，无论是接种在卵黄囊内、羊囊内、尿囊内或绒毛尿膜上及胎儿的任何部位都能迅速繁殖。通常多采用孵育 10 ~ 11 天的鸡胚作尿囊腔注射。鸡胚接种病毒后的死亡时间随病毒毒力的强弱和注射剂量不同而不同，一般在注射强毒后 30 ~ 72 小时即死亡，大多数死于 38 ~ 48 小时；注射弱毒的死亡时间可延长至 5 ~ 6 天，甚至更长。病毒通过鸡胚传给继代后，其毒力稍有增强，一般多在 38 小时使鸡胚死亡。死亡胎儿全身充血，绝大多数头顶部出血，足趾常有出血，胸、

145

背、翅膀等处也有小出血点或出血斑。卵黄囊常有出血。胚膜湿润且稍厚，并有由细胞浸润而形成的浊斑。鸡新城疫病毒具有一种血凝素，可与红细胞表面的受体连接，使红细胞凝集。鸡、火鸡、鸭、鹅、鸽等禽类以及哺乳动物中豚鼠、小鼠和人的红细胞都能被凝集。这种凝集红细胞的特性被慢性病鸡、病愈鸡或人工免疫鸡血清中的血凝抑制抗体所抑制。因此可用血凝抑制试验鉴定分离病毒，并用于诊断或进行流行病学调查。此外，新城疫病毒能产生溶血素，在高浓度时还能溶解它所凝集的红细胞。本病毒对外界环境、对热和光等物理因素的抵抗力较其他病毒稍强，在 pH 值为 2～12 的环境下 1 小时不被破坏。在密闭的鸡舍内可存活 8 个月，在粪便中 72 小时死亡。病料中的病毒煮沸 1 分钟即死，经巴氏消毒法或紫外线照射即被杀灭。常用消毒药如 2% 氢氧化钠、1% 来苏儿、10% 碘酊、70% 酒精等在 30 分钟内即可将病毒杀死。

2. 流行特点　病鸡是本病的主要传染源。感染鸡在出现症状前 24 小时，就开始通过口鼻分泌物和粪便排出病毒，污染饲料、饮水、垫草、用具和地面等环境。潜伏期的病鸡所生的蛋，大部分也含有病毒。痊愈鸡在症状消失后 5～7 天停止排毒，少数病例在恢复后 2 周，甚至到 2～3 个月后还能从蛋中分离到病毒。在流行停止后，带毒鸡常有精神不振、咳嗽和轻度神经症状，这些鸡也都是传染源。病鸡和带毒鸡也从呼吸道向空气中排毒。野禽、鹦鹉类的鸟类常为远距离的传染媒介。本病的传染主要是通过病鸡与健康鸡的直接接触，在自然感染的情况下，主要是经呼吸道和消化道感染，创伤及交配也可引起传染。病死鸡的血、肉、内脏、羽毛、消化道的内容物和洗涤水等，如不加以妥善处理，也是主要的传染源。带有病毒的飞沫和灰尘，对本病也有一定的传播作用。非易感的野禽、外寄生虫、人、畜均可机械地传播本病毒。该病一年四季均可发生，但春秋两季较多。鸡舍内通风不良，亦可使鸡群抵抗力下降而利于本病的流行。购入病鸡或带毒鸡，将其合群饲养和宰杀，可使病毒远距离扩散。本病在易感鸡群中常呈毁灭性流行，发病率和病死率可达95%或更高。

3. 发病机制 新城疫病毒一般经呼吸道、消化道或眼结膜侵入机体，最初24小时在入侵处的上皮内复制，随后释入血流。病毒损伤血管壁，改变其渗透性，导致充血、水肿、出血和各器官的变性坏死等病变。消化道首先表现为黏膜的急性卡他，随即发展为出血性纤维素性坏死性炎症，引起严重的消化障碍而下痢。由于循环障碍常引起肺充血、呼吸中枢紊乱，以及呼吸道黏膜的急性卡他和出血。由于气管为黏液所阻塞常导致咳嗽和呼吸困难。大多数病毒株都是嗜神经的，在病程后期侵入中枢神经系统引起非化脓性脑脊髓炎，因而出现神经机能紊乱；病鸡瘫痪，呈昏睡状态，终至死亡。病毒在血液中的最高滴度约出现在感染后的第4天，以后显著降低。感染后的3~4天鸡血清中出现抗体，3~4周达最高峰，以后开始下降。在体液抗体形成的同时，鼻、气管和肠道渗出物中也开始分泌抗体。潜伏期的长短，随病毒毒力的强弱、进入机体内的病毒量、感染途径以及个体抵抗力的大小而有所不同。自然感染潜伏期2~14天，平均5天。最短的潜伏期见于2日龄的幼雏。人工接种多在4天以内发病。根据临诊表现和病程长短可分为最急性、急性和亚急性、慢性、非典型等四型。

（1）最急性型：此型多见于雏鸡和流行初期。常突然发病，除精神委顿外，常看不到明显的症状而很快死亡。

（2）急性和亚急性型：病鸡在发病初期体温升高达43~44℃，食欲减退或突然不吃。精神委顿，垂头缩颈，眼半闭或全闭，似昏睡状态。母鸡停止产蛋或产软皮蛋。排黄绿色或黄白色水样稀便，有时混有少量血液。口腔和鼻腔分泌物增加。病鸡咳嗽，呼吸困难，有时伸头，张口呼吸。部分病鸡还出现翅和腿麻痹，站立不稳。病鸡在后期体温下降至常温以下，不久在昏迷中死亡。死亡率90%～100%。病程2～9天。1月龄内的雏鸡病程短，症状不明显，死亡率高。

（3）慢性型：多发生于流行后期的成鸡，常由急性转化而来，以神经症状为主。初期症状与急性期相似，不久渐有好转，但出现翅和腿麻痹、跛行或站立不稳，头颈向后或向一侧扭转、伏地旋转等神经症状，且呈反复发作。最后可变为瘫痪或半瘫痪，或者逐渐消瘦，陷于恶病质而死亡。病程一般10～20天，死亡率较低。

（4）非典型：病鸡衰弱无力，精神萎靡，伴有轻微呼吸道症状，也常见无明显症状，而发生连续死亡。产蛋鸡常突然发病，产蛋下降，有的下降20%～30%，有的下降50%左右，一般经7～10天降到谷底，回升极为缓慢。蛋壳质量差，表现为软皮蛋、白壳蛋等。死亡率一般较低。

4. 解剖症状　以呼吸道和消化道症状为主，表现为呼吸困难、咳嗽和气喘，有时可见头颈伸直，张口呼吸，食欲减少或消失，出现水样稀粪，用药物治疗效果不明显；病鸡逐渐脱水消瘦，呈慢性散发性死亡。剖检病变不典型，其中最具诊断意义的是十二指肠黏膜、卵黄柄前后的淋巴结、盲肠扁桃体、回直肠黏膜等部位的出血灶及脑出血点。典型新城疫的病理变化为腺胃乳头出血，最先发生时还会伴发腺胃乳头有脓性黏液流出、角质层下有出血点、直肠条状出血等特征病理变化，现已不常出现。新城疫的发生多以非典型症状为主，疾病恢复期会出现典型症状。

（1）最急性型：尸体变化比较轻，仅在胸骨内面及心外膜有出血点，或可能完全没有变化。

（2）急性型：全身黏膜和浆膜出血，淋巴系统肿胀。出血和坏死尤以消化道和呼吸道明显。口腔及咽喉附有黏液。咽部黏膜充血，并偶有大小不等的出血点，间或被覆有浅黄色污秽假膜。食道黏膜间有小出血点。嗉囊壁水肿，嗉囊内充满酸臭的液体和气体。腺胃黏膜和乳头肿胀，乳头顶端或乳头间出血明显，或有溃疡坏死。在腺胃与食道或腺胃与肌胃的交界处常有条状或不规则的出血斑。肌胃角质层下常有轻微的出血点及出血斑，有时也形成粟粒大小、圆形或不规则的溃疡。从十二指肠到盲肠和直肠可能发生从充血到出血的各种变化。肠黏膜上有纤维素性坏死性病灶，呈岛屿状凸出于黏膜表面，上有坏死性假膜覆盖，假膜脱落即露出粗糙、红色的溃疡。溃疡大小不等，大的可达15毫米或更长，溃疡可深达黏膜下层组织，以致从肠壁浆膜面即可清晰地看到有隆起的大小不等的黑红色斑块。盲肠和直肠黏膜的皱褶常呈条状出血。盲肠扁桃体肿大、出血和坏死。

鼻腔和喉头充满污浊的黏液，黏膜充血，并有小出血点，偶有纤维素性坏死点。气管内积有大量黏液，黏膜充血和出血。肺有时可见淤血或水肿，偶有小而坚硬的灰红色坏死灶。心外膜、心冠状沟和胸骨都可见到小出血点和淤斑。产蛋母鸡的卵黄膜和输卵管显著充血。脑膜充血或出血。卵泡变质、变性和变形。

（3）慢性型：变化不明显，仅见肠卡他或盲肠根部黏膜轻度溃疡，或以神经系统的原发性病变为主。

（4）非典型：大多病例肉眼所见变化不明显，可见喉头、气管黏膜充血、出血，小肠卡他性炎症，又可见泄殖腔黏膜充血、出血等。

5. 鉴别诊断　非典型鸡新城疫在临诊上的症状与引起呼吸道疾病的其他传染病症状相似，在诊断过程中一定要认真详细观察，多剖检一些病鸡。目前可引起呼吸道症状的其他传染病主要有慢性呼吸道病、传染性喉气管炎、传染性支气管炎、传染性鼻炎、曲霉菌病等。另外，非典型鸡新城疫常与大肠杆菌病及支原体病并发，需要综合诊断。

6. 发病原因　非典型鸡新城疫主要发生在已免疫接种的鸡群中，因免疫失败或免疫减弱而导致发病流行。究其原因主要有如下几方面。

（1）病毒严重污染：鸡场被强病毒污染后，即使鸡群有一定抗新城疫免疫水平，但难于抵抗强病毒的侵袭而感染发病。

（2）忽视局部免疫：新城疫免疫保护包括体液免疫和呼吸道局部免疫两部分，两者都要有足够的抗体水平，才能有效地防止新城疫发生，其中呼吸道局部免疫更为重要。但实践中，往往由于忽视呼吸道弱毒疫苗的免疫（滴眼、滴鼻、气雾法免疫）而偏重饮水免疫或灭活疫苗注射免疫，导致呼吸道系统抗体水平低下而发病。

（3）疫苗选择不当：对疫苗内在质量，如抗体的产生、维持、效价不了解。

（4）疫苗质量问题：疫苗过期或临近过期，疫苗在运输过程和保管过程中没有按规定温度保存，疫苗效价下降等原因导致免疫失败。

（5）疫苗之间干扰：不同疫苗之间可产生相互干扰作用，同时以同样方法接种几种疫苗，会影响它们的免疫效果。

（6）疫苗剂量不足：目前使用新城疫疫苗，不管弱毒、中毒疫苗都应掌握在每只 2～3 羽份，特别是饮水免疫的剂量更应足一些，才能有效激发抗体的产生。

（7）免疫抑制病的干扰：鸡感染传染性囊病或传染性贫血，由于免疫系统受到破坏，产生免疫抑制。又如黄曲霉毒素中毒、球虫病、慢性呼吸道病等一些慢性病，都可使鸡群免疫力下降，而导致免疫失败。

（8）使用中等毒力偏强的传染性囊病疫苗：目前应引起高度重视的是，不少养殖户认为毒力越强的传染性囊病疫苗预防该病的效果越好，使用强毒苗后虽然该病不再发生，但损伤和破坏了免疫中枢器官法氏囊而使整个体液免疫受阻，随之导致非典型鸡新城疫的发生。

7. 预防和控制　在预防和控制本病时，必须坚持预防为主的方针和标本兼治的原则。

（1）疫苗免疫接种：早期研究证明，鸡接种灭活的感染材料可以产生保护，但在生产和标准化中遇到难题，而未能大规模应用。弱毒疫苗大规模喷雾或气雾也很普遍，因为这样可以在短时间内免疫大量鸡，控制雾滴大小很重要。为了避免严重的疫苗反应，气雾常常限用于二次免疫。大颗粒喷雾不易穿透鸡的深部呼吸道，因此反应较少，适合于雏鸡的大规模免疫。尽管有母源抗体，但 1 日龄雏鸡喷雾仍可以使鸡群产生疫苗毒感染。

弱毒疫苗一般是由感染胚尿囊液冻干而成的，相对便宜，易于大规模使用。弱毒感染可能刺激产生局部免疫，免疫后很快产生保护。疫苗毒还可从免疫鸡传播给未免疫鸡。但也有一些缺点，最重要的是疫苗可能引发疾病，这取决于环境条件及是否有并发感染。因此，初次免疫接种应选用毒力极弱的疫苗，一般需要多次接种。母源抗体可能影响弱毒疫苗的初次免疫。疫苗毒在鸡群中散布可能是一个优点，但传播到易感鸡群，特别是不同日龄混养的地方可能会引起严重的疾病，尤其是有促发性病原并发感染时。在疫苗生产过程中如果控制不当，弱毒疫苗很容易被药剂和热杀灭，并且可能含有污染的病毒。

（2）灭活苗的应用：灭活苗经肌内注射或皮下注射接种。灭活苗的储存比活苗容易得多，但生产成本较高，使用比较费劳力。使用多联苗可以节省部分劳力。灭活苗与弱毒疫苗不同，1 日龄鸡免疫不受母源抗体影响。灭活苗的质量控制较难，而且接种人员意外注射矿物油后可能引起严重反应。灭活苗的主要优点是免疫鸡副反应小，可用于不适合接种弱毒疫苗，特别是有并发病原感染的鸡群。另外，可产生很高水平的保护性抗体并可持续较长时间。

（3）免疫程序：疫苗和免疫程序可能受政府政策的控制。应根据流行情况、疫苗种类、母源免疫、其他疫苗的使用、其他病原的存在、鸡群大小、鸡群饲养期、劳力、气候条件、免疫接种史及成本等条件因地制宜地制定免疫程序。蛋鸡因为有母源抗体，免疫接种时间更难确定。由于蛋鸡生长时间短，在新城疫威胁较小的国家有时不进行免疫预防。为了保持产蛋鸡终生的免疫力，往往需要多次免疫，建议用弱毒疫苗和灭活疫苗同时接种免疫或先用弱毒疫苗局部免疫，间隔 14～21 日后再用灭活疫苗加强免疫，实际免疫程序依当地情况而定。

（4）免疫反应监测：对于新城疫病毒一般采用 HI 试验评定免疫反应。易感禽缓发型弱毒疫苗一次免疫后，免疫效价可达 24～26。油乳剂灭活疫苗免疫后 HI 效价可达 211 或更高。①认真做好疫苗免疫接种工作。目前此病仍无特效药物治疗，只能靠疫苗主动免疫产生抗体。在免疫时要特别注意上述几个引发原因，根据实际制定符合本地切实可行的免疫程序，选用适当、可靠疫苗，采取正确方法和足够剂量免疫。②加强饲养管理，做好防疫消毒和清洁卫生工作。饲养栏舍最好远离人畜繁杂的地方，进栏前和每批鸡出栏后均应进行严格彻底清洗消毒，每栋栏舍均使用专用器械和用具，工作人员穿戴消毒过的专用衣服和鞋帽，不让外人进入。③采取全进全出的办法，杜绝一栋栏舍同时养几批不同日龄的鸡。④一经诊断发生本病时，首先应将病死鸡做无害化处理，挑出病鸡隔离，对未出现症状的鸡群可选择如下两种方法治疗。第一种是在饮水和饲料中加入抗病毒中草药，交叉补充多种维生素，特别是维生素 C。第二种是紧急接种疫苗，20 日龄以内的鸡最好用Ⅱ系或Ⅳ系疫苗做 4 倍稀释。预防新城疫的免疫程序见表 10.4。

表10.4 预防新城疫的免疫程序
（以本地情况注明选择疫苗名称）

蛋鸡 ND 免疫程序

鸡龄	病名	免疫程序	接种剂量	接种方式	厂家	联系人
1 日		威支灵	1X	孵化场喷雾	梅里亚	
7~8 日		28/86 + H120 + clone30	1X	滴鼻、点眼	威兰	
		ND + IB + H9 - K	0.5 毫升	颈部皮	普莱克	
21 日		新威灵	1.2X	滴眼	梅里亚	
35 日		ND - K	1X	颈部皮下	海博莱	
49 日		Lasota + Ma + Con	1.5X	喷雾	梅里亚	
12 周		Lasota	1.5X	滴眼	英特威	
		ND - K	1X	胸肌注射（L）	瑞普	
16 周		Lasota	2X	喷雾	梅/英	
20 周		Lasota + Ma + Con	2.5X	喷雾	梅里亚	
		ND - K	0.7 毫升	胸肌注射/升	瑞普	
28 周		Lasota	2~2.5X	饮水/喷雾	英特威	

注：28 周以后每隔 8 周定期使用 Lasota 或新威灵。各场可根据本场季节实际情况调整。

（三）传染性法氏囊病

鸡传染性法氏囊病是由双链 RNA 病毒引起的一种急性接触性传染病，本病主要侵害雏鸡、幼龄鸡甚至青年鸡群，感染鸡群以明显呈"∧"形尖峰死亡，腿肌、胸肌出血及法氏囊出血、肿大为特征，是危害养鸡业最为严重的传染病之一。

1. 流行特点　本病一年四季均可发生，但根据这两年本病在当地流行的情况看，本病的流行季节多在天气较热的 6~9 月。

本病对鸡群的危害与雏鸡的母源抗体水平有很大关系。据报道，无母源抗体的雏鸡一周内就有可能被感染，母源抗体 AGP 值小于 1:8 时就有感染的可能。在生产实践中，作者曾观察到一群 12 日龄暴发法氏囊病的鸡群。通常有母源抗体的雏鸡，法氏囊病的发生时间多在 21 日龄后，3～6 周龄是本病的高发期。

鸡是传染性法氏囊病的重要宿主，病鸡是本病的主要传染源，本病可通过直接接触或通过被污染的饲料、水源、器具、垫料、车辆、人员等间接传播。据报道，传染性法氏囊病毒在鸡舍的阴暗处可存活半年以上，对消毒剂有一定的抵抗力，最好的消毒剂为过氧乙酸。

2. 临床症状　本病的潜伏期为 2～3 天，易感鸡群最初表现为精神高度沉郁、腹泻、排出黄白色黏稠或水样稀便污染肛门部羽毛、集堆，部分鸡有行走无力、走路缓慢、步态不稳等症状，随后出现采料量下降或拒食、闭目呆立、嗜睡等症状，感染 72 小时后体温升高 1～1.6℃，仅 10 小时左右，随后体温下降 1～7℃，后期触摸病鸡有冷感，极度脱水、趾爪干燥、眼窝凹陷，最后极度衰竭而死。已接种过疫苗或处在母源抗体保护期的鸡群，发病鸡群表现为亚临床症状，少数病鸡腹泻、瘫痪、逐渐消瘦而死。雏鸡早期感染死亡有时可高达 30%～50%。

3. 剖检特点　急性法氏囊病死鸡，表现为肌肉深层出血，多为条纹状，尤其以腿部和胸部肌肉最为明显，法氏囊明显肿大，为正常大小的 3～5 倍，浆膜面覆有淡黄色或灰白色多少不一的胶样物，黏膜面出血、充血，呈点状或斑块状，严重时整个法氏囊呈紫黑色，部分法氏囊内有灰白色或黄白色脓样分泌物。肾脏多为轻度肿胀，有的病例有少量尿酸盐的沉积。腺胃或肌胃交界处及交界处的腺胃乳头上程度不同的出血，呈条状或斑状。20 日龄前的雏鸡或非典型法氏囊病死鸡，很少能观察到肌肉出血，最为明显的表现为法氏囊肿大变硬，外观浅黄色，外多有一层胶冻样物包围，黏膜面皱折明显，有少量出血点，个别有灰白色坏死点，少数法氏囊内有黄豆样大小的干酪块或豆渣样物。

4. 防治措施　日常管理要做好以下几点工作。严格对鸡舍及环境进行消毒，特别是以往有发病史的鸡场务必做好进鸡前的鸡舍清理消毒工作，否则可能批批逃不出本病感染的威胁。建议清理消毒程序如下。

出栏→全场舍内/舍外用过氧乙酸消毒一次→出粪清理→对鸡舍用2%氢氧化钠液喷洒→冲洗→用过氧乙酸消毒舍内外→20%生石灰水均匀喷洒地面与墙壁→进物料→熏蒸消毒→通风。

做好日常的隔离消毒工作，严防病毒通过人员、车辆、饲料、工具等带入鸡舍。

5. 免疫工作　法氏囊苗的免疫必须采取滴口或饮水的方式。14日龄一次免疫即可。注意免疫后疫苗反应带来的危害，因为疫苗免疫后，应激反应较大的时间是免疫后3～5天，应把疫苗应激反应降到最低，在疫苗反应期注意舍内温度与通风的关系，给鸡群创造良好环境。

对外调鸡苗或外调种蛋所孵化出来的鸡苗，在传染性支气管炎抗体未经检测的情况下，建议在7日龄做一次弱毒苗，在15日龄再做一次中等毒力免疫。

6. 发病后的治疗　对发病的鸡群，可紧急采取以下措施：对鸡舍及环境进行严格消毒；改善鸡舍环境，温度适当提高1～2℃，饮水中添加5%葡萄糖、1%食盐、多维等；用抗传染性法氏囊病卵黄进行紧急肌内注射，对高免卵黄的质量有严格的要求，卵黄必须肌内注射。颈皮下注射及饮水，效果不确切。据实验，一些中药冲剂在临床上也有效，但不确切。对发生传染性法氏囊病不使用卵黄耐过的鸡群，由于整群暴露于野毒下，所有鸡只均有感染的机会，均有高抗的出现，可不必再注射疫苗。而注射过卵黄的鸡群，由于是被动免疫，卵黄抗体一般维持1周左右就会降下来，所以待鸡群稳定后重接种传染性法氏囊苗一次，距最后一次注射高抗的时间最长不能超出10天。

（四）减蛋综合征

减蛋综合征又称产蛋下降综合征，是由腺病毒引起，以产蛋高峰期产蛋量下降，产畸形蛋、软壳蛋和无壳蛋为特征。在临诊上多表现明显的症状。

本病于 1976 年被发现并在世界各国流行，使产蛋量下降 20% ~ 40%，严重影响蛋鸡业的发展，我国也存在此病，其临床特征为鸡群产蛋突然下降，大量出现软壳蛋和畸形蛋，蛋壳颜色变浅。

1. 病因和病原　引起本病的病原为一种腺病毒，对鸡、火鸡及鸭的红细胞有凝集性，这与其他腺病毒只能凝集哺乳动物红细胞不同。病毒存在于鸭体内及病鸡的输卵管、咽喉部及病鸡粪便和蛋内。它不能使鸭、鹅发病，病毒对外界抵抗力较强。

（1）病原特性：鸡减蛋综合征病毒（EDS – 76）粒子大小为 76 ~ 80 纳米，呈二十面体对称，是无囊膜的双链 DNA 病毒，衣壳的结构、壳粒的数目等均具有典型腺病毒的特征。对乙醚不敏感，pH 值耐受范围广，在 pH 值为 3 时耐受。EDS – 76 病毒能在鸭胚和鹅胚中增殖，也能在鸭肾细胞、鸭胚成纤维细胞、鸭胚肝细胞、鸡胚肝细胞、鸡肾细胞和鹅胚成纤维细胞培养物上良好生长。

（2）病料的采取和处理：采取病鸡的输卵管、泄殖腔、鼻黏膜、变性卵泡、无壳软蛋等作为被检材料。把组织磨碎制成乳剂，冻融 3 次，离心分离，取上清液，加入青霉素、链霉素各 1 000 单位（微克）/毫升，置于 4℃ 环境下作用 2 小时。对其他病料做无菌处理后，供病毒分离和攻毒用。

（3）病原的分离培养：

1）鸡胚接种：取处理过的病料接种 9 ~ 12 日龄鸭胚的尿囊腔，38℃ 继续孵育，弃去 24 小时内死胚，收获 48 ~ 96 小时存活的鸭胚尿囊液，将收获的鸭胚尿囊液继续接种 10 ~ 12 日龄鸭胚尿囊腔进行传代培养。每代鸭胚尿囊液都用鸡红细胞做血凝试验检测尿囊液中的血凝素，即使对阴性尿囊液也应至少传 2～3 代。王川庆（1994）应用平板红细胞血凝（HA）试验对 EDS－76 病毒进行了快速定性检验，此法可用于种毒的筛选。

2）细胞培养：将病料接种于已长成单层的鸭胚成纤维细胞，37℃环境下继续培养数日，观察致细胞病变效应（CPE）和核内包涵体，然后收获，反复冻融，做血凝试验，如无 CPE，则应至少盲传 2～3 代。

（4）病毒的鉴定：

1）人工感染试验：用分离毒株接种无 EDS－76 抗体的产蛋鸡，可观察到与自然病例相同的症状及产蛋异常变化。

2）用已知 EDS－76 阳性血清与收获的 HA 试验阳性尿囊液做血凝抑制（HI）试验。

3）免疫荧光和病毒中和试验也可用于病毒的鉴定。

2. 流行特点

（1）易感动物和发病日龄：各日龄的鸡均可感染，产褐色壳蛋的肉用鸡的种母鸡最易感，产白色壳蛋的母鸡患病率低。在产蛋高峰期和接近产蛋高峰期出现发病高潮，其自然宿主是鸭或野鸭。

（2）传播途径：鸡体内的病毒可经种蛋传染给下代雏鸡，这是本病传播的重要方式，病毒在体内长期潜伏，一直到产蛋高峰期才发病。另一种传播方式是通过污染的饲料、饮水，经消化道感染健康鸡群，但传播缓慢。同时，有些弱毒疫苗是由非特异性病原的鸡胚制作的，其中含有 EDS－76，注射或饮水且易于传播本病。鸡鸭混养，注射针头也可以传播此病。

各种日龄的鸡对 EDS－76 病毒都易感。鸭、鹅是自然宿主。有报道，珍珠鸡可被自然感染，并可产生软壳蛋，未见乌骨鸡、火鸡、雉鸡在自然条件下被感染。从某些野禽（白鹭、鲱鱼鸥、猫头鹰、鹳等）的血清血检出了 EDS - 76 病毒抗体。

病毒经受精卵垂直传播是 EDS - 76 病毒的主要传播方式。鸡与鸡之间接触以及被病毒污染的饮水、饲料和器具，带毒的鸭和某些野禽，也起到传播的作用。

EDS - 76 病毒水平传播的速度较慢，且有时呈间断性。有资料介绍，经 11 周的时间，在笼养鸡舍才引起全群感染，在垫草上鸡与鸡之间的传播通常较快。

母鸡经口腔途径感染后，病毒先在鼻黏膜进行复制，形成病毒血症。被感染后 3 ~ 4 天，病毒在全身淋巴组织尤其是脾和胸腺中复制。在感染后 7 ~ 20 天，病毒侵入生殖系统，在输卵管狭部蛋壳分泌腺大量复制。在性成熟前不致使鸡发病，至性成熟前后，可能是由于激素和应激原因，使病毒活化，在蛋鸡进入产蛋高峰期前后（一般在 26 ~ 45 周龄）出现蛋壳异常、蛋体畸形、产蛋量突然下降（一般达 20% ~ 50%），持续期一般达 6 ~ 10 周。有的被感染鸡群出现产蛋期推迟，产蛋率上升缓慢，不能达到产蛋高峰期应出现的产蛋率等流行特点。

鸡被 EDS - 76 病毒人工感染后的第 5 ~ 6 天，用血凝抑制试验或间接免疫荧光试验可测出抗体的存在，4 ~ 5 周时抗体效价达到高峰。感染鸡在出现高 HI 抗体效价时仍能排毒，而有些排毒鸡则不出现抗体。有些鸡群含有经卵而受感染的鸡，在生长期间并不显示出抗体，而只是随着出现临床症状才显示出抗体。因此，在存在本病的地区的一个鸡群，即便在 20 周龄时，所有的鸡经血清学检验为阴性，也不能保证没有受到感染。抗体可通过卵黄传递，这种经被动免疫而获得的抗体的半衰期为 3 天。雏鸡所获得的母源抗体近于不能测出的时候，才能诱发主动抗体的形成。

3. 病理学　病理学变化不明显，在产无壳蛋和异常蛋的鸡可见输卵管子宫黏膜肥厚，且有白色渗出物和干酪样物，有时可见输卵管萎缩，黏膜有炎症，这些变化无诊断意义。

（1）临床病理学：本病大体病变不明显，有时可见卵巢静止不发育和输卵管萎缩，少数病例可见子宫水肿，腔内有白色渗出物或干酪样物，卵泡有变性和出血现象。人工感染时可见脾充血、肿大，偶见子宫内有薄膜包裹的卵黄和少量水样蛋清。

（2）病理组织学：主要表现为输卵管和子宫黏膜明显水肿，腺体萎缩，并有淋巴细胞、浆细胞和异嗜性白细胞浸润，在血管周围形成管套现象，上皮细胞变性坏死，在上皮细胞中可见嗜伊红的核内包涵体，子宫腔内渗出物中混有大量变性坏死的上皮细胞和异嗜性白细胞。少数病例可见卵巢间质中有淋巴细胞浸润，淋巴滤泡数量增多，体积增大，脾脏红、白髓不同程度增生。

4. 症状　初产鸡群产蛋率上升到50%以后即开始出现症状，大多数发生在26～32周龄（此时正值产蛋高峰期），病鸡食欲、精神、粪便均正常，但输卵管中蛋壳分泌腺受病毒破坏，卵泡发育排卵受影响，出现产蛋减少和蛋壳变劣，蛋的破损率高。开始发病时出现壳色变白，产蛋量减少，逐渐下降20%～40%，同时出现大量薄壳、软壳、无壳和畸形蛋。蛋壳表面粗糙呈砂纸样，正常蛋仅占70%左右，有些鸡还将所产的蛋吃掉。病程一般持续4～6周，随后逐渐恢复，经10周恢复正常，有此病的鸡蛋不宜做作蛋孵化。

EDS－76最初症状是有色蛋壳的色泽消失，紧接着产生薄壳、软壳或无壳蛋。薄壳蛋的壳质经常是粗糙的。病鸡群所产的外观正常的蛋受精率和孵化率不呈现显著异常。但也有报道，蛋鸡群发生EDS－76时，种蛋的孵化率降低，同时出现弱雏。发病鸡群的产蛋量突然下降。产蛋量下降通常发生于产蛋高峰期前后，产蛋量下降可达20%～50%，持续期为4～10周，产蛋量的恢复十分缓慢。有的早期感染EDS－76的鸡群出现产蛋期推迟，产蛋率上升缓慢，且达不到产蛋高峰应有的产蛋率。退色的薄壳蛋、脆壳蛋往往出现在产蛋减少前24~48小时，这一特征症状有助于将本病区别于其他病因引起的产蛋减少症。

5. 诊断　凡有产无壳蛋、软皮蛋、破蛋及褐壳蛋退色等异常蛋的产蛋下降，即可怀疑本病，确诊需经实验室诊断。由于该病症有些方面与维生素缺乏、微量元素缺乏及传染性支气管炎、新城疫症状相似，必须做鉴别诊断。

传染性支气管炎引起产蛋下降的同时有呼吸道症状，产畸形小蛋，而减蛋综合征产薄壳蛋、软壳蛋和无壳蛋，易于区别；而非典型新城疫则在产蛋减少的同时有消化道症状，如下痢、全群采食减少，有个别死亡现象，剖检死鸡，消化道出血，产出的蛋苍白，而无软壳和无壳蛋；而维生素矿物质缺乏时，产蛋减少和蛋壳变劣为逐渐发生，改善饲料5~7天后即可恢复正常，减蛋综合征则持续4~6周。有产蛋下降的疾病还有传染性脑脊髓炎、鸡败血支原体病及包涵体性肝炎等。但患病鸡所产的蛋基本正常。

6. 血清学诊断要点

（1）血凝（HA）试验和血凝抑制（HI）试验：

1）HA试验：一般采用微量法，在微量凝集反应板上，从第2孔至第11孔，用微量移液器每孔加入生理盐水0.05毫升，第1、2孔分别加10倍稀释的病毒0.05毫升，从第2孔起，依次做倍数稀释，至第10孔，最后弃0.05毫升。每孔加入1%鸡红细胞悬液0.05毫升，设不加病毒的红细胞对照孔，立即在微量振荡器上摇匀，置室温（18~25℃）30分钟左右观察结果，以使红细胞发生100%凝集的最高稀释度作为血凝价。

2）HI试验：常采用微量法，血清直接在抗原中做倍数稀释。操作时先取4单位抗原，依次加入2~11孔，最后孔（12孔）加生理盐水或PBS。第1孔加8单位的抗原，然后吸取待检血清0.05毫升加入最后孔中（血清对照），混合后吸0.05毫升于第 1 孔，依次做倍比稀释至 11 孔，弃去 0.05 毫升，置室温（18～25℃）下作用 10 分钟，在每孔加入 1% 鸡红细胞悬液 0.05 毫升，振荡混合静置 30 分钟，判定结果。以完全抑制凝集的血清最大稀释度为该血清的 HI 滴度，每次测定应设已知滴度的标准阳性血清对照和 4 单位病毒对照。待检血清的抑制价在 8 倍以上为阳性。

（2）琼脂扩散试验：抗原的制备可将种毒经尿囊腔接种于 13～14 日龄鸭胚，接种后 96 小时收集鸭胚尿液，经 3 000 转/分离心 30 分钟，取上清，加入甲醛使终浓度为 0.2%。置 37℃ 温箱中作用 48 小时后，经 40 000 转/分离心 2 小时，弃上清，沉淀物按原液量的 1/20 加入灭菌生理盐水，用注射器充分吹打溶解，再经 3 000 转/分离心 20 分钟，取上清。将沉淀物再加少量灭菌生理盐水充分吹打离心。将每次离心的上清液混合在一起，用灭菌生理盐水补充到尿液的 1/10 量，作为琼扩抗原。制备琼脂板，先在 100 毫升 pH 值 5.6～6.4 的 PBS 缓冲液中加入氯化钠 8 克、琼脂糖 1 克、10% 的硫柳汞 0.1 毫升，充分煮沸后，每个平皿注入 18 毫升，待琼脂自然凝固后，置普通冰箱中保存备用。试验时打孔径 4 毫米、孔间距 3 毫米的 7 孔梅花孔，中心孔加抗原，周围孔加待检血清、阴性血清和阳性血清，置温箱中，保持一定湿度，经 24～48 小时观察结果。抗原与待检血清间出现特异性沉淀线者，判为阳性。

（3）其他血清学诊断方法：病毒中和试验也是比较敏感、特异的方法。EDS-76 病毒能致 CPE（细胞病变效应），并产生核内包涵体，这种作用可被特异性抗血清所中和，因此，本法也用于检验 EDS-76 病毒抗原或血清抗体。免疫荧光试验与 HI 试验一样敏感，操作方法同 I 型腺病毒的荧光诊断法。至今国内外学者已建立了常规 ELISA 竞争性 EILSA 和斑点 ELISA 用于 EDS-76 的诊断。

7. 防治措施 本病无特异性治疗方法，只能对症治疗，可适当添加微量元素和维生素，促进其产蛋恢复。预防接种是防治本病的根本措施，可用减蛋综合征油乳剂苗在 120 日龄与传染性支气管炎苗、新城疫苗同时注射免疫。如为蛋鸡，为确保其免疫效果，可在 70 日龄先免疫 1 次减蛋综合征油乳剂苗，在 120 日龄再免疫 1 次。在进行其他弱毒苗免疫时，应选用无其他特殊病原（SPF）尤其是不含减蛋综合征病毒的疫苗，饲养管理上应注意鸡、鸭、鹅不能混养，搞好平时的卫生消毒工作。

（1）卫生管理措施：对该病尚无特效药物进行治疗，所以必须加强卫生管理措施。

1）由于 EDS-76 是垂直传播，因此，应注意不能使用来自感染鸡群的种蛋。

2）病毒能在粪便中存活，具有抵抗力，因此要有合理有效的卫生管理措施。严格控制外来人员及野鸟进入鸡舍，以防疾病传播。

3）对肉用鸡采取全进全出的饲养方式，对空鸡舍全面清洁及消毒后，空置一段时间方可进鸡。对蛋鸡采取鸡群净化措施，即将 40 周龄以上的鸡所产蛋孵化成雏后，分成若干小组，隔开饲养。每隔 6 周用 HI 验测定抗体，一般测定 10%～25% 的鸡，淘汰阳性鸡。直到 40 周龄时，100% 阴性小鸡继续养殖。

（2）免疫预防：已研制出 EDS-76 油乳剂灭活苗、鸡减蛋综合征蜂胶苗等，于鸡群开产前 2～4 周注射 0.5 毫升，由于本病毒的免疫原性较好，对预防减蛋综合征的发生具有良好的效果，可保护一个产蛋周期。

（五）传染性支气管炎

蛋鸡传染性支气管炎是鸡的一种急性、高度接触性的呼吸道疾病，以咳嗽、喷嚏、雏鸡流鼻液、产蛋鸡产蛋量减少、呼吸道黏膜呈浆液性或卡他性炎症为特征。肾型传染性支气管炎是其中一个主要血清型。在蛋鸡饲养中，该病每年时有发生，由于该病发病急、死亡快，常给养殖户造成较大的经济损失。

各种年龄的鸡都可发病，但雏鸡最为严重，死亡率也高，一般以 20 日龄以内的鸡多发。本病主要经呼吸道传染，病毒从呼吸道排毒，通过空气的飞沫传给易感鸡，也可通过被污染的饲料、饮水及饲养用具经消化道感染。本病一年四季均能发生，但以冬春季节多发。鸡群拥挤、过热、过冷、通风不良、温度过低、缺乏维生素和矿物质，以及饲料供应不足或配合不当，均可促使本病的发生。

1. 发病类型　该病潜伏期 1~7 天，平均 3 天。由于病毒的血清型不同，鸡感染后出现不同的症状。

（1）呼吸型：病鸡无明显的前驱症状，常突然发病，出现呼吸道症状，并迅速波及全群。幼雏表现为伸颈、张口呼吸、咳嗽，有"咕噜"音，尤以夜间最清楚。随着病情的发展，全身症状加剧，病鸡精神萎靡、食欲废绝、羽毛松乱、翅下垂、昏睡、怕冷，常拥挤在一起。两周龄以内的病雏鸡，还常见鼻窦肿胀、流黏性鼻液、流泪等症状，病鸡常甩头。产蛋鸡感染后产蛋量下降 25%~50%，同时产软壳蛋、畸形蛋或沙壳蛋。

（2）肾型：感染肾型支气管炎病毒后其典型症状分 3 个阶段。第 1 阶段是病鸡表现轻微呼吸道症状，气管发出啰音，打喷嚏及咳嗽，并持续 1~4 天。这些呼吸道症状一般很轻微，有时只有在晚上安静的时候才听得比较清楚，因此常被忽视。第 2 阶段是病鸡表面康复，呼吸道症状消失，但采食量不再按正常量增长，安静时可见闭眼鸡只。第 3 阶段是受感染鸡群突然发病，并于 2~3 天逐渐加剧。病鸡挤堆、厌食，排白色稀便，粪便中几乎全是尿酸盐，死亡率可达 5%~25% 不等。

（3）腺胃型：近几年来有关腺胃型传染性支气管炎的报道逐渐增多，其主要表现为病鸡流泪、眼肿、极度消瘦、拉稀和死亡并伴有呼吸道症状，发病率可达 100%，死亡率 3% ~ 5% 不等。

（4）鸡肾病变型传染性支气管炎（简称鸡肾传支）：该病是鸡传染性支气管炎肾型毒株引起的雏鸡病毒性传染病。临床上多见于 3 ~ 7 周龄雏鸡，最早见于 4 日龄。本病发病急，死亡率高，又因患病雏鸡发病时排白色稀便，部分病鸡表现甩头、呼吸啰音等症状，临床上易被误认为鸡白痢、慢性呼吸道病、鸡传染性法氏囊病等，而大量投服诺氧沙星、庆大霉素、卡那霉素或抗法氏囊病药物等。不仅延误了控制本病的时机，而且加大了肾脏负担，肾功能进一步受到损害，使病情更加严重，结果既增加了成本费用，又造成了更大的经济损失。因此，临床上在本病发生的初期，若能及时确诊，早期防治，对减少死亡、降低经济损失是非常重要的。

交叉血清学研究显示，对其主要免疫原基因 S1 的序列进行分析后发现，它与欧洲 17 个传支毒株的氨基酸序列之间差异高达 21% ~ 25%，属于一种新的血清型，命名为 4/91 或 793/B。鸡只感染 4/91 毒株后出现精神沉郁、闭眼嗜睡，腹泻，鸡冠发绀，眼睑和下颌肿胀。有时还可见咳嗽、打喷嚏，气管啰音，呼吸困难等呼吸道症状。产蛋蛋鸡在出现症状后，很快引起产蛋下降，降幅达 35%，同时蛋的品质降低，蛋壳颜色变浅，薄壳蛋、无壳蛋、小蛋增多。3 ~ 4 周后产蛋量可逐渐回升，但不能恢复到发病前的水平。本病可致柴鸡，特别是 6 周龄以上的育成鸡后期后死。

2. 病理变化

（1）呼吸型：主要病变见于气管、支气管、鼻腔、肺等呼吸器官。表现为气管环出血，管腔中有黄色或黑黄色栓塞物。幼雏鼻腔、鼻窦黏膜充血，鼻腔中有黏稠分泌物，肺脏水肿或出血。患鸡输卵管发育受阻，变细、变短或成囊状。产蛋鸡的卵泡变形，甚至破裂。

（2）肾型：肾型传染性支气管炎，可引起肾脏肿大，呈苍白色，肾小管充满尿酸盐结晶，扩张，外形呈白线网状，俗称"花斑肾"。有时还可见法氏囊黏膜充血、出血，囊腔内积有黄色胶冻状物；肠黏膜呈卡他性炎变化，全身皮肤和肌肉发绀，肌肉失水。

（3）腺胃型：腺胃肿大如球状，腺胃壁增厚，黏膜出血、溃疡，胰腺肿大，出血。

3. 预防措施

（1）加强饲养管理：降低饲养密度，避免鸡群拥挤，注意温度、湿度变化，避免过冷、过热。加强通风，防止有害气体刺激呼吸道。合理配比饲料，防止维生素，尤其是维生素 A 的缺乏，以增强机体的抵抗力。

（2）适时接种疫苗：首免可在 7～10 日龄用传染性支气管炎 H120 弱毒疫苗点眼或滴鼻；二免可于 30 日龄用传染性支气管炎 H52 弱毒疫苗点眼或滴鼻；对肾型传染性支气管炎，可于 4～5 日龄和 20～30 日龄用肾型传染性支气管炎弱毒苗进行免疫接种，或用灭活油乳疫苗于 7～9 日龄颈部皮下注射。

4. 临床表现　开始未见任何症状，之后部分鸡只突然精神不振，羽毛蓬乱，畏寒聚堆。食欲减少而饮欲增加，开始排白色水样稀便，逐渐蔓延至全群，个别病鸡出现甩头，发出"咔"声或出现呼吸啰音。这种情况在白天往往易被忽视，在夜深人静时则表现明显。

5. 病程发展分析

（1）病鸡剖检：病死鸡呈干瘪状，俗称"干瘪鸡"。鸡群中出现上述症状后，立即剖检 2～3 只病雏，可见肾肿大，肿大部位呈花斑状红白相间，其中含有大量尿酸盐沉积物，并呈现不太清晰的斑驳状。肾小管及输尿管扩张，充满白色的尿酸盐。肠系膜血管及肠黏膜充血，直肠与泄殖腔内充满白色石灰样稀便。有呼吸道症状的病雏同时可见肺充血和灶状炎症变化，气管内常见有黄白或黄褐色黏稠分泌物，气管黏膜充血。本病多呈良性经过，只要不继发大肠杆菌病，死淘率不会太高，其危害也不会太大。但是肝肾功能受损的后遗症会带来较大的危害。

（2）采食情况：正常，没有明显变化。

6. 鉴别诊断　根据病初临床表现，可做出初步诊断。但临床上应注意与鸡慢性呼吸道病、鸡白痢、鸡传染性法氏囊炎等相鉴别。

（1）与鸡慢性呼吸道病的鉴别：患慢性呼吸道病的病鸡表现浆液性鼻漏或浆液（黏液）性瞬漏、喷嚏、甩头，而甩头的频率更高些，一般不出现白色水样稀便。

（2）与鸡白痢的鉴别：雏鸡肾传支与雏鸡白痢临床表现极为相似，但病理剖检鸡白痢可见肝、脾、肾同时肿大，有时还可见肝脏呈现点状出血及黄白色坏死点。肝、脾等组织涂片检菌呈阳性，可见革兰阴性两极浓染的小球杆菌。而肾传支除肾肿大外，肝、脾却不肿大，肝、脾组织涂片检菌为阴性。

（3）与鸡传染性法氏囊炎的鉴别：鸡传染性法氏囊炎的病雏，精神沉郁时可见头颈部的羽毛明显竖立。而肾传支的病雏，精神沉郁时表现为"缩颈"状。剖检鸡传染性法氏囊炎病雏可见胸肌、两侧股肌呈片状出血，肝大，脂肪变性，法氏囊外观呈胶冻样水肿，囊内滤泡肿胀、出血等变化。而肾型传染性支气管炎不具上述病理变化。

7. 危害分析　肾型传染性支气管炎的发生越早，其危害程度就会越大，原因是肾传支危害的器官对于蛋鸡来说主要是肾脏和肝脏。这两个器官是实质性器官，其主要功能是帮助代谢和对饲料营养的消化和吸收。所以其功能恢复对病后蛋鸡生长发育起着决定性作用。它们是主要的代谢器官，所以本病危害的大小，主要是表现在肝肾功能恢复的好坏。如何使肝肾功能恢复是本病病后管理的关键。若肝肾功能恢复得不好，会严重影响到柴鸡对饲料营养的代谢和吸收，进而使饲料转化率下降，这样疾病带来的损失就会更大。

8. **防治措施**　要遵循"三分治，七分养"的原则。首先做好舍内基础管理工作，做好温差的控制。温差会加重本病的严重性，因为温差是本病的诱因，舍内湿度的控制只是为了控制垫料湿度。要求有良好的通风确保供氧充足，给病鸡创造一个良好的生产生长环境。另外，也要注意喂料和饮水的管理，病鸡因拉稀易脱水，应确保饮水供应充足，同时补充电解质和多维素。

其次是用药防治。用药防治时首选是保肝护肾，以恢复其肝肾功能为主。首先用通肾保肝的西药治疗，然后再用中药慢慢恢复其功能。用药物治疗本病引起的呼吸道症状，最后还要做好大肠杆菌病的预防工作。在用药方面尽量减少使用对肾脏损害较重的药品。

9. **用药办法**

（1）按全天用水量使用西药（肝肾宝）来保肝护肾：每吨水加肝肾宝 2 瓶，集中使用 6 个小时，连续使用 3 天。然后再按全天用水量用中药（肾肝健）100 克加 200 千克水，保肾药品再使用 3 天，可以与泰乐菌素同时使用。

（2）使用泰乐菌素 500 毫克/升，按全天饮水量分两次使用，每次使用 6 个小时，配合使用双黄连口服液。

（3）使用多西环素 200 毫克/升，按全天饮水量分两次使用，每次使用 6 小时，两种抗生素交替使用。

（4）在饮水中加入电解质和多种维生素，以补充因拉稀而造成电解质和维生素的不足，以缓解病鸡的应激。

（六）鸡痘

1. **发病类型**　干燥型（皮肤型）发生于鸡冠、脸和肉垂等部位，有小泡疹及痂皮。潮湿型感染口腔和喉头黏膜，引起口疮或黄色假膜。皮肤型鸡痘较普遍，潮湿型鸡痘的死亡率较高（发病严重时可达50%）。两类型可能同时发生，也可能单独出现。任何日龄的鸡都可受到鸡痘的侵袭，但通常于夏秋两季侵袭成鸡及育成鸡。本病可持续2～4周，通常死亡率并不高，但患病后产蛋率会降低达数周。鸡痘是由鸡痘病毒引起的一种接触性传染病，以体表无毛、少毛处皮肤出现痘疹或上呼吸道、口腔和食管黏膜的纤维素性坏死形成假膜为特征的一种接触性传染病。

2. 流行特点　侵害30天以上鸡群，主要以皮肤型、眼型、黏膜型和混合型出现。开始以个体皮肤型出现，发病缓慢，不被养殖户重视，接着出现眼流泪，出现泡沫，个别鸡只呼吸困难，喉头出现黄色假膜，造成鸡只死亡。

3. 传播途径　健康鸡因与病鸡接触而传染。蚊子与野鸟皆可成为本病的传播者。虽然鸡痘由病毒引起，但传播却相当缓慢。

4. 病理变化

（1）干燥型：病变部分很大，呈白色隆起，后期则迅速生长变为黄色，最后才转为棕黑色。2～4周后，痘泡干化成痂癣。本病症状于冠、脸和肉垂出现最多。但也可出现于腿部、脚部以及身体其他部位。

（2）黏膜型：特征为口腔、喉头、气管、眼睑等黏膜表面长黄白色的小结节，这层黄白色假膜由坏死的黏膜组织和炎性渗出物凝固而成，很像白喉，故称作白喉性鸡痘。皮肤型鸡痘特征，鸡身体无毛的地方或稀少的地方，特别是在鸡冠上、肉垂、眼睑、嘴角、翼下、腹部、腿等处长有白色小节结，很快增大，初期是白水泡，中期发黄，后期发黑。

5. 解剖病变　黏膜型鸡痘，在口腔、鼻、咽、喉、眼或气管黏膜上有隆起的白色结节，成黄色奶酪样坏死。皮肤型的特征为长在表皮下层的毛囊和上皮增生形成节结，初期湿润，之后变干燥，外观成圆形，不规则皮肤变成粗糙灰色暗棕色结节，干燥的切开出血，到后期湿融而脱落。

在潮湿型鸡痘中可发现位于口腔、喉头及气管开口处之黏膜有溃疮现象。这些黏膜上的溃疮很难除去，所以黏膜上常遗留出血裂口。溃疮往往成长而形成干酪状假膜。肺部偶尔充血而气囊呈混浊状。

6. 预防措施　鸡只以沙氏鸡痘疫苗实施翼膜穿刺法接种。若鸡只处于危险地区，接种应尽量提早（甚至 1～2 日龄）。若补充鸡群于 2 日龄接种温和鸡痘疫苗（小痘），则 6～12 周龄须再次以沙氏鸡痘疫苗（大痘）补强接种。免疫接种痘苗，适用于 7 日龄以上各种年龄的鸡。用时以高浓度盐水或冷开水稀释 10～50 倍，用钢笔尖（或大针尖）蘸取疫苗刺种在鸡翅膀内侧无血管处皮下。接种 7 天左右，刺中部位呈现红肿、起泡，以后逐渐干燥结痂而脱落，可免疫 5 个月。

每年在发病季节到来前，及时用鸡痘疫苗刺种。消灭和减少蚊蝇等吸血昆虫危害，经常消除鸡舍周围的杂草，填平臭水沟和污水池，并经常喷洒杀蚊蝇剂；对鸡舍门窗、通风排气孔安装纱窗门帘，防止蚊蝇进入鸡舍，减少吸血昆虫的传播。改善鸡群饲养环境，尽量降低鸡的饲养密度，经常对鸡舍通风换气，勤打扫、勤消毒，鸡出笼后应将舍内的垫料、粪便等杂物全面清除并消毒，饲养用具用沸水消毒；遇高温高湿季节，应加强通风和防湿防潮；加强鸡群的饲养管理，保持日粮营养全面，以增强鸡群的抗病力。

7. 治疗　目前没有特效药物治疗，一般采用对症疗法。也可以马上紧急接种健康鸡群鸡痘疫苗 4 倍量刺种。每天带鸡消毒。皮肤型鸡痘可以用碘甘油或龙胆紫涂抹。黏膜型可以小心除去假膜后喷入消炎药物。眼型的用过氧化氢消毒后滴入氯霉素眼药水。药物治疗用七味抗毒饮＋病毒灵＋大肠金＋维多利，混合饮水，连用 5 天。

（七）禽脑脊髓炎

禽脑脊髓炎（AE）又称流行性震颤，是由小 RNA 病毒引起的主要侵害雏禽的一种传染病。该病可垂直或水平传播。病雏出现共济失调、头颈震颤及渐进性瘫痪。产蛋鸡发病时仅表现为一过性产蛋下降，蛋重减轻。

1. 流行特点　鸡对本病最易感，各种日龄均可感染，但雏鸡才有明显的临诊症状。禽脑脊髓炎病毒有很强的传染性，通过接触进行水平传播。垂直传播是本病主要的传播方式，产蛋鸡感染 3 周内所产的蛋带有病毒。一些严重感染的胚蛋在孵化后期死亡。大部分的鸡胚可以孵化出壳，但出壳的雏鸡在出壳数天内陆续出现典型的临诊症状。一般在感染之后 3~4 周，种蛋内的母源抗体可保护雏鸡顺利出壳并不出现禽脑脊髓炎的临诊症状。

2. 症状　经垂直传播而感染的雏鸡潜伏期 1~7 天，经水平传播感染的雏鸡潜伏期为 11 天以上（12~30 天）。该病主要发生于 3 周龄以内的雏鸡。在自然暴发的病例中，雏鸡出壳后就陆续发病，病雏最初表现为迟钝，精神沉郁，不愿走动或走几步就蹲下来，常以跗关节着地，继而出现共济失调，走路蹒跚，步态不稳，驱赶时勉强用跗关节走路并拍动翅膀。病雏一般在发病 3 天后出现麻痹而倒地侧卧。头颈部震颤一般在发病 5 天后逐渐出现，一般呈阵发性音叉式的震颤；人工刺激如给水加料、驱赶、倒提时可激发。有些病雏出现趾关节卷曲、运动障碍、羽毛不整和发育受阻，平均体重明显低于正常水平。部分存活鸡可见一侧或两侧眼球的晶状体混浊或浅蓝色退色，眼球增大及失明。

1 月龄以上的鸡群感染后，除出现血清学阳性反应外，无明显的临诊症状及肉眼可见的病理变化。产蛋鸡感染后产蛋下降 10%~20%，产蛋下降后 1~2 周恢复正常。孵化率可下降 10%

~35%，蛋重减少，除畸形蛋稍多外，蛋壳颜色基本正常。

3. 剖检变化　一般内脏器官无肉眼可见的特征性病变，个别病例能见到脑膜血管充血、出血。如细心观察有时可以见到病雏肌胃的肌层有散在的灰白区。成年鸡发病无上述病变。

4. 诊断　根据疾病仅发生于 3 周龄以下的雏鸡，剖检无明显的特征性肉眼变化，而以共济失调和震颤为主要特征，药物治疗无效等，即可做出初步的诊断。确诊应进行实验室诊断。

5. 防治措施　鸡感染后 1 个月内的蛋不宜孵化。该病目前尚无特异性疗法。病鸡症状较轻可隔离饲养，加强管理并投喂抗生素预防细菌感染。维生素 E、维生素 B$_1$、谷维素等药物可以保护病鸡神经并改善该病症状。重症鸡应挑出淘汰。

6. 免疫接种

（1）活毒疫苗：一种用 1143 毒株制成的活苗，可通过饮水法接种。这种疫苗具有一定的毒力，故小于 8 周龄的鸡只不可使用此苗，以免引起发病。处于产蛋期的鸡群也不能接种这种疫苗，否则可能使产蛋量下降，建议于 10 周以上，但不能迟于开产前 4 周接种疫苗。在接种后不足 4 周所产的蛋不能用于孵化，以防仔鸡由于垂直传播而导致发病。另一种 AE 活苗常与鸡痘弱毒苗制成二联苗。一般于 10 周龄以上至开产前 4 周之间进行翼膜刺种，接种后 4 天，在接种部位出现微肿，呈黄色或红色的痘痂，并持续 3~4 天，第 9 天于刺种部位形成典型的痘斑为接种成功。为了避免漏接，应至少抽查鸡群中 5% 的鸡只做痘痂检查，无痘痂者应再次接种。

（2）灭活疫苗：一般在蛋鸡开产前 18~20 周或对产蛋鸡做紧急预防接种时使用。

（八）传染性喉气管炎

传染性喉气管炎（ILT）是鸡的一种急性疾病，以呼吸困难、咳嗽和咳出血凝黏液为特征。鸡的传染性喉气管炎是由疱疹病毒引起的一种急性呼吸道传染病，其特征是呼吸高度困难，咳出带血液的痰状渗出物。发病率高，死亡率高，成为对鸡危害最大的传染病之一。

1. **发病类型**　一般分为急性型和温和型。急性感染的特征性症状为流涕和湿性啰音，随后出现咳嗽和喘气。严重的病例以明显的呼吸困难和咳出血样黏液为特征。温和型的症状为体质瘦弱，产蛋下降，产退色蛋和软壳蛋较多，呼吸困难，伸头张嘴呼吸，有时发出"咯咯"的叫声。病鸡咽喉有黏液或干酪样堵塞物，流泪、结膜发炎、眶下窦肿胀，持续性流涕以及出血性结膜炎，一般拉白色或绿色稀粪。

2. **流行特点**　传染性喉气管炎多为单发或继发。发病时间较短，2～5天可使50%以上的鸡感染。本病主要侵害鸡，成年鸡发病率较高。主要传播途径是经呼吸道和眼结膜感染。被污染的饲料、饮水及用具均为本病传播媒介。本病传播快、发病急、呈流行性或地方流行性，发病率可高达90%～100%，平均死亡率达18%～20%。

鸡发病初期呼吸困难，头颈伸直，张口喘气，有黏液从鼻腔、口腔中甩出，严重者黏液带有血丝。除呼吸道症状外，病鸡精神委顿、减食，体温升高到43℃以上，产蛋柴鸡群产蛋量减少10%～60%。

3. **剖检特点**　本病特征性病变为喉头和气管黏膜肿胀和高度潮红，并有出血点和出血斑。典型症状是气管和喉部出血、充血、有带血的黏液附着。濒死鸡可发现上颚呈青紫色，喉头周围有泡沫样液体，喉头出血，有的被纤维素性渗出物堵塞。轻微的结膜型，主要症状为结膜发炎红肿、流泪，眼分泌物呈浆液性化脓，最后导致眼盲。产蛋柴鸡患病则畸形蛋增多，出现卵巢炎和输卵管水肿，以气管与喉部组织的病变最常见。病鸡的喉黏膜出血，喉头和气管出血、坏死，黏膜肥厚，气管内有血栓和黄色或白色干酪样渗出物。

4. 诊断 本病典型病例可根据呼吸困难、咳出带血的黏液、喉头和气管内出血和糜烂，再结合流行特点可以做出诊断。非典型病例可进行病毒分离、包涵体检查及血清学（琼脂扩散试验、斑点免疫吸附试验等）检查来确诊本病。本病应注意与传染性支气管炎和传染性鼻炎相鉴别。

5. 防治原则

（1）添加维生素，以提高鸡群的抗病力，维生素 A 和维生素 C 的用量要多。

（2）应用抗生素（舒安林）防止继发感染，配合环丙沙星或恩诺沙星。

（3）选择止咳化痰的中草药缓解呼吸道症状，用金刚呼毒克，连用 5 天。

（4）对于各种呼吸道困难的鸡可用氨茶碱 25 毫克/（只·天），或者用中药六神丸 2~3 粒/（只·天），每天 1 次，连用 3 天。

（5）预防接种：第一次接种在 1~2 月龄时，用弱毒疫苗点眼或滴鼻。在 105~120 日龄时再用同样的疫苗和方法进行第二次接种。

6. 综合分析

（1）传染性喉气管炎病主要易继发支原体病、大肠杆菌病、鼻炎等，须及时治疗。

（2）传染性喉气管炎疫苗有弱毒苗和强毒苗。市场上一般用弱毒苗，建议用于滴眼，为减少疫苗反应，可以每 1 000 羽份疫苗加入胸腺素和 160 万链霉素各 1 支。强毒苗使用得较少，免疫途径为擦肛。

（3）弱毒苗在免疫后，可能会造成病毒的终生潜伏，偶尔活化和散毒。要求在做传喉疫苗的时候，治疗由所有原因引起的呼吸道病。免疫后的当天或以后的 3~5 天，加入维生素，或连续饮用泰多喜 3 天，防止支原体和大肠杆菌侵染发病。

（4）传染性喉气管炎疫苗不能与新城疫疫苗同用，因为新城疫疫苗会干扰传染性喉气管炎抗体的产生，两种疫苗使用至少要相隔 7 天。

（5）治疗多以中药为主，同时配合维生素，患病时呼吸道分泌功能受阻，严重破坏呼吸道的上皮黏膜，要注意维生素的补充。

（6）对于疫苗的免疫多以两次为宜，35~45 日龄首免，70~90 日龄二免。对于未发生过此病的地区和养殖场，可以不做喉气管炎疫苗的免疫。

（7）加强饲养管理，鸡群密度要适中，加强通风。寄生虫可以加重本病的发病程度，因此最好给鸡群定期驱虫。做好免疫接种工作，保持清洁卫生。一旦确定本病，立即进行点眼免疫。有呼吸困难症状的鸡，可用氢化可的松和青霉素、链霉素混合喷喉或在饲料中加碘胺类药物。同时用电解多维饮水，以减轻应激。

（九）大肠杆菌病

鸡大肠杆菌病是由致病性大肠杆菌所引起的一种细菌性传染病，幼龄鸡对本病最易感，常发生于 3~6 周龄，后备鸡和产蛋柴鸡也可发生。病鸡和带菌者是主要传染源，通过粪便排出的病菌，散布于外界环境中，污染水源、饲料等。本病主要经消化道而感染，也可经呼吸道感染，或病菌侵入孵种蛋裂隙使胚胎发生感染。病鸡产的蛋还可以带菌而垂直传播。本病一年四季均可发生，雏鸡发病率可达 30%~60%，病死率很高，给养鸡生产带来较大的经济损失。

不同血清型的大肠杆菌寄生于动物（包括人）的肠道并可能感染多种哺乳动物和禽类，临床发病的病例多见于鸡、火鸡和鸭。

大肠杆菌是禽类肠道的常见菌。幼禽如果没有建立正常菌群，肠道后半段的数量要更高一些。该菌在饮用水中的存在，常被作为粪便污染的指标。正常鸡体内有 10% ~15% 的大肠杆菌是潜在的致病性血清型，肠道内分离的菌株与同一禽体心包囊内的血清型不一定相同。致病性大肠杆菌常通过蛋传播，造成雏鸡大量死亡，它在新孵出雏鸡消化道中的出现率要比孵出这些雏鸡的鸡蛋高，这说明大肠杆菌在孵化后传播迅速。种蛋感染的最重要来源是其表面被粪便污染，然后细菌穿过蛋壳和壳膜侵入。垫料和粪中可发现大肠杆菌，鸡舍中的灰尘大肠杆菌含量可达 10^5 ~10^6 个/克，这些菌可长期存活，尤其在干燥条件下。用水将灰尘打湿后，7 天内可使细菌量减少 84% ~97%。饲料也常被致病性大肠杆菌污染，但常在饲料加热制颗粒过程中被杀死。啮齿动物的粪便中也常含有致病性大肠杆菌。

1. 鸡胚和雏鸡的早期死亡　正常母鸡所产蛋内有 0.5% ~6% 含有大肠杆菌。人工感染母鸡所产蛋中大肠杆菌含菌量可高达 26%。从死胚分离到的 245 个菌株中，有 43 个菌株有致病力。若污染此种病菌时，正常卵黄囊内容物从黄绿色黏稠状变为干酪样或黄棕色的水样物。粪便污染的鸡蛋是最重要的感染来源。另外一些来源可能是由于卵巢感染或输卵管炎。雏鸡刚孵出时感染率增高，孵出后 6 天左右感染率下降。

鸡胚卵黄囊是最易感染的部位。许多鸡胚在孵出前就已死亡，尤其是在孵化后期，一些雏鸡在孵出时或孵出后不久即死亡，一直持续 3 周左右。1 日龄雏鸡卵黄囊接种 10 个 LA：K1：H7 血清型菌体，可使雏鸡死亡率达 100%。卵黄囊感染的雏鸡多数发生脐炎。存活 4 天以上的雏鸡或雏火鸡经常发生心包炎和卵黄感染，表明细菌从卵黄囊向全身扩散。此种情况下的鸡胚或雏鸡可能不死亡，仅是受感染的卵黄滞留及增重减慢。

感染的卵黄囊壁有轻度的显微病变，呈现水肿，囊壁外层结缔组织区内有异嗜细胞和巨噬细胞构成的炎性细胞层，然后是一层巨细胞，接着是由坏死性异嗜细胞和大量细菌构成的区域，最内层是受到感染的卵黄，有些卵黄内含有一些浆细胞。将蛋暴露于大肠杆菌肉汤培养物可人工复制出鸭的脐炎和卵黄囊感染。育雏温度过低或禁食都会增加本病的发生率和死亡率。

并发传染性支气管炎病毒（IBV）感染、新城疫病毒（NDV）（包括疫苗株）感染和支原体感染的鸡常出现大肠杆菌呼吸道感染。很明显，受损伤的呼吸道对于大肠杆菌极其敏感，由此导致的疾病称气囊病或慢性呼吸道疾病（CRD）。除气囊炎可以扩散至相邻组织外，也常见肺炎、胸膜肺炎、心包炎及肝周炎病变。偶尔也可见败血症后的病鸡发生眼球炎和输卵管炎及骨骼、滑膜感染。气囊病主要发生于 4~9 周的蛋鸡，由此造成鸡的发病、死亡及加工时被淘汰而造成很大的经济损失。

大肠杆菌经气囊感染，很容易复制出无并发症大肠杆菌感染的病变。死亡主要发生在头天。如果耐过最初的感染，鸡通常可迅速康复，但仍有一部分病鸡持续性厌食、消瘦，最终死亡。

感染传染性支气管炎病毒或新城疫病毒的病鸡也对大肠杆菌的易感性增加，且易感期出现的时间更早，持续时间更长。

易感气囊发生感染的最重要的来源之一是吸入污染有大肠杆菌的灰尘。鸡舍的尘土和氨气可使鸡的上呼吸道纤毛失去运动性，从而使吸入的大肠杆菌易于增殖并导致气囊感染。

2. 病理学 受到感染的气囊增厚，呼吸面常有干酪样渗出物，气囊内形成黄白色干酪物。最早出现的组织学病变是水肿和异嗜细胞浸润。

（1）心包炎：大肠杆菌的许多血清型在发生败血症时常引起心包炎。心包炎常伴发心肌炎，一般在显微病变出现前有明显的心电图异常，心包囊混浊，心外膜水肿，并覆有淡色渗出物，心包囊内常充满淡黄色纤维蛋白渗出液。

（2）输卵管炎：当左侧腹气囊感染大肠杆菌后，母鸡可发生慢性输卵管炎，其特征是在扩张的薄壁输卵管内出现大干酪样团块。干酪样团块内含许多坏死的异嗜细胞和细菌，可持续存在几个月，并可随时间的延长而增多。鸡常在感染后6个月死亡，存活的鸡极少产蛋。产蛋鸡、鸭、鹅也可能由于大肠杆菌从泄殖腔侵入而患输卵管炎。

（3）腹膜炎：大肠杆菌腹腔感染主要发生在产蛋鸡，其特征是急性死亡、有纤维素和大量卵黄。大肠杆菌经输卵管上行至卵黄内，并迅速生长，卵黄落入腹腔内时，造成腹膜炎。

（4）急性败血症：有时从患类似于禽伤寒和禽霍乱的急性传染病的患病成年鸡、育成鸡和火鸡可以分离到大肠杆菌。病禽体况良好，嗉囊内充满食物，表明这是一种急性感染。病禽特征的病变是肝脏呈绿色，脾明显肿大及胸肌充血。有些病例中，肝脏内有许多小的白色病灶。存活禽显微镜下病变最初可见有急性坏死区，随后出现肉芽性肝炎。继发感染或慢性病会引起肝周炎，肝脏被黄白色干酪物包着。因大肠杆菌败血症常和呼吸道疾病有关，所以有发生心包炎和腹膜炎的趋势。火鸡感染出血性肠炎病毒后最易发生急性败血症。

（5）全眼球炎：全眼球炎是大肠杆菌败血症不太常见的后遗症。一般是病鸡的一只眼睛积脓、失明，有些病鸡也能康复。

（6）大肠杆菌性肉芽肿：鸡和火鸡的大肠杆菌性肉芽肿以肝、盲肠、十二指肠和肠膜肉芽肿为特征，但脾脏无病变。此病虽然不太常见，但个别群体死亡率可高达75%。大肠杆菌有时可引起类似白血病的浆膜病变，肝脏可见有融合的凝固性坏死，可遍及半个肝脏。

（7）肿头综合征：肿头综合征是鸡头部皮下组织及眼眶发生急性或亚急性蜂窝织炎。

（8）禽蜂窝织炎：禽蜂窝织炎是一个炎性感染过程，是感染蛋鸡腹部的一种慢性皮肤疾病，其特征是皮下组织有块状异嗜性干酪样渗出物。病变常见于大腿与腹中线之间的皮肤。

（9）肠炎：大肠杆菌引起的原发性禽肠炎很少，或者根本不引起。但最近从腹泻鸡中分离到了肠毒源性大肠杆菌。

（10）鸭大肠杆菌性败血症：鸭大肠杆菌性败血症的特征病变是湿润的颗粒状和大小不同的凝乳状渗出物，可引起小鸭心包炎、肝周炎和气囊炎。剖检死鸭时常有一股异味。肝脏常肿胀，色暗，被胆汁染色，脾大，色深。

3. 鉴别诊断　其他许多微生物可引起类似于上述大肠杆菌引起的病变。滑膜炎、关节炎也可由病毒、支原体、葡萄球菌、沙门菌、念珠状链杆菌及其他微生物引起。可从雏鸡和胚卵黄囊内单独或同时分离到多种微生物，如气杆菌、克雷伯杆菌、变形杆菌、沙门菌、芽孢杆菌、葡萄球菌、肠球菌以及梭菌。心包炎也可由衣原体引起，巴氏杆菌或链球菌有时也可引起腹膜炎。气囊炎也可由支原体、衣原体和其他细菌引起。急性败血症疾病也可由巴氏杆菌、沙门菌、链球菌和其他微生物引起，引起肝脏肉芽肿的病因很多，如真菌属和拟什菌属的厌氧菌。

4. 治疗　大肠杆菌对多种药物敏感，如氨苄西林、氯霉素、金霉素、新霉素、呋喃类药、庆大霉素、碘胺间二甲氧嘧啶、萘啶酸、土霉素、多黏菌素 B、大观霉素、链霉素及磺胺类药物。美国养禽业近年来普遍采用氟喹诺酮类（恩诺沙星、沙洛沙星）来治疗大肠杆菌病，证明氟喹诺酮类对大肠杆菌病具有良好的治疗效果。

5. 预防和控制　用灭活苗免疫蛋鸡，雏鸡在出壳后 2 周或更长时间对同源菌有被动保护能力。

饲养无支原体家禽和减少禽类过多暴露于引起呼吸道疾病的病毒环境，可减少呼吸道感染大肠杆菌的机会。良好的鸡舍通风状况可减少呼吸道损伤，减少病原菌入侵的机会。

以下因素也不应忽视：①颗粒饲料中大肠杆菌含量比粉料中的含量少。②啮齿类动物的粪便是致病性大肠杆菌的一个来源。③受到污染的饮水也可能含有大量的病原菌，但目前仍没有已知的能减少肠道内大肠杆菌的方法。采取饮用含有氯化物的水及密闭性的饮水系统（滴头）等措施可降低禽类大肠杆菌病的发生，减少大肠杆菌性气囊炎所带来的损害。接种有抵抗力的自然菌丛，可竞争性排除肠道内大肠杆菌的致病菌株、鸡败血支原体和传染性支气管炎病毒感染诱发已受保护的鸡排出大肠杆菌。

粪便污染种蛋是禽群间致病性大肠杆菌相互传播的最重要途径。可以采取对种蛋产后 2 小时内进行熏蒸或消毒、淘汰破损明显有粪迹污染的种蛋等办法来加以控制。如果感染种蛋在孵化期间破裂，其内容物将成为严重的感染来源，特别是内容物污染操作人员及用具时，孵化前的蛋已污染尤其敏感。目前尚没有办法来预防孵化器和出雏器对病原菌的传播。保暖和避免饥饿，以及高蛋白饲料和提高维生素 E 水平都可以明显促进病雏存活力。

6. **防治措施**　针对发病情况，及时采取以下措施进行处理，能取得较好的效果。

（1）防止水源和饲料的污染，重点防止水线堵塞。粪便及时清理并消毒，饲料要少喂勤添，水槽要每天清洗。

（2）加强饲养管理，鸡舍保持适宜的温度、湿度，保持空气流通，控制鸡群的饲养密度，鸡舍每天消毒。

（3）全群饮用加入 0.05% 维生素 C、5% 葡萄糖的凉开水，同时用 0.1% 多种维生素拌料。提高鸡群对本病的抵抗力。

（4）经过药敏试验，大肠杆菌对庆大霉素、阿米卡星最为敏感。全群用 0.01% 阿米卡星混合饮水，连用 5 天，站立不起的鸡适当晒太阳并喂给乳酸钙。

（5）经喂药 5 天后病鸡开始好转，食欲逐渐恢复，症状逐渐

消失。两个疗程后鸡群可全部恢复健康。

(6) 管理方面保证供水供料充足，确保病鸡能喝上水吃上料。

(7) 用药时间占全天的一半时间，最好是用6个小时药，停6个小时，然后再用6小时。

(十) 沙门菌感染的疾病

鸡白痢（简称PD）由鸡白痢沙门菌感染引起，禽伤寒（简称FT）由鸡伤寒沙门菌感染引起。它们主要指雏鸡和火鸡的败血病，但其他鸟类如鹌鹑、野鸡、鸭子、孔雀、珍珠鸡也易感。两种疾病都可通过种蛋垂直传播。鸡白痢沙门菌和鸡伤寒沙门菌被看成同一种细菌。

鸡白痢的死亡病例通常限于2~3周龄的雏鸡。尽管禽伤寒通常被认为是成年禽类的一种疾病，但仍以雏鸡死亡率高的报道为多。禽伤寒可致1月龄内雏鸡的死亡率高达26%。鸡白痢、禽伤寒造成的损失始于孵化期，而对于禽伤寒，损失可持续到产蛋期。据报道，有些鸡伤寒沙门菌对雏鸡产生的病变与鸡白痢难以区分。

与其他细菌性疾病一样，鸡白痢和禽伤寒可通过几种途径传播。受感染的禽类（阳性反应禽与带菌禽）是本病蔓延与传播的最重要方式。在早期的调查研究中，人们即认识到被感染种蛋在这两种疾病的传播中起着主要作用。感染禽不仅将疾病传给同代禽，而且还经蛋传给下一代。原因一是蛋在母禽排出时即被本菌污染；二是在排卵之前，卵泡中即已存在鸡白痢沙门菌和鸡伤寒沙门菌。后者可能是经蛋传播的主要方式。

鸡白痢沙门菌的其他传播方式还有通过蛋壳进入蛋内和通过污染的饲料传播，但此两种方式似乎不太重要。感染鸡白痢沙门菌或鸡伤寒沙门菌的母鸡所产的蛋带菌率高达33%。感染雏鸡或小母鸡的接触传播是鸡白痢沙门菌和鸡伤寒沙门菌散发的主要

途径。这种传播可发生于孵化期间，通过福尔马林熏蒸方法能起到防止本病的作用。已有报道，感染鸡伤寒沙门菌的鸡死亡率可高达60.9%。感染鸡互啄、啄食带菌蛋及通过皮肤伤口，均可使本病在鸡群中传播。感染禽的粪便，污染的饲料、饮水及笼具也是鸡白痢沙门菌和鸡伤寒沙门菌的来源。饲养员、饲料商、购鸡者及参观者，他们穿梭于鸡舍之间及鸡场之间，除非认真谨慎地将鞋、手和衣服进行消毒，否则很可能携菌传染。卡车、板条箱和料包也能被污染。野鸟、动物和苍蝇可成为机械传播者。

蛋黄中凝集素的水平可影响种蛋传播。鸡白痢沙门菌的凝集素对防止感染种蛋的胚胎死亡有着重要的作用，从而成为通过种蛋传递病原的促进因素。

1. 症状　人们认为鸡白痢主要是雏鸡或雏火鸡的一种疾病，而禽伤寒则较常见于育成和成年的鸡与火鸡。由于这两种疾病可垂直传播，所以对于雏鸡与雏火鸡而言，其病征几乎相同。鸡白痢有时呈亚临床感染，即使是经蛋感染的也会出现这种情况。

2. 雏鸡和雏火鸡　用感染的种蛋进行孵化，可在孵化器中或孵出后不久即见到垂死和已死亡的病雏。病雏表现嗜睡、虚弱、食欲丧失、生长不良、肛门周围黏附着白色物，继而出现死亡。在某些情况下，孵出后5~10天才可见到鸡白痢的症状，再过7~10天才有明显表现。死亡高峰通常发生在2~3周龄。在这些情况下，病禽表现为倦怠、喜爱在加热器周围缩聚一团、两翅下垂、姿态异常。

由于肺部有广泛的病理变化，可见到病雏呼吸困难、喘息。而过病雏，生长严重受阻，似乎停止生长，且羽毛不丰。这些幼雏不可能发育成为精神旺盛或生长良好的产蛋禽或种禽。严重暴发后而过的禽群，成熟后大部分成为带菌者。

据报道，雏鸡感染鸡白痢沙门菌可引起失明，胫跗、肱桡和尺关节肿胀。在某些情况下，雏鸡的关节发生局部性感染的概率较高，可致跛行与明显肿胀。在美国的东部地区，暴发的鸡白痢中，经常可见由鸡白痢沙门菌引发的滑膜炎或跗关节肿胀。

3. 育成和成年禽　感染禽有或没有症状，不能根据其外部表现做诊断，特别是鸡白痢病例。鸡群急暴发时，最初表现饲料消耗量突然下降、精神萎靡、羽毛松乱、面色苍白、鸡冠萎缩。当同时发生鸡白痢和禽伤寒时，还可见到其他症状，诸如产蛋率、受精率和孵化率的下降，这主要取决于禽群感染的严重情况。感染后 4 天内可出现死亡，但通常是发生于 5～10 天。感染后的 2～3 天，体温上升 1～3℃。据报道，育成禽和成年禽较少发生鸡白痢，主要症状为厌食、腹泻、精神沉郁和脱水。

4. 发病率和死亡率　受年龄、品种的易感染性、营养、鸡群管理和暴露特性的影响，鸡的发病率和死亡率差异很大。鸡白痢引起的死亡率从 0～100% 不等。最大的损失发生在孵化后第 2 周内，在第 3 和第 4 周时死亡率则迅速下降。据报道，禽伤寒引起鸡的死亡率为 10%～96%。

发病率常比死亡率要高得多，因为总有一些雏鸡会自然康复。感染鸡群所孵出的幼雏及与这群雏鸡同一房舍饲养者通常要比遭受运输应激者的死亡率低。火鸡与鸡的损失程度相同。

5. 病变特征　最急性病例，在育雏阶段的早期表现是突然死亡而没有病变。急性病例，可见肝脏、脾脏肿大、充血，有时肝脏可见白色坏死灶或坏死点，卵黄囊及其内容物有或没有出现任何病变，但病程稍长的病例，卵黄吸收不良，卵黄囊内容物可能呈奶油状或干酪样黏稠物。有呼吸道症状的患病禽，肺脏有白色结节，在心肌或胰脏上有时也有类似马立克病肿瘤的白色结节。心肌上的结节增大时，有时能使心脏显著变形。这种情况可导致肝脏的慢性出血和腹水。心包增厚，内含黄色或纤维素渗出液。在肌胃上也可出现相同的结节，偶尔在盲肠和大肠的肠壁可见到。盲肠内容物可能有干酪样栓子。有些禽表现为关节肿大，内含黄色的黏稠液体。

6. 治疗　磺胺类药物包括磺胺嘧啶、磺胺甲基嘧啶、磺胺噻唑、磺胺二甲基嘧啶和磺胺喹啉，已用于鸡白痢和禽伤寒的治疗。磺胺嘧啶、磺胺二甲基嘧啶和磺胺甲基嘧啶在雏鸡饲料中最大用药剂量为 0.75%。雏鸡于 1 日龄时开始喂药，连用 5 天或 10 天，可有效地预防雏鸡的死亡，但鸡群在停药 5 天后又出现死亡。最初 5 天在粉料中拌入 0.5% 的磺胺甲基嘧啶，可降低感染雏鸡的死亡率。治疗禽伤寒时，饲料中加入 0.1% 的磺胺喹啉，用药 2～3 天，如有需要，再以 0.05% 的比例用药 2 天；也可用水配成 0.04% 的药液，连用 2～3 天，若有需要，也可重复 1 个疗程。在屠宰食用前至少停药 10 天。许多研究表明，用药后存活的禽中，有相当一部分成了感染禽。

许多抗生素可有效降低发病率和死亡率，如氯霉素以 0.5% 的比例拌料，连用 10 天；金霉素以 200 毫克/千克的比例拌料，氨基糖苷类以 150（225）毫克/升的比例饮水，连用 5 天。但是，所有这些抗生素都不能有效根除鸡白痢沙门菌。孵化前用硫酸新霉素喷雾蛋壳，对控制雏鸡的鸡白痢是有益的。

7. 管理措施　实施管理制度，以防止鸡白痢或禽伤寒传入禽群，必须逐步地将带菌者消除。

（1）雏鸡与雏火鸡应该自无鸡白痢和禽伤寒的场所引入。

（2）无鸡白痢和禽伤寒鸡群都不可和其他家禽或来自未知有无该病的舍饲禽相混群。

（3）雏鸡与雏火鸡应该置于能够清理和消毒的环境中，以消灭上批鸡群残留的沙门菌。

（4）雏鸡与雏火鸡应饲喂颗粒饲料，以最大限度地减少鸡白痢沙门菌、鸡伤寒沙门菌和其他沙门菌经污染的饲料原料传入鸡群的可能性。使用无沙门菌饲料原料是极为理想的。

（5）通过采取严格的生物安全措施，最大限度地减少外源沙门菌的传入。

1）自由飞翔的鸟常常携带沙门菌，但很少遇到鸡白痢沙门菌或鸡伤寒沙门菌。鸡舍必须有防止飞禽的设备。

2）小鼠、兔、猫、狗和害虫可作为沙门菌携带者，但很少发现感染鸡白痢沙门菌或鸡伤寒沙门菌。因而，鸡舍应有防啮齿动物的设施。

3）控制昆虫很重要，尤其是防苍蝇、鸡螨与小粉虫。这些害虫常为环境中的沙门菌和其他禽病原的生存媒介。

4）使用饮用水或供给经氯化的水。在某些地区，常取露天水池中的表层水供给柴鸡饮用，这有一定的危险性。

5）本菌的机械传播者，包括人的鞋和衣服、养禽设备、运料车与装禽的板条箱。必须小心谨慎防止经污染物传入鸡白痢沙门菌或鸡伤寒沙门菌。

6）必须对死禽进行适当处理。

8. 伤寒、副伤寒病　发病初发病鸡表现精神沉郁，食欲减退，离群或聚集成堆，缩头闭眼，随病情发展出现排水样稀粪，频频饮水，个别蛋鸡眼睑肿胀，鼻内有黏液或脓性分泌物，甚至出现失明。

剖检可见肝脏颜色加深，有的呈现青铜色，肝表面有出血条纹和灰白色坏死点，胆囊扩张充满胆汁。脾、肾淤血肿胀。脾脏高度肿大、坏死，呈斑驳状。小肠黏膜肿胀，局部出血，一侧或两盲肠腔内有黄白色豆腐渣样栓塞物。产蛋母鸡卵泡变形、变色。卵巢变形、萎缩呈肉变样。常见卵黄性腹膜炎、肠道黏膜卡他性、出血性炎症。有时肾脏可见黄色坏死点。有时可见纤维素性肝周炎和心包炎，盲肠内有干酪样栓子，胰腺有灰白色坏死灶。

副伤寒常局限于肠道，可用四环素类、喹诺酮类药物混在饲料或溶于水中服用。由于这类药肠道吸收较少或者中等，可使药物作用于消化道的局部，同时动物体内残留量很低，停药后较短时间体内就检查不出来了，对人体无影响。土霉素可用 0.01%~0.02% 浓度混于饲料中，服用 1 周，如果没有完全控制，还可继续服用 1 个疗程。磺胺类药物也有效。诺氧沙星 50 毫升/千克饮水 7~13 天或 100 毫升/千克混饲 7 天，都有较好的疗效。此外，在饲料里添加 0.02% 呋喃唑酮，连喂 1 周，可停止死亡，然后将剂量减半，可以防止本病散播。

（十一）葡萄球菌病

葡萄球菌病是由金黄色葡萄球菌引起，各日龄鸡均可发生，以 40~80 日龄中鸡多见，成年鸡较少发生，白羽鸡易感。本病发病原因多与创伤有关，如断喙、接种、啄斗、刺刮伤等，有时也可通过呼吸道传播。鸡痘发病后多继发本病，故防鸡痘对本病至关重要。定期用 0.3% 过氧乙酸带鸡消毒，发病后要根据药敏试验选药。

1. 病理变化　病鸡趾尖干性坏疽，爪部皮肤出血、水肿。腱鞘积有脓性渗出物，病鸡打开关节后可见大量化脓性物，此灶可延伸至屈肌膜鞘，内有血样黏液。眼睑肿胀，有大量脓性分泌物将眼封闭。翅膀、胸部皮肤出血、发紫、液化、脱毛、皮下出血、溶血。病鸡腿部和翅膀尖处脱毛，水肿性皮炎，皮下出血。头、颌部皮下出血、水肿。外观头肿胀、绿色。肺出血、液化、不成形。胸、腹部皮肤出血，脱毛、液化。

2. 防治措施

（1）加强饲养管理，注意环境消毒，避免外伤鸡只的发生。创伤是引起本病发生的重要原因。因此饲养管理过程中应尽量减少伤鸡的出现。如鸡舍内网架安装要合理，网孔不要过大，不能有毛刺。接种疫苗时做好消毒工作。

（2）提供营养平衡的饲料，防止因维生素缺乏导致皮炎和干裂。

（3）做好鸡痘和传染性贫血的预防。

（4）禽群发病后可用庆大霉素、青霉素、新霉素等敏感性药物治疗。同时用0.3%的过氧乙酸消毒。

（5）当发生眼型葡萄球菌病时，采用青霉素、链霉素或氯霉素眼膏点眼治疗，饲料中维生素 A、维生素 D_3、维生素 E 加倍使用。

（十二）呼吸道病

禽类的呼吸系统包括上呼吸道、支气管、肺和气囊等器官。气囊是禽类的一个弱点。上呼吸道具有黏膜和上皮巨噬细胞等局部防御器官，但是气囊则没有特殊的屏障。因此，呼吸道的某一部分一旦受到感染，则能很快通过气囊贯穿胸部、腹部甚至某些长骨，造成其他组织的感染。

1. 发病原因　导致蛋鸡发生呼吸道疾病的因素有很多，其中包括病毒性病原、细菌性病原和真菌性病原，以及不良的管理因素（通风不良、环境粉尘、高温、低湿和劣质饲料等）。这些致病因素贯穿于种鸡管理、孵化管理、蛋鸡管理这三大环节，它们直接影响新生雏鸡的质量、蛋鸡抵御呼吸道疾病的能力和对疫苗的应答能力。例如，如果新生雏鸡脐部闭合不完全或者卵黄囊被细菌感染，那么这些雏鸡就有可能继发呼吸道疾病；如果雏鸡的母源抗体水平不一致，那么1日龄免疫（新城疫和传染性支气管炎）的效果就不会很好，疫苗病毒会在衰弱的雏鸡体内繁殖，毒力增强，使全群免疫反应加剧，并暴发呼吸道病。

2. 预防方法　先从种鸡管理、孵化管理和肉鸡管理的一些方面介绍肉鸡呼吸道病的预防方法。

（1）防止父母代种鸡感染禽败血支原体（MG）和滑液囊霉形体（MS）。感染 MG 和 MS 的父母代种鸡，经种蛋垂直传染给商品代雏鸡。带有 MG 和 MS 雏鸡对新城疫和传染性支气管炎疫苗的免疫反应强烈，在不良饲养条件下，继发大肠杆菌感染，表现为严重的呼吸道病（须用抗生素来维持），死亡率高、生长速度慢、料肉比高。MG 和 MS 病原体很脆弱，对大多数消毒药都敏感，在阳光下几小时就死亡。因此预防 MG、MS 是比较容易的。如要杜绝 MG 和 MS 的危害，则应从父母代种鸡管理上下工夫，做好每个细节，截断传播途径。首先要从无 MG 和 MS 的祖代鸡场引进父母代种雏，其次要建立健全父母代鸡场的生物安全体系。

每个饲养区应全进全出，区内种鸡应为同一日龄。饲养区之间的距离应保持在 1 000 米以上，防止不同日龄鸡群之间传播疾病。进入饲养区的人员，应在实施淋浴和更衣后方可进入。进入饲养区的设备，应实施消毒并应做好计划，在阳光下暴晒，提前 1 周搬进饲养区。进入饲养区的饲料应实施熏蒸消毒，并停放在料库内 1~2 天。在制定鸡群周转计划时，要留足冲洗鸡舍的时间和空场时间。应持之以恒地做好灭鼠工作，防止老鼠传播 MG 和 MS。

（2）在产蛋期间，应定期对种鸡实施新城疫、传染性支气管炎和法氏囊病的免疫，以确保雏鸡具有一致的、高水平的母源抗体。较高的母源抗体可以抵御早期的野毒攻击，尤其是当雏鸡受到法氏囊病的早期攻击时，造成免疫抑制，影响后续的新城疫和传染性支气管炎的免疫，影响雏鸡的抵抗力。

（3）防止初生雏卵黄囊感染。如果初生雏卵黄囊受到细菌感染，那么这样的雏鸡就会继发呼吸道疾病。雏鸡生命孕育过程包括从种蛋开始形成、产出、储存、上孵到雏鸡破壳而出，在每个阶段卵黄囊都可能受到污染。因此，为防止初生雏卵黄囊感染，要从种鸡和孵化的每个环节入手，加强管理，减少感染的机会。

1）防止大肠杆菌经输卵管感染卵黄。种鸡在开产前后，体内发生生理变化，鸡只抗病能力下降，输卵管易受大肠杆菌等病原体的感染，那么在种蛋形成过程中，卵黄就会受到感染。这样的种蛋，要么孵不出雏鸡，要么孵出的雏鸡有卵黄囊炎症，成活率低。有的鸡场采用定期投喂抗生素的方法来控制输卵管的感染，具体方法是：见蛋时投药一次，持续 5 天；产蛋率达到 10% 投药一次，持续 3 天；产蛋率达到 65% 投药一次，持续 3 天；然后，每 6 周投一次药，持续 3 天。

2）防止弄湿种蛋表面。种蛋表面被弄湿，鞭毛类杆菌和真菌就会顺利地穿透蛋壳及壳膜，有可能造成卵黄的感染。有的种鸡场在鸡舍内安装喷雾降温装置，该装置在降低舍内温度的同时，也会弄湿了产蛋箱内的种蛋，因此应拆除这种装置，改用其他降温设备。在有的孵化厅，种蛋码盘、上车刚结束，职工就急于冲洗工作区域，冲洗水易溅到种蛋表面，因此，建议改掉这种不良习惯。在夏季，由于蛋库内外温差较大，孵化厅内空气相对湿度又很高，种蛋在入孵前常常发生"出汗"现象。若发生此现象时，则建议使用喷洒消毒方法消毒种蛋，而不用熏蒸方法。喷洒消毒的药液配方：过氧化氢 1%，醋酸 0.05%，季铵盐 175×10^{-6}。

3）种鸡舍和孵化厅的卫生。脏蛋是造成卵黄囊感染的一个主要原因。为了防止弄脏种蛋，应加强产蛋箱的管理，保持其洁净、垫草充足。应定时采集种蛋，每天 5 次，使产蛋箱内最多不得多于 5 枚种蛋以防止种蛋破损。在开产前后，要加强对母鸡的训练使其习惯在产蛋箱内产蛋，适时巡视鸡舍，捡起地面蛋，抓起在地面产蛋的母鸡，放进产蛋箱。地面蛋和脏蛋不应当作入孵种蛋。

雏鸡刚破壳时，脐部是开放的，若此时脐部接触到病原菌，则会造成脐部感染，进而造成卵黄囊感染。因此，应注意出雏器和出雏盒的卫生。

（4）防止曲霉菌感染：初生雏感染曲霉菌，在 2～3 日龄时出现呼吸道病的症状，4~9日龄有部分雏鸡死亡，存活的雏鸡生长速度慢。

产蛋箱内的曲霉菌污染种蛋，当种蛋的温度下降时，曲霉菌穿透进入蛋壳；被污染的种蛋进入孵化厅后，在适宜的温度、湿度的条件下繁殖；曲霉菌进入孵化厅后，不断感染新生雏鸡，人们很难将其清除出厅。此外，曲霉菌还有一个进入孵化厅的途径，那就是草质笤帚和棉布拖把，应将这两种工具放置于厅外。

如果在孵化厅内监测到曲霉菌，那么应首先查清曲霉菌进厅的途径，设法使外源曲霉菌不再进厅，然后定期彻底清洗消毒孵化厅厅内环境。在众多消毒药中，双氧水适用于孵化厅的消毒，并对真菌有杀灭作用。

（5）防止孵化期的缺氧应激：在冬季，国内一些孵化厅为了保持厅内温度，关闭大厅门窗，由于缺乏必要的通风取暖设备，使得厅内严重缺氧。在缺氧条件下，一方面孵化率降低，另一方面孵出的雏鸡质量不高。做雏鸡解剖时，可以看到雏鸡心脏变宽。这样的雏鸡在生长过程中极易发生腹水综合征。建议使用带有循环热水的中央供风装置，而不用热风炉。

（6）防止消毒剂超量熏蒸雏鸡：鸡场员工习惯在出雏期间，加4次福尔马林，每次加250毫升或更多。这种加药方法，一次加药量太多，对雏鸡呼吸道造成破坏，雏鸡在饲养过程中极易造成呼吸道感染，应改变这种做法。建议从10%雏鸡破壳开始，每3小时加一次福尔马林，直到破壳结束（不是到捡雏时），每次加100毫升福尔马林。

（7）做好蛋鸡饲养管理：不良的饲养管理可以导致或加重蛋鸡的呼吸道疾病。人们常常不太注重蛋鸡的饲养条件，或者因为顾此失彼，不能为蛋鸡提供舒适的生长条件而诱发严重的呼吸道病。

1）在注重温度时，应注意通风。在冬季，人们为了降低能耗，又要使鸡舍内保持在合理的育雏温度范围内，把育雏舍密闭得严严实实，没有任何通风，使舍内空气变得非常混浊，氨味刺鼻，在这样的条件下，蛋鸡怎能不感染呼吸道病？建议使用温度定时装置，以兼顾通风与温度这一对矛盾。安装这一装置后，在舍内温度达到或超过设定值时，即可启动风机。而在低于设定值时，使风机在每10分钟内启动几分钟（这可以根据所需通风量随意设定）。总之，确保鸡舍内任何时间内都不能有氨味出现。

2）应注意舍内湿度。在冬季育雏时，前1~2周，舍内空气相对湿度都很低（30%~40%），垫料很干，垫料上方空气中粉尘较多，对雏鸡呼吸道有不良影响。在这一方面，有一些公司解决得比较好。他们的做法是：在鸡舍内的火炉上放上水盆，或在火炉烟道上放麻袋片，并往上泼水，以此来加湿。使用这一方法，效果不错。总之要确保舍内湿度不低于65%。

3）为蛋鸡提供洁净、卫生的饮水。俗话说"病从口入"，应为蛋鸡提供洁净的饮水。建议在饮水中加氯消毒，使饮水中含有 3×10^{-6} 有效氯；定时清洗饮水器，使其保持洁净，防止饮水二次污染。在有条件的地方，尽量改用乳头饮水器。

4）氨气浓度：管理好饮水器，防止漏水，保持垫料干燥。此外，还可以在垫料中添加某种药物，减少氨气的释放量。

总的来说，蛋鸡在饲养过程中很容易发生呼吸道疾病。当发生问题时，首先应查明发病原因，只有根除病因才能彻底解决呼吸道疾病。

（十三）禽曲霉菌病

禽曲霉菌病是多种禽类常见的霉菌病。该病特征是呼吸道（尤其是肺和气囊）发生炎症和形成小结节，故又称曲霉菌性肺炎。本病发生于幼禽，发病率和死亡率较高，成年禽多呈慢性经过。曲霉菌属中的烟曲霉是常见的致病力最强的病原，黄曲霉、构巢曲霉、黑曲霉和地曲霉等也有不同程度的致病性。偶尔也可以从病灶中分离到青曲霉和白曲霉等。

1. 抵抗力　曲霉菌孢子对外界环境理化因素的抵抗力很强，干热120℃或煮沸5分钟才能将其杀死。对化学药品也有较强的抵抗力。在一般消毒药品中，如2.5%福尔马林、水杨酸、碘酊等，需经1~3小时才能灭活。

2. 流行特点

（1）本病主要发生于雏禽，4~12日龄是发病高峰，以后逐渐减少。

（2）污染的垫料、用具、空气、饮水、霉变饲料是本病的主要传染源。本病主要是通过呼吸道和消化道感染。

（3）育雏阶段管理差、通风不良、拥挤潮湿及营养不良等都是本病的诱因。

（4）孵化环境受到严重污染时，霉菌孢子容易穿过蛋壳侵入而感染，使胚胎死亡，或者出壳后不久出现病状，也可在孵化环境经呼吸道感染而发病。

3. 临床病理变化

（1）雏鸡感染后病鸡衰弱食欲减退，眼闭合，呈昏睡状，呼吸困难，张口喘气，但无声音；眼流泪，流鼻涕，甩鼻。

（2）病鸡排黄色稀粪。肛门周围沾满稀粪。

4. 解剖病理变化

（1）肺或气囊壁上出现小米粒到硬币大的霉菌结节，肺充血出血，霉菌结节切开呈车轮状。肺结节呈黄白色或灰白色干酪样。

（2）胃、肠黏膜有溃疡和黄白色霉菌灶。脾胃与肌胃交界处有溃疡灶。

（3）有的病鸡脑、心脏、脾脏等实质器官有霉菌结节。

（4）曲霉菌病鸡胸骨和肠系膜有霉菌结节或存积黄色干酪样物。

（5）曲霉菌病鸡的心脏和脾脏横切面有霉菌结节块。

5.防治措施

（1）预防本病首先要改善鸡舍的卫生条件，特别注意通风、干燥、防冷应激以及降低饲养密度，尤其是加强孵化室的卫生消毒。禁止使用发霉或被霉菌污染的垫料或饲料，垫料要勤更换。

（2）病鸡没有治疗价值，应淘汰。加强卫生消毒措施，清除受污染的全部垫料或饲料，用0.05%的硫酸铜溶液喷洒消毒。

（十四）白色念珠菌病

白色念珠菌病是由白色念珠菌感染引起的禽类上消化道的一种真菌病，其特征是上消化道黏膜发生白色假膜和溃疡。

1.流行特点　白色念珠菌病可感染鸡、火鸡、鸽、鸭等禽类，幼禽多发，发病率和死亡率在鸽和火鸡均很高，成年禽也可发病。本病四季均有发生，炎热多雨季节发病尤甚，病禽和带菌禽是主要传染源，主要经污染饲料和饮水感染。圈舍卫生条件差，通风不良，饲料单一，长期使用抗生素等是本病的诱因。

2.临床特征　白色念珠菌病禽表现为生长不良，羽毛松乱，精神沉郁，食欲废绝排出混有大量尿酸盐的绿色稀便。

3.大体病变　病变主要是在口腔内有白色坏死物，或口腔内有痂皮和白色易剥离的坏死物。食道和嗉囊黏膜有干酪样假膜。嗉囊黏膜明显增厚，表面有白色霉菌性病灶。嗉囊黏膜增厚，有白色霉菌性病灶。嗉囊黏膜表面有假膜性坏死物。嗉囊黏膜上有黄白色假膜性坏死，易于剥离。食道和嗉囊黏膜表面有圆形溃疡灶。严重者，腺胃黏膜和肌胃内有白色干酪样坏死物，肌胃内容物变绿。

4.防治要点　避免使用霉变饲料和垫料是防止本病发生的关键，因此应保持圈舍干燥、加强通风换气，保持料槽和食槽等用具的清洁卫生，定期消毒等。对发病禽群用制霉菌素或克霉唑治疗，有一定疗效。同时，立即更换垫草或霉变饲料，对圈舍进行消毒，可迅速控制病情。

（十五）鸡传染性鼻炎

随着我国蛋鸡养殖规模的不断扩大，呼吸道病的发生率也越来越高，特别是秋冬季节，温度突然降低，呼吸道疾病更是成了许多蛋鸡饲养密集区的顽固性疾病。呼吸道疾病中传染性鼻炎的发生率比较高，如果诊治不当、治疗不及时，常与大肠杆菌病、支原体病混合感染，导致很高的死亡率，常给养殖造成重大损失。

1. 病原及流行特点　传染性鼻炎是由副嗜血杆菌引起鸡的一种急性上呼吸道传染病，主要侵袭鸡的鼻腔、鼻窦黏膜和眼结膜，可蔓延到支气管和肺部。发病特征为鼻腔、鼻窦黏膜发炎，流水样鼻涕，颜面水肿，流泪，以及出现呼吸道症状。任何年龄的鸡均可发病，一般秋末和冬季较流行，特别是到了冬季，为了保温常造成通风不良，导致本病在寒冷季节多发。该病来势猛，传播快，发病率高，降蛋快，但死亡率低，一般2~3周即可康复。

2. 临床症状　本病潜伏期短，为1~3天。发病鸡群全群鸡通常有50%左右表现症状。病鸡精神沉郁，食欲减退，生长停止，蛋鸡开产期延迟，产蛋量下降10%~40%。该病的死亡率约为20%，如有并发症，则死亡率较高。病初病鸡鼻腔流出稀薄水样液体，眼结膜潮红，进而角膜混浊、失明；鼻液浓稠并有臭味，堵留鼻腔而使病鸡出现甩头甩鼻，可闻到鼻液有难闻的臭味；颜面、鼻窦肿胀，公鸡肉髯常见肿大；呼吸困难伴有啰音，鼻孔周围凝结成痂，常粘有饲料；鼻孔蓄脓，肿胀蔓延到面部，重者头部肿大；如炎症蔓延至下呼吸道，则呼吸困难，病鸡常摇头欲将呼吸道内的黏液排出，并有啰音；咽喉积有分泌物的凝块，最后常窒息而死。

3. 病理变化　本病发病率虽高，但死亡率较低，尤其是在流行的早、中期鸡群很少有死鸡出现。但在鸡群恢复阶段，死淘率增加，但不见死亡高峰。这部分死淘鸡多属继发感染所致。病理剖检变化也复杂多样，有的死鸡具有一种疾病的主要病理变化；有的鸡则兼有 2～3 种疾病的病理变化特征。具体来说，在本病流行中，由于继发病致死的鸡中常见鸡支原体病、鸡大肠杆菌病等。主要病变为鼻腔和窦黏膜呈急性卡他性炎，黏膜充血肿胀，表面覆有大量黏液，窦内有渗出物凝块；常见卡他性结膜炎，结膜充血肿胀；脸部及肉髯皮下水肿。蛋鸡见有卵黄性腹膜炎、软卵泡、血卵泡，公鸡睾丸萎缩。

严重病例的明显症状是鼻道和窦内有浆液性和黏液性分泌物，这种分泌物干燥后就在鼻孔周围凝结成淡黄色结痂，眼结膜发炎，眼睑粘连，一侧或两侧眼眶周围组织肿胀，脸部水肿，有时蔓延到肉髯。病鸡食欲减退或完全不食，羽毛松乱，蜷伏不动，有时出现下痢。幼鸡生长停滞，母鸡出现产蛋率下降。有时上呼吸道的炎症可蔓延到气管和肺部而发生呼吸困难；发出"咕噜咕噜"的呼吸音。有时还可见有伸颈发出怪叫声的病例。

4. 鉴别诊断

（1）与传染性支气管炎：传染性支气管炎雏鸡发病重，呼吸症状明显，流鼻液，无头部肿胀。肾型传染性支气管炎，肾肿大苍白，肾小管、输尿管有大量尿酸盐沉积，药物治疗无效，病死率高，患病成年鸡呼吸症状不明显，产蛋量急剧下降，软壳蛋、沙皮蛋较多，蛋清稀薄如水，浓蛋白层消失，畸形蛋增多。

（2）与传染性喉气管炎：传染性喉气管炎多见于成年鸡，出血性炎症，呼吸困难，咯血（血性黏液），气管黏膜出血性坏死，久病鸡喉气管黏膜带一层干酪样假膜，无头部肿胀，磺胺类药物和抗生素治疗无效。

（3）与支原体病：支原体病发病慢，呼吸道症状明显且时间较长，一般数周或数月，肿脸的鸡在鸡群中传播较慢，并且精神和采食变化不大，气囊发炎、混浊、增厚，囊腔内附豆腐渣样分泌物，而传染性鼻炎气囊无此病变。

（4）与维生素 A 缺乏症：维生素 A 缺乏症病鸡趾爪卷缩，眼睛流出奶样分泌物，喙和小腿黄色变淡。剖检可见鼻腔、口腔、食道以及嗉囊的黏膜表面有大量白色小结节，严重时结节融合成一层灰白色的假膜覆盖于黏膜表面。

通过以上症状可对鸡传染性鼻炎做出初步诊断，确诊需进行实验室诊断。可将取得的窦分泌物经窦内接种于 2～3 只健康鸡，如果经 1～2 天发生鼻炎即可确诊，也可以通过细菌分离培养确诊。

5. 预防措施　对鸡传染性鼻炎的预防，主要靠注射鼻炎灭活苗。传染性鼻炎二价或三价氢氧化铝胶灭活油苗，胸部或腿部肌内注射每只 0.5 毫升，6～8 周龄首免，10～15 天后产生免疫力。12～16 周龄或开产前二免，每只 1 毫升（可分两处接种），保护率达 90% 以上，免疫期 6 个月。此外，还有传染性鼻炎—新城疫二联灭活油苗、传染性鼻炎—鸡毒支原体病二联灭活油苗、传染性鼻炎—新城疫—产蛋下降综合征三联灭活油苗等都可用于该病的预防免疫。

6. 治疗措施

（1）副鸡嗜血杆菌对磺胺类药物非常敏感，是治疗本病的首选药物。一般用复方新诺明或磺胺增效剂与其他磺胺类药物合用，或用 2～3 种磺胺类药物组成的复方制剂均能取得较明显效果。但养殖户是对磺胺类药物有所顾忌的，主要是担心影响鸡群产蛋。由于本病的传播速度相当快，即使不使用磺胺类药也必然会引起减蛋，如果在发病初期合理用药，则能迅速控制病情，减少继发感染机会，同时可起到缩短病程，加快鸡群康复的作用。

（2）对于病鸡采食明显下降，拌料不能保证体内药物达到有效浓度时，使用抗生素采取肌内注射的办法同样可取得满意效果。可肌内注射青霉素和链霉素每只 5～10 单位，庆大霉素每只 100～200 毫克，连用 3～5 天，疗效显著。

（3）对于免疫过两次或两次以上疫苗，且发病数量较少的，应避免使用产蛋影响较大的磺胺类药物，可选用红霉素、多西环素、恩诺沙星等药物治疗。磺胺二甲基嘧啶，按 0.2% 比例拌入饲料中喂服，连用 3～4 天。土霉素，按 0.2% 比例混入饲料内，连喂 3～4 天。

总之磺胺类药物和抗生素均可用于治疗，给药保证每天摄入足够的药物剂量，这才是保证治疗效果的关键。

7. 防治体会

（1）免疫接种、良好的饲养管理、完善的生物安全和卫生消毒措施的有机结合，才是防制鸡传染性鼻炎最为有效的措施。由于秋末冬初季节交替或寒冷的冬季，气温忽高忽低，乍热乍冷，昼夜温差大，冷空气致使呼吸道黏膜血管收缩，造成局部血液循环不畅，抵抗力下降是该病发生的主要诱因。所以改善鸡舍环境，注意通风和保温，是消除该病的关键。此外，对鸡舍应定期清粪，定期消毒，实施良好的生物安全和卫生消毒措施，制定科学严格的消毒和管理措施，是控制和切断该病的传染源和传播途径的有效方法。采用优质全价饲料，加强饮水及饮水用具清洗消毒，减少应激因素，提高鸡群体质，提高机体自身抗病能力，是加快疾病的转归的必要条件。

（2）正确使用药物，注意用药的方式方法，有效控制病情。用磺胺类、抗生素类、喹诺酮类药物饮水或拌料，或肌内注射，均可以很好控制鼻炎，但如果使用不当或药量、疗程不足，会增加病情。另外，在冬季治疗鼻炎时，注意使用磺胺类、抗生素的同时，适当配合抗病毒药物，例如在饲料中添加银翘散、扶正解毒散等中药方剂，才能有效控制疾病，产生明显的治疗效果。

（3）注意和相类似疾病的区别，防止误诊，发生继发感染，增加治疗成本。慢性呼吸道病、传染性支气管炎、传染性喉气管炎、维生素 A 缺乏症等疾病与传染性鼻炎症状相似，如果不能及时准确判断，将导致传染性鼻炎病症加重或继发其他疾病，如大肠杆菌病、支原体病，使病程延长，增加治疗成本。病程由于鸡的日龄与环境不同而各异，一般在 2 周左右恢复，很少死亡。然而在病鸡中受到葡萄球菌及大肠杆菌继发感染时，病程可延长。

（4）调整日粮配方。在炎热季节，蛋鸡的食欲减退，采食量降低，所以一般人认为夏季蛋鸡应饲喂高蛋白饲料，以保证蛋鸡生长发育的营养需求，其实并非如此。这是因为蛋鸡迅速食入高蛋白饲料后，只可以暂时满足蛋鸡营养需要，而随后蛋鸡就不太乐意采食甚至拒食，因而造成蛋鸡能量饲料摄入量不足，反而不利于蛋鸡的生长发育。相反，如果提高蛋鸡饲料的能量水平，降低蛋鸡饲料中的蛋白质水平，蛋鸡为了满足蛋白质的需要量，不得不过多地进行采食，以满足蛋鸡对蛋白质的需求，这就使蛋鸡更多地摄取到能量饲料，从而使蛋鸡体重得到增加，其结果要比提高蛋鸡饲料中的蛋白质含量好得多。

（5）调整饲喂次数。在环境温度过高时，可适当减少饲喂次数，一般做法是在一天最热的时候停喂一次，尽量利用清晨或夜间喂一次，以降低体温，提高饲料的利用率。

（6）调节体内酸碱平衡。炎热的季节，鸡体呼吸加快以排出体内多余的热量，结果导致二氧化碳大量排出，体内酸碱平衡受到破坏，使血液 pH 值升高，严重时出现低血钾、呼吸性中毒不良现象。可以向饮水中添加 0.15% 或 0.3% 的氯化钾，或者加 0.25% 的柠檬酸，也可向日粮中加 0.5% ~ 1% 的氯化钙或 0.25% 的氯化钾，能够有效缓解上述现象。

（7）提高维生素的水平。蛋鸡热应激时，增加日粮维生素的水平，能有效地帮助蛋鸡度过炎热。常用的抗热应激的维生素是维生素 C，一般每升饮水中添加 200 毫克，同时添加镇静剂和抗生素类药。

（十六）禽霍乱

禽霍乱（FC）是由禽杀性巴氏杆菌引起的一种急性、烈性、败血性、接触性的传染病，又名禽巴氏杆菌病、禽出败。本病常以败血症和剧烈下痢为特征，发病率和死亡率很高，慢性型发生肉髯水肿和关节炎，是严重危害家禽生产的主要疾病之一。

1. 病原 禽霍乱的病原为多杀性巴氏杆菌，是一种两端钝圆、不运动、能形成芽孢的短杆菌，革兰染色阴性。本菌对物理和化学因素抵抗力比较低，普通消毒就能达到良好的效果。发病蛋鸡以下痢、不食、鸡冠及肉垂发绀、口流黏性液体、急性死亡为主要特征。

2. 流行病学 本病可侵害所有的家禽及野禽，其中鸡、鸭最易感，鹅的易感性较差，成年禽发生居多，幼禽较有抵抗力，一般为散发或地方性流行，但在鸭群中的流行则很严重，表现为突然发病，在几天内大批死亡，造成重大损失。鸡群发病死亡不像鸭群这样严重。病禽及带菌禽是本病的主要传染源。病禽的排泄物和分泌物含有大量病菌，污染饲料、饮水、用具及场地等，从而传播疫病。本病发生无明显的季节性，但以夏末秋初发病较多，潮湿地区易于发生。健康带菌禽当饲料管理不良、内寄生虫病、营养缺乏、长途运输、天气突变、阴雨潮湿、禽舍通风不良等因素造成机体抵抗力降低时，则能诱发本病。疫病主要通过消化道及呼吸道感染，在自然情况下，鸡、鸭、鹅和鸽都可同时或相继发病。

3. 临床症状 潜伏期一般为 2～9 天，有时在引进病鸡后 48 小时内也会突然发病，最短的仅几小时。根据病程可分为三型。

（1）最急性型：常见于流行初期，以产蛋高的鸡最常见。病鸡无前驱症状，晚间一切正常，吃得很饱，次日发现死在鸡舍内，有时见病鸡精神沉郁，倒地挣扎，拍翅抽搐，迅速死亡。病程短者数分钟，长者也不过数小时。

（2）急性型：此型最为常见，病鸡表现精神、食欲减退，不愿走动，离群呆立，下痢，体温升高到43～44℃，呼吸困难，鸡冠、肉髯青紫色。产蛋鸡停止产蛋，最后发生衰竭、昏迷而死亡，病程短的约半天，长的1～3天。

（3）慢性型：由急性不死转变而来，以慢性肺炎、慢性呼吸道炎和肠胃炎较多见。病鸡消瘦，精神委顿，有些病鸡一侧或两侧肉髯显著肿大，随后可能有脓性干酪样物质坏死、脱落。有的病鸡有关节炎，表现为关节肿大、疼痛、脚趾麻痹而发生跛行，病程可拖至1个月以上，但生长发育和产蛋长期不能恢复。病鸡精神委顿，两翅下垂，羽毛松乱，离群独处，食欲减退，腹泻，排黄色、灰白色或淡绿色稀粪，有时粪中混有血液，体温升高，呼吸急促，口鼻流出多量带血的分泌物。部分鸡只无任何临床症状就突然死亡。

4. 剖检变化　最急性型死亡的蛋鸡无特殊病变，有时只能看见心外膜有少许出血点。急性病例病变较具特征性，腹膜、皮下组织及腹部脂肪常见小点出血，心包变厚，内积不透明淡黄色液体，心外膜、心冠脂肪出血尤为明显。肝脏稍肿、质脆，呈棕色或黄棕色，表面散布有许多灰白色、针头大的坏死点。肌胃出血显著，肠道尤其十二指肠呈卡他性和出血性肠炎。肺有充血和出血点，脾脏一般不见明显变化。慢性型病变局限于某些器官，如关节、腱鞘、肉髯、鼻腔或卵巢等发炎和肿胀，局部有稠厚的酪样渗出物，呈黄灰色。鸭的病理变化与鸡基本相似。雏鸡呈多发性关节炎，关节囊增厚。心肌有坏死灶，肝硬化。

皮下腹部脂肪、胸腹膜出现小点状出血；心冠状沟脂肪有明显针尖大小出血点；心外膜出血；肝脏肿大，质度稍硬，在被膜下和肝实质中见有数量较多的弥漫性针尖大小坏死灶；小肠前段尤其是十二指肠呈急性卡他性炎症或急性出血性卡他性炎症。

5. 实验室检验　根据本病的疫苗接种情况、流行病学、临床症状等特征，可做出禽霍乱的初步诊断。为了进一步确诊，应进行实验室检验。

涂片镜检和细菌分离培养：制作血片和无菌取肝、脾涂片，革兰染色，镜检，可见大量革兰阴性小杆菌；瑞氏染色，镜检，可见两极浓染的近似于椭圆形的球杆菌。另将肝、脾等病料接种于鲜血琼脂平板上，置于37℃温箱培养24小时，可见在鲜血琼脂平板上有半透明、不溶血、光滑、边缘整齐、灰白色小菌落。将该菌落涂片，革兰染色，镜检，可见革兰阴性细小球杆菌。

6. 诊断根据　根据禽群的发病情况，临床症状和病理变化，结合药物治疗，可以对本病做出初步诊断，但应注意与鸡新城疫和鸭瘟相区别。鸡新城疫发病比禽霍乱相对慢、病程长，仅感染鸡，临床上出现剧烈下痢，后期伴有神经症状，剖检见腺胃黏膜乳头出血和小肠出血性坏死性炎症，抗生素和磺胺类药物治疗无效。鸭瘟发病流行期相对较长，仅感染鸭，病鸭眼睑封闭，两腿发软，口腔后部黏膜有假膜、溃疡，头颈肿大，药物治疗无效。剖检可见食道和泄殖腔黏膜有坏死痂或假膜。确诊本病仍有赖于细菌学检查，可采取肝、脾、肾、心血等做涂片或组织触片，用姬姆萨或亚甲蓝染色，镜检见有多量两极着色小杆菌，即可确诊。

7. 防治方法　确诊本病之后，应尽快全群投药。一般多用混料的方式投药，必要时可以肌内注射。常用的药物有青霉素、链霉素、氯霉素、土霉素、灭败灵、灭霍灵、喹乙醇等。下面推荐几种治疗方案，供参考。

（1）土霉素：每千克饲料混入2~3克，连用5~7天。

（2）喹乙醇：每千克饲料混入0.4克，连用3天，之后每千克料混入0.2克，再用5天。

（3）灭败灵：肌内注射，每千克体重2毫升，每天1次，连用2~3天后换土霉素混料，每千克料混2克，连喂5天以上。

（4）慢呼净（949）：方法、剂量与鸡慢呼病相同，疗效显著。

（5）强力抗：每小瓶15毫升，加水25~50千克饮服治疗。用于预防，每瓶加水50~100千克，亦可肌内注射，治疗效果较好。

预防本病关键在于采取综合防治措施，尽可能做到自繁自养，杜绝传染源的侵入，要加强饲养管理，消除引起鸡体抵抗力降低的一切因素。如鸡场饲养密度不能太高，要通风良好，定期驱虫、消毒。平时还要进行药物和菌苗预防。菌苗预防目前普遍使用的为禽霍乱弱毒冻干苗和氢氧化铝灭能苗，但禽霍乱菌苗性能不够稳定，免疫期短，保护率较低，有一定的免疫反应，特别是蛋鸭产蛋期，反应更大。因此，一般应在开产前4周和2周时各接种1次，效果较好。药物预防一般可采用投药3~4天，停药10多天的方法周期性预防。环丙沙星或恩诺沙星按每千克体重5~10毫克的剂量拌料饲喂或肌内注射，每天2次，连用3~4天。

（十七）雏鸡绿脓杆菌病

本病是由绿脓杆菌感染引起的鸡的传染病，主要危害10日龄以内的雏鸡。近年来本病在我国时有发生，已成为威胁养鸡业发展的重要疾病之一。绿脓杆菌属于条件性致病菌，常常引起人和动物的发病。近几年来，雏鸡暴发此病增多，由于诊断用药失误，往往造成严重损失。

1. 临诊症状及剖检变化　本病四季均可发生，以春季多见，雏鸡最易感，随着年龄增加，抵抗力增强。育雏室温度过低、通风不良、注射马立克病疫苗、孵化环境污染等均可诱发本病。发病突然，食欲减退和废绝，精神沉郁，羽毛蓬乱，两翅下垂，不爱活动或行走蹒跚，或缩颈蹲卧、嗜睡，少数呼吸困难，腹部煽动。败血型多发于 1～6 日龄雏鸡，死亡率为 30%～60%，表现为精神不振，食欲废绝，排白色稀便。粪便呈白色黏液样。此种死鸡剖检时多无特征性病变，除羽毛蓬松污秽、消瘦外，皮下有少量黏性渗出物，肝略肿大、质脆，或色偏黄，偶有出血点；部分肺呈浅红乃至深红色，鸡爪各关节背侧面的皮肤鳞片处有横向裂口，少者 2～3 处，多者 2～30 处，初期有少量鲜血或血性渗出物，然后形成创痂。创痂坚固不易脱落，强行剥离后露出鲜红或带少许脓性分泌物创面。发生此种裂口状的鸡起初约占全群的 9%，以后结痂的达 90%。少数病例出现角膜或眼前房混浊，有时病鸡出现震颤，很快死亡。肝脏轻度肿大，有出血点和小坏死灶。肝脏肿大，有出血点和小坏死灶，胆囊扩张。

另在发生上述症状的同时，还有约 70% 的鸡冠前端基部与口缘交界处有丘疹样物突起破溃结痂或有创面，此种创痂，需 4～6 周龄才可脱落。极少数鸡的断喙切面，形成很厚的黑灰色创痂，剥离后有少量脓性分泌物及渗血创面。约 20% 的鸡单独或合并发生一侧或少数两侧性眼炎，病初眼睑水肿，有浆液性分泌物，继而眼睑肿胀加重，眼裂闭合，结膜囊内积有脓性分泌物以至多量黄白色纤维素性物或凝块，致使眼睑高度肿胀。角膜初期为浅灰色，以后发展成为白色斑以致眼球萎缩下陷，造成合并症死亡或永久性失明而被淘汰。约 20% 的鸡一侧或两侧跗关节炎，关节肿大，有压痛，跛行或不行走。

2. 实验室诊断　细菌镜检及分离培养。用肝、脾触片及肿大的跗关节腔内液体涂片，革兰染色，镜检见散在的革兰阴性杆菌。用上述病料接种于普通肉汤，经 37℃ 环境下培养 24 小时肉汤均匀混浊，并有灰白色薄菌膜，肉汤上层约 2 厘米处出现浅蓝绿色色素，并逐渐加深，但数天后颜色变浅。用相同病料接种于普通琼脂及鲜血琼脂培养基，长出大量一致的菌落，菌落为圆形、边缘不齐、表面光滑湿润、中等大小，周围产生明显蓝绿色色素和明显溶血现象，培养物有特殊芳香味。镜检肉汤培养物，为革兰阴性、无荚膜、无芽孢、单个或 2～3 个短链的细小杆菌。

3. 防治措施　切实做好种蛋收集、储存、入孵、孵化中期和出雏中的消毒工作，接种疫苗时，应注意对器械严格消毒，尽量避免接种感染。也可在接种前后 2～3 天使用药物进行预防。对病鸡应及时淘汰，全群口服氯霉素、多西环素、氧氟沙星、环丙沙星等，有一定疗效。

（1）用 0.02% 浓度的乳酸诺氟沙星加入饲料中拌服，两天后死亡明显减少，精神好转。蛋鸡对诺氟沙星最敏感，故应连续应用 7 天，进而控制本病的发生。用药的同时，饮水中加入电解多维，并适当提高舍温。

（2）对表现跗关节炎及眼炎或病弱鸡，注射乳酸诺氟沙星注射液 2～3 次，每天一次，对上述症状轻者效果较好，对症状较重或生长落后者应选择淘汰。

（3）舍内每天用百毒杀进行带鸡喷雾消毒。鸡舍周围及路面等处每天用 5% 福尔马林喷雾消毒。

（十八）蛋鸡弧菌性肝炎

本病又称鸡弯曲杆菌病、鸡弧菌性肝炎，是由一种弯曲杆菌引起鸡的传染病，病理变化以肝脏肿大、质地脆弱易碎，表面形成星状坏死灶为特征。

1. 流行特点　本病见于雏鸡和成鸡，亦可见于山鸡等家禽。病鸡、带菌鸡是主要传染来源，常随粪便排出病原菌，污染垫料、饲料、饮水，使易感禽经口感染发病。未证实是否可以垂直传播。有证据显示，本病的发生有较明显的条件性，与饲养环境恶劣因素有关。自然流行仅见于鸡，多见于开产前后的鸡，一般为散发。饲养管理不善、应激反应，鸡患球虫病、大肠杆菌病、霉形体病、鸡痘等是本病发生的诱因。

2. 临床特征　剖检病鸡，主要病理变化在肝脏。肝脏肿胀，色淡，或肝脏肿大，质地变脆易碎，表面有灰白色至灰黄色、"雪花样"坏死灶，或有斑点状的出血灶。部分病例肝脏被膜破裂导致大量出血。病鸡表现精神委顿，冠髯萎缩，消瘦，下痢，急性死亡或慢性发病死亡，死亡率达到15%左右。成年鸡还可能表现产蛋量下降，或产蛋率不能达到高峰值。本病无特征性症状。本病发病较慢，病程较长，病鸡精神不振，进行性消瘦，鸡冠萎缩苍白、干燥。

3. 病变特征 病鸡体瘦和发育不良，病死鸡血液凝固不全。大约10%的病鸡肝脏有特征性的局灶性坏死，肝实质内散发黄色三角形、星形小坏死灶，或布满菜花状大坏死区。有时在肝被膜下还可见到大小、形态不一的出血区。

4. 实验室诊断

（1）病理学诊断：肝细胞普遍发生变性、散在大小不一的坏死灶，见有大量淋巴细胞和异嗜性白细胞浸润。

（2）病原学诊断：无菌取肝胆汁、肝脏或心包液制成1：10悬液，加入杆菌肽锌（25毫克/毫升），注入6~8日龄鸡胚卵黄囊内，继续孵化，3~5天鸡胚死亡后，用卵黄液涂片、革兰染色镜检。

5. 防治方法 注意搞好环境卫生，防止粪便污染饲料、饮水，及时清除带菌的可疑病鸡。注意预防寄生虫病、支原体病等消耗性疾病和传染性法氏囊病、马立克病等免疫抑制性疾病，搞好饲养管理，提高机体抵抗力；发病时，可适当使用四环素或土霉素等混合饲料或饮水喂服做治疗。

治疗时可选用强力霉素、庆大霉素、环内沙星或恩诺沙星等药物，为防止复发，用药疗程可延至8~10天。

（1）土霉素：用量为20~80克。混饲，拌入100千克饲料中喂服，连喂4~5天。

（2）痢特灵：按每100千克饲料10~40克用药，连用7天。

（3）庆大霉素注射液：用量为 3 000～4 000 国际单位，一次肌内注射，每天 2 次，连用 3～5 天。

（十九）禽结核杆菌

1. **病原学** 禽结核杆菌属于抗酸菌类，普遍呈杆状，两端钝圆，也可见到棍棒样的、弯曲的和钩形的菌体，长约 13 微米，不形成芽孢和荚膜，无运动力。结核菌为专性需氧菌，对营养要求严格。最适生长温度为 39～45℃，最适 pH 值为 6.8～7.2。生长速度缓慢，一般需要 1～2 周才开始生长，3～4 周方能旺盛发育。病菌对外界环境的抵抗力很强，在干燥的分泌物中能够数月不死。在土壤和粪便中病菌能够生存 7～12 个月，有的试验报告甚至长达 4 年以上。本菌细胞壁中含有大量脂类，对外界因素的抵抗力强，特别对干燥的抵抗力尤为强大。对热、紫外线较敏感，温度 60℃时 30 分钟死亡。对化学消毒药物抵抗力较强，对低浓度的结晶紫和孔雀绿有抵抗力。

2. **流行病学** 所有的鸟类都可被禽结核分枝杆菌感染，家禽中以鸡最敏感，火鸡、鸭、鹅和鸽子也都可患结核病，但都不严重，其他鸟类如麻雀、乌鸦、孔雀和猫头鹰等也曾有结核病的报道，但是一般少见。雏鸡中也可见到严重的开放性的结核病，是传播强毒的重要来源。病鸡肺有空洞形成，气管和肠道出现溃疡性结核病变，可排出大量禽分枝杆菌，是结核病的第一传播来源。排泄物中的分枝杆菌污染周围环境，如土壤、垫草、用具、禽舍以及饲料、水，被健康鸡摄食后，即可发生感染。卵巢和产道的结核病变，也可使鸡蛋带菌，因此，在本病传播上也有一定作用。其他环境条件，如鸡群的饲养管理、密闭式鸡舍、气候、运输工具等也可促进本病的发生和发展。

结核病主要是经呼吸道和消化道传染。前者由于病禽咳嗽、喷嚏，将分泌物中的分枝杆菌散布于空气，或造成气溶胶，使分枝杆菌在空中飞散而造成空气感染或叫飞沫传染。后者则是病禽的分泌物、粪便污染饲料、水，被健康禽吃进而引起传染。污染受精蛋可使鸡胚传染。此外还可发生皮肤伤口传染。病禽与其他哺乳动物一起饲养，也可传给其他哺乳动物，如牛、猪、羊等。野禽患病后可把结核病传播给健康家禽。人也可机械的把分枝杆菌带到一个无病的鸡舍。

3. **临床症状** 人工感染鸡出现可见临床症状，要在2～3周以后，自然感染的鸡，开始感染的时间不好确定，故结核病的潜伏期就不能确定，但多数人认为在两个月以上。本病的病情发展很慢，早期感染看不到明显的症状。待病情进一步发展，可见到病鸡不活泼，易疲劳，精神沉郁。虽然食欲正常，但病鸡出现明显的进行性的体重减轻，全身肌肉萎缩，胸肌最明显，胸骨突出，变形如刀，脂肪消失，羽毛粗糙，蓬松零乱，鸡冠、肉髯苍白，严重贫血。病鸡的体温正常或偏高。若有肠结核或有肠道溃疡病变，可见到粪便稀，或明显的下痢，或时好时坏，长期消瘦，最后衰竭而死。患有关节炎或骨髓结核的病鸡，可见有跛行，一侧翅膀下垂。肝脏受到侵害时，可见有黄疸。脑膜结核可见有呕吐、兴奋、抑制等神经症状，淋巴结肿大，可用手触摸到。肺结核病时病禽咳嗽、呼吸声粗、次数增加。

4. **病理变化** 病变的主要特征是在内脏器官，如肺、脾、肝、肠上出现不规则的、浅灰黄色、从针尖大到1厘米大小的结核结节，将结核结节切开，可见结核外面包裹一层纤维组织性的包膜，内有黄白色干酪样坏死，通常不发生钙化。有的可见胫骨骨髓结核结节。多个发展程度不同的结节，融合成一个大结节，在外观上呈瘤样轮廓，其表面常有较小的结节，进一步发展，变为中心呈干酪样坏死，外有包膜。可取中心坏死与边缘组织交界处的材料，制成涂片，发现抗酸性染色的细菌，或经病原微生物分离和鉴定，即可确诊本病。

结核病的组织学病变主要是形成结核结节。由于禽分枝杆菌对组织的原发性损害是轻微的变质性炎，之后，在损害处周围组织充血和浆液性纤维蛋白渗出性病变，在变质、渗出的同时或之后，就产生网状内皮组织细胞的增生，形成淋巴样细胞，上皮样细胞和朗罕多核巨细胞。因此结节形成初期，中心有变质性炎症，其周围被渗出物浸润，而淋巴样细胞、上皮样细胞和巨细胞则在外围部分。随着疾病的进一步发展，中心产生干酪样坏死，再恶化则增生的细胞也发生干酪化，结核结节也就增大。大多数结核结节的切片可见到抗酸性染色的杆菌。

5. 诊断　剖检时，发现典型的结核病变，即可做出初步诊断，进一步确诊需进行实验室诊断。

本病应注意与肿瘤、伤寒、霍乱相鉴别。结核病最重要的特征是在病变组织中可检出大量的抗酸杆菌，而在其他任何已知的禽病中都不出现抗酸杆菌。

6. 防治方法

（1）预防：禽结核杆菌对外界环境因素有很强的抵抗力，其在土壤中可生存并保持毒力达数年之久，一个感染结核病的鸡群即使是被全部淘汰，其场舍也可能成为一个长期的传染源。因此，消灭本病的最根本措施是建立无结核病鸡群。基本方法如下：

1）淘汰感染鸡群，废弃老场舍、老设备，在无结核病的地区建立新鸡舍。

2）引进无结核病的鸡群。对养鸡场新引进的鸡类，要重复检疫2~3次，并隔离饲养60天。

3）检测小母鸡，净化新鸡群。对全部鸡群定期进行结核检疫（可用结核菌素试验及全血凝集试验等方法），以清除传染源。

4）禁止使用有结核菌污染的饲料。淘汰其他患结核病的动物，消灭传染源。

5）采取严格的管理和消毒措施，限制鸡群运动范围，防止外来感染源的侵入。

此外，已有报道用疫苗预防接种来预防禽结核病，但目前还未做临床应用。

（2）治疗：本病一旦发生，通常无治疗价值。但对价值高的珍禽类，可在严格隔离状态下进行药物治疗。可选择异烟肼（30 毫克/千克）、乙二胺二丁醇（30 毫克/毫升）、链霉素等进行联合治疗，可使病禽临床症状减轻。建议疗程为 18 个月，一般无毒副作用。

（二十）球虫病

鸡球虫病是由多种艾美耳鸡球虫寄生于鸡的肠上皮细胞引起的一种原虫病。本病分布广泛，感染普遍，是鸡群中最常见的也是危害最严重的寄生虫传染病。

1. 分类特征　各种鸡艾美耳球虫特征见表10.5。

2. 生活史　艾美耳球虫的生活史属直接发育型，不需要中间宿主，通常可分为孢子生殖、裂殖生殖、配子生殖三个阶段。整个生活史需 4~7 天。

（1）艾美耳球虫卵刚随鸡粪便排出时不具感染性，在温暖潮湿的环境里，卵囊经 1~3 天，即可发育成具感染性的成熟卵囊。但温度低于7℃或高于35℃及低氧条件下，孢子化过程将会停止。由于鸡肠道中温度高于35℃且氧气又不充足，所以不能发生鸡的自身循环感染。

（2）当鸡通过饲料和饮水摄食了这种具有感染性的孢子卵囊后，由于消化道的机械作用和酶的作用，释放出子孢子，子孢子侵入肠壁上皮细胞内继续发育，此时虫体称作滋养体。滋养体的细胞核进行无性的复分裂，此时虫体称作裂殖体。

表10.5　各种鸡艾美耳球虫特征

特征分类	堆形艾美耳球虫	布氏艾美耳球虫	巨型艾美耳球虫	和缓艾美耳球虫	变位艾美耳球虫	毒害艾美耳球虫	早熟艾美耳球虫	柔嫩艾美耳球虫
寄生区	十二指肠和空肠	小肠后段和直肠	小肠中段	小肠后段	小肠前段和中段	小肠中段	小肠前1/3部分	盲肠
肉眼病变	轻度感染在楔形条纹中有时存在白色圆形病变;严重感染,肠壁增厚,斑块融合	凝固性坏死,小肠下段黏液性出血,肠炎	肠壁增厚,黏液性渗色渗出物,无渗血	黏液性渗出物,无病变	轻度感染;卵囊圆形斑块;严重感染,肠壁增厚,斑块融合	气胀,白点(裂殖体)淤斑,充满血液的黏液性渗出物	无病变,黏液性渗出物	开始发病时,肠腔内有出血,以后肠壁增厚,黏膜苍白,有血液凝固的肠芯
致病性	+	+ +	+ +	+ / −	+ / −	+ + +	+ / −	+ + + +

（3）裂殖体发育到一定程度，裂殖体破裂，裂殖子被释放出后又寻找新的上皮细胞，并再发育裂殖体，如此反复几次，造成肠黏膜的损害。

（4）第二代无性生殖进行到若干世代后，一部分裂殖子转化成许多小配子（雄性）。一部分裂殖子转化形成大配子（雌性），二者结合后形成合子，合子很快形成一层被膜而成为卵囊。卵囊随粪便排出体外，并在适宜条件下，经数日发育形成孢子囊和子孢子而成为感染性卵囊，被鸡食入后又重新开始体内裂殖生殖和配子生殖。

3. 致病力　球虫致病力除取决于虫种外，也取决于感染卵囊数量。感染卵囊数量过少也不能导致发病。

4. 抵抗力　球虫抵抗力非常强，卵囊在外界发育的适宜温度是20～30℃。高于35℃或低于7℃发育停止。干燥能使其发育停止或死亡；一般消毒剂无效，氨气对卵囊有强大杀灭作用。

5. 流行特点　各日龄的鸡只均有易感性，多发生于3～5周的鸡，成鸡也能发生。球虫病也是一种免疫抑制病。发生球虫病后加重大肠杆菌、沙门菌、新城疫病发病率。雏鸡拥挤，垫料潮湿，饲料中维生素A、维生素K缺乏以及日粮营养不平衡等，都是本病发生的诱因。

6. 临床诊断　球虫病危害严重的主要有两种：盲肠球虫和小肠球虫两种。盲肠球虫主要侵害的是盲肠，引起出血性肠炎，病鸡表现精神萎靡，羽毛松乱，不爱活动，食欲废绝，鸡冠及可视黏膜苍白，逐渐消瘦，排鲜红色血便，3～5天死亡。小肠球虫主要侵害的是小肠中段，引起出血性肠炎，病鸡表现精神萎靡，羽毛松乱，不爱活动，排出大量的黏液样棕色粪便，3～5天死亡。耐过鸡营养吸收不良，生长缓慢。

7. 解剖学诊断

（1）盲肠球虫病鸡主要表现为盲肠肿胀，充满血液或血样凝血块。盲肠黏膜增厚。

（2）小肠球虫病鸡主要表现为小肠肿胀，肠管呈暗红色肿胀，切开肠管内充满血液或血样凝血块。小肠黏膜增厚，与球虫增殖的白色小点相间，肠道苍白，失去正常弹性。

（3）慢性球虫病鸡主要表现为肠道苍白，失去正常弹性，肠壁增厚，切开肠壁外翻。小肠球虫引起肠道肿胀，有明显出血斑点出现。

8. 防治措施

（1）加强饲养管理，注意通风换气，保持垫料的干燥和清洁卫生。降低饲养密度。

（2）发病后要及时用药，但用药量不能过大，应至少保持一个疗程。在使用治疗用药的同时要加大多维素的用量。饲料中多维素用量要增加 3～5 倍。水中加入维生素 K_3 3～5 毫克，方便时饲料中粗蛋白下降 5%～10% 为好。

（3）疫苗免疫也是一个很好的做法，在 1～7 日龄使用球虫疫苗为宜。球虫疫苗使用时一定要注意湿度的控制。再者就是在拌料方面一定要均匀，确保每只鸡吃到均匀的球虫卵囊。

（4）球虫免疫的重要作用是防止蛋鸡生长过程中出现典型的病理变化，但在免疫球虫疫苗过程中由于管理、操作办法和疫苗质量问题往往引起球虫疫苗免疫后死淘率增加。少则几十只，多者上千只的都有，同时造成免疫失败。

（5）做好球虫疫苗免疫要做到以下几点：

1）确保疫苗质量，选择优秀厂家的产品，保存要过关。

2）使用防疫球虫疫苗时操作不能失误。

（6）有以下几点不能忘记：

1）足够饲料量，让每只鸡都吃饱，也就是满足 8 个小时的采食量。

2）料中拌疫苗要均匀，按料量 10% 的水量把疫苗兑入，慢慢地均匀喷洒在所有料量上。

3）有足够的料位，让每只鸡同时能吃到料。

4）每栏按鸡数分清料量和料位。

（7）操作办法：

1）3日龄按每只鸡6~7克料，4日龄按每只鸡8~9克料，不能太少；管理人员自己亲自拌料。

2）用小喷雾器每瓶疫苗1千克水，一个人喷料，一个人拌料，到把所有疫苗喷完为止。

3）按加入的水量加上料量，平分给每栏的每只鸡。

（8）防疫后的管理与维护：控制舍内湿度不能过高和过低，应在35%~60%；提高湿度只能地面洒水，不能在垫料上洒水；防疫后5天，天天观察粪便情况，并进行化验室检测。

（9）预防球虫野毒株感染：野毒株会加重疫苗反应同时引起大量死亡。预防的方法很简单：不要让雏鸡以任何方式接触到土地面，也就是在育雏过程中所有员工不走土地面。

（二十一）盲肠性肝炎病

盲肠性肝炎是鸡和火鸡的一种急性原虫病，又叫黑头病。本病的主要特征是盲肠发炎和肝脏表面产生一种具有特征性的铜钱样或雪花样的坏死溃疡病灶。本病病原是火鸡组织滴虫，是一种单细胞多形性虫体，大小与球虫相似，寄生于盲肠腔内，呈不规则形，有一根鞭毛，能进行钟摆运动；寄生于肠上皮黏膜肌层细胞内者近似圆形，无鞭毛。强毒株可致盲肠及肝脏病害，引起鸡死亡。本病主要通过消化道感染，以2~3月龄的鸡发病较高，成鸡多带虫而无症状。病鸡和带虫鸡既可随粪便排出原虫，也可排出藏有原虫的异刺线虫虫卵。这些病鸡的粪便污染了饲料、饮水，易感鸡吃了以后就会发生感染。散放饲养的鸡群易发。

1. 临床症状　本病潜伏期一般为5~21天，最短仅为3天。病初症状不明显，逐渐表现精神不振、食欲减退、羽毛松乱，拉淡黄、淡绿色稀粪，严重时排出血便，贫血、消瘦。有些病鸡的面部皮肤变成蓝紫色或黑色。病程通常为 1～3 周。病愈鸡可带虫达数周至数月。

2. 剖检变化　病变主要在盲肠和肝脏。盲肠肿大，肠壁肥厚变硬，切开肠管可见干酪样物质堵塞肠内，内容物切面呈同心层状，中心是黑红色的血凝块，外围是黄白色的渗出物和坏死物质。肠黏膜发生坏死和溃疡。急性病例盲肠发生急性出血性肠炎，肠内含有血液。肝脏肿大，肝表面可见大小不等的坏死斑，呈黄绿色或灰绿色，中心稍凹陷，边缘稍隆起，似铜钱样或雪花样。盲肠肿大，两侧盲肠内充满血液或凝固的血块，严重者肠内容物凝固，外观似香肠样。切开时，切面呈同心圆状，中心是黑红色的凝血块，外围灰白色或中心全是黄白色、灰白色的干酪样栓塞，肠壁增厚、变硬，失去弹性。

3. 显微镜检查　取病鸡或病死鸡的新鲜粪便和盲肠内容物涂片、肝病灶触片，加入少量 37～40℃ 的生理盐水混匀，加盖片后立即在 400 倍显微镜下检查，见活的呈钟摆样的虫体和异刺线虫。根据临床症状、解剖病理变化、实验室检验，诊断为盲肠性肝炎病即组织滴虫病。

4. 防治措施

（1）用 0.3% 二甲硝唑拌料喂服，连喂 7 天，病情基本得到控制，停止死亡。停药 3 天后，再用盐酸左旋咪唑驱虫一次（按每千克体重口服 25 毫克），驱除鸡体内异刺线虫，以消除组织滴虫的传播媒介。然后再以二甲硝唑按 0.2% 拌料，连喂 3 天。

（2）每天把鸡舍打扫干净，用 20% 石灰水消毒栏舍、场地、墙壁；用 1∶300 百毒杀对饮水盘、饲槽等用具消毒。通过采取上述防治措施，两周后鸡群全部恢复正常。

5. 小结与讨论

（1）鸡盲肠肝炎一般由异刺线虫卵携带组织滴虫传播，因此要对鸡群定期驱除异刺线虫预防本病的发生。

（2）本病多发生于夏季，在卫生条件差的平养鸡场流行发生（上述发病的鸡群均是平养），4~16周的鸡多发，主要通过病鸡排出的粪便污染饲料、饮水、土壤以及用具，由消化道感染。所以，搞好鸡舍卫生，使鸡少接触粪便及污染物是预防本病发生的有效措施。

（3）本病与盲肠球虫病有相似的病变，应注意进行鉴别确诊。盲肠球虫病临床症状为高度贫血、消瘦，鸡冠和肌肉苍白，排血便。剖检病变盲肠出血，有白色小坏死点密布。盲肠性肝炎病临床症状为病鸡头部呈黑紫色，排淡黄、淡绿或白色粪便，严重时有血便。剖检病变盲肠出血，干酪样坏死，肠壁增厚、变硬，失去弹性。肝脏出现特征性的凹陷扣状坏死。

（二十二）猝死症

猝死症是一种管理性疾病，猝死症主要有上呼吸道被料堵塞引起的死亡，受惊吓应激引起肝脾破裂出血而死，身体无力翻转、心力衰竭而死。

1. 流行病学　蛋鸡的生产性能高，生长速度快，饲料报酬率高，周转快。但快速的生长使机体各器官负担加重，特别是3周龄内蛋鸡的快速增长，使机体始终处于应激状态，易发生猝死症。本病一年四季均可发生，但以夏、冬两季发病较为严重。死亡率在0.5%~4%。单鸡发病有两个高峰：2~3周龄和6~7周龄。体重越大发病率越高，公鸡是母鸡发病率的3倍。采食颗粒料者比粉料的比率大些。

蛋鸡猝死症一般不表现明显的前期症状，常在吃料、饮水时突然倒地尖叫死亡，无特定的病原因素，很多致病因素均可使肉鸡发生猝死症。

2. 发病原因

（1）营养过剩猝死：多发生于生长发育良好、肥胖的鸡只，体内脂肪蓄积过多，各个器官充盈发达，肝和胃肠增大，机械性地压迫胸腔。心、肺受到压迫时，影响心脏正常搏动，长期挤压，心脏不堪重荷，肺和气囊丧失气体交换能力，当超过极限时，心跳骤然停止而死亡。

（2）微量元素缺乏性猝死：硒是蛋鸡必需的微量元素，蛋鸡的生长发育快，对硒的需求量较大，长期缺乏时，出现肌肉营养不良，红细胞崩解，胰脏坏死，神经调节障碍，常出现无症状猝死。

（3）疾病性猝死：巴氏杆菌可引起肉鸡的败血症性猝死；蛋鸡患脂肪肝综合征时，肝脏肿大，质地变脆，易破裂出血而死亡；患传染性喉气管炎时，喉和气管出血，因凝血块梗塞而死亡。

蛋鸡猝死原因很多，但大部分与应激有关。所以，在蛋鸡饲养过程中要尽量消除各种不利因素，创造优良的环境条件，蛋止肉鸡猝死症的发生。本病的发生原因：①与遗传育种有关。目前的主要蛋鸡品种生长速度快，体重大（尤其是对于2～3周的雏鸡，采食量大而不加限制，造成急剧快速生长）而自身的内脏系统（如心脏、肺脏和消化系统）发育相对不完善，导致体重发育与内脏发育不同步。②与饲养方式、营养饲料有关。营养良好、自由采食和吃颗粒料者发病严重。③与环境因素有关。温度高、湿度大、通风不良、连续光照者死亡率高。④与新陈代谢、酸碱平衡失调有关。猝死症的病鸡体况良好，嗉囊、肌胃装满饲料，导致血液循环向消化道集中，血液循环发生障碍，出现心力衰竭而死亡。⑤与药物使用有关。蛋鸡使用离子载体类抗球虫药时，猝死症发病率显著高于用其他抗球虫药。

猝死症是养鸡业中的一种常见病。该病一年四季均可发生，是一种非传染性死亡的主要病症。该病常发生于生长过快、肌肉丰满、外观健康的幼龄仔鸡，其症状为发病急、死亡快，急性的从发病到死亡的平均持续时间约为 1 分钟，且死前不表现明显症状，采食正常，突然发生共济失调，向前或向后跌倒，翅膀剧烈扇动，肌肉痉挛，发出尖叫而死亡。死后两脚朝天，背部着地，颈部扭曲或伸直，多数死于饲槽边。该病随着饲料加工业的不断进步和肉鸡品种的改进，以及其他疾病防治的新进展，其危害性越来越突出，严重时给养殖户造成巨大的经济损失。因此，该病的发生与防治已引起人们的高度重视。

3. 解剖病理变化　肌肉苍白，胃肠道（嗉囊、肌胃和肠道）充满饲料，肝脏肿大，苍白易碎，胆囊一般空虚。肺脏淤血水肿，右心房扩张，比正常大几倍。

4. 防治方法

（1）调整喂料程序：从雏鸡 10 日龄开始，到 22 日龄，每天控制喂料时间在 22 小时以内，可预防本病的发生。

（2）调整光照时间在 20 小时以下。

（3）电解质多维素的添加，可提高营养物质的消化率，增强蛋鸡的抵抗力，防止猝死症的发生。

（4）8 ~ 21 日龄补充维生素 AD3E（赐康乐），饲料中拌入维生素 E 和亚硒酸钠，可防止骨骼发育不良，减缓热应激，改善肉品质。在这期间搭配一些如抗生素与中草药制剂等合理的药物组合，可有效地预防鸡的呼吸道、消化道疾病，控制球虫病的发生。

（5）改善饲养环境，增加通风设备，提高通风量，降低鸡群的饲养密度。

（6）按要求提前进行扩栏，让鸡群活动起来，增加蛋鸡的肺活量，有利于预防后期本病的发生。

5. 初产蛋鸡猝死综合征　本病主要见于初产蛋鸡，当产蛋率达 20% ~ 30% 时，发病死亡率最高，当产蛋率达 60% 以上时，死亡率逐渐降低。病因尚不清楚，可能与饲料组成有关。病鸡突发惊厥和死亡。暴发前无明显症状，外表健康，食欲稍减，粪便较稀薄。冠和肉髯乌红。泄殖腔充血、突出。肺严重淤血呈紫黑色。肝脏肿胀、呈紫红色，充血、出血，质脆易碎。脾脏淤血、肿大。卵巢严重淤血，输卵管内有硬壳蛋。右心房显著扩张。暴发后期，心脏大于正常数倍。心包有大量积液。

本病无有效的预防方法，病鸡群可用碳酸氢钾治疗，每只鸡0.62克，可显著降低死亡率。

（二十三）胸囊肿

蛋鸡胸囊肿是由于鸡龙骨承受全身压力刺激或摩擦外伤引起的炎症，继而龙骨表面发生皮质硬化形成囊状组织，里面逐渐累积一些黏稠的渗出液，呈水泡状，颜色由浅变深，该病降低了养鸡场的经济效益。该病产生的主要原因与蛋鸡品种、日龄、体重、季节和垫料性质等因素有关。

1. 品种　鸡的品种与其胸囊肿发生率有很大关系。生长速度越快的品种，其发病率越高。

2. 日龄　不论品种如何，随着日龄增长，发病率随之增高。

3. 体重　资料分析表明，鸡体重与胸囊肿发病率呈正相关。

4. 季节性　季节的变化与蛋鸡胸囊肿发生率具有一定的关系。春夏季发病率较高，这可能是春夏季节气温高，病菌繁殖较快，因而春夏两季比秋冬两季感染机会多。

5. 垫料　不同垫料，其胸囊肿发病率各不相同。小刨花垫料蛋鸡发病率为7.5%，而使用细锯屑时蛋鸡的发病率为10%。这说明不同垫料对蛋鸡胸囊肿发病率有一定的影响。

在管理上应采取下列措施来防止或减少胸囊肿的发生。首先，保持垫料的干燥、松软，将潮湿结块的垫料及时更换出去。保持垫料足够的厚度，防止鸡直接卧在地面上。搞好鸡舍通风，夏季要降低舍内空气温度，定期抖松垫料，以防垫料板结。其次，减少肉鸡俯卧时间。事实上，长时间俯卧对鸡的快速生长不利。由于俯卧时其体重由胸部支撑，这样胸部的受压时间长，压力大，加之胸部羽毛又长得较迟，很易形成胸囊肿。减少伏卧时间的办法是适当地增加饲喂次数，减少每次喂量。如果采用链式喂料器供料，每次少提供一些，多提供几次，并可每隔一段时间使喂料器空转一次，促进其活动。最后，采用笼养或网上平养时，必须加一层弹性塑料网垫，这样可有效地减少胸囊肿的发病率。

（二十四）腹水综合征

1. 发病龄期　多在 3 周龄以后的蛋鸡出现明显症状，最早的鸡只 3 日龄就出现腹部膨大。体况健康、生产快速的鸡发病率高，公鸡比母鸡发病率高，而且症状更为严重。30 日龄以后的鸡发病较少。已发病但未死亡的假定病愈鸡则生长发育受阻。

2. 病因分析

（1）环境因素：该病发生主要与缺氧有关，冬季为了保温而通风不够，致使舍内二氧化碳、氨气、一氧化碳、硫化氢等有害气体增多，含氧量下降，蛋鸡心脏长期在缺氧状态下过速运动必然造成心脏疲劳及衰竭，形成腹水，而腹水大量积聚之后又压迫心脏，加重心脏负担，使呼吸更加困难，机体更加缺氧，腹水更加严重，如此恶性循环，最终导致肉鸡因心力衰竭而死亡。另外，用煤酚类消毒药物对鸡舍消毒后，通风不良、室内光线暗、地面潮湿、空气污浊等原因也是导致腹水综合征的重要原因。

（2）饲料原因：日粮中蛋白和能量过高，可导致蛋鸡心肺功能和肌肉的增长速度不协调、心肺出现代偿性肥大和心力衰竭，进而导致腹水。饲料中维生素及矿物质，特别是维生素 E 和硒的缺乏，易导致肝坏死，引起腹水。饲料中钠含量过高（往往是食盐用量过大），造成血液渗透压增高导致腹水。饲料中黄曲霉毒素超标以及饲喂氧化变质的油脂均可破坏肝脏功能，改变血管通透性而引起腹水。

（3）疾病原因：鸡群患呼吸系统疾病造成机体缺氧而引起腹水，鸡只患白痢、霍乱、大肠杆菌病等会破坏肝脏的功能而引起腹水。

（4）药物原因：大量使用有损心脏功能的磺胺类药物和呋喃类药物及煤酚类消毒剂使用过多、痢特灵中毒等引起肝脏受损等均可导致肉鸡的腹水综合征发生。

（5）其他原因：鸡舍温度低，鸡群密度大，饲喂颗粒料，垫料潮湿，产生氨气多，食盐中毒，高海拔地区空气稀薄，鸡只患某些呼吸道疾病等均可造成肺泡性缺氧，进而引起腹水综合征。

3. **症状及剖检变化**　患鸡病初精神沉郁、食欲减退、腹部膨大，触诊有波动感，呼吸、行动困难，肉冠发绀苍白，有的病鸡拉水样稀粪。病程几天到十几天，发病率5%～30%，死亡及淘汰率为15%～35%。剖检的主要病变集中表现为透明清亮的腹水，腹水量可达100～500毫升，肠道充血明显。有的呈黄褐色或粉红色，还可发现纤维蛋白的凝块，全身淤血明显，心房和心室明显弛缓、扩张；肝脏肿大或缩小、硬化，表面凸凹不平，有弥散性白斑，淤血水肿。病区位于接近肋部，苍白或灰色，并含血块，大多数病鸡的肺部病变都伴有右侧心脏肿大。腹腔积满的腹水不含细菌、病毒或其他微生物。

4. **防治措施**

（1）改进饲养条件，给鸡提供适宜的生长环境。注意鸡舍通风，保证氧气供应，将舍内有害气体排出，保持适宜的舍内温度，减少鸡体对体温维持能量的要求；保证鸡群有足够的运动量，增强鸡群自身体质，保持鸡舍干净卫生，减少氨气、硫化氢、二氧化碳等有害气体的产生。

（2）给予全价、平衡的饲料。满足各种营养成分，尤其是各种维生素及矿物质的需要，确保饲料无霉变。

（3）建立科学的免疫程序。预防传染性喉气管炎、传染性支气管炎、新城疫等病的发生，冬春季节尽量不使用活毒疫苗，以免对肺组织造成严重损伤。

（4）科学用药。防止呋喃类、磺胺类、煤酚类消毒剂使用过量。在饲料中加入尿酶抑制剂，降低肠道内氨的浓度。对已发病鸡只可用腹水清、腹水消治疗，必要时，对病鸡腹腔进行穿刺放水，饲料中添加利尿剂、维生素，调整饲料中食盐浓度，限制鸡只饮水量。

（6）按要求提前进行扩栏，让鸡群活动起来，增加蛋鸡的肺活量，有利于预防后期本病的发生。

5. 防治方法

（1）鸡舍通风：在冬季受鸡舍通风换气影响，鸡舍内存在大量的氨气，当鸡只吸入氨气后呼吸系统主要表现为呼吸系统黏液分泌增加，呼吸道的管道壁增厚并由于氨气的毒性造成纤毛运动减慢；其中呼吸系统黏液分泌增加和呼吸道的管道壁增厚，将降低氧气进入血液的总量。同时，心脏为压迫更多的血液到血管中，从而使血压升高（高血压）。当纤毛的清扫作用降低后，细菌尤其是大肠杆菌进入肺和气囊中从而使巨噬细胞进入肺脏器官的数量增加，造成肺脏黏液分泌增加及肺脏充血。

（2）孵化厅的通风：蛋鸡生产腹水综合征的部分原因很可能起源于孵化厅。实验表明，如果在孵化过程中盖住部分蛋壳，就降低了通过蛋壳的氧气和二氧化碳交换量，从而诱发腹水综合征。在冬季许多高原地区的孵化厅由于供热量不足而不能保证孵化厅的温度，在24℃以上，大多数孵化设备（孵化器和出雏器）的设计，在室温较低的情况下往往是为了保存热量而降低新鲜空气的供给量，这将使孵化设备内不同日龄的胚胎或鸡供氧不足。在孵化后期，一般要提高出雏器内的相对湿度，这就使水蒸气占有部分氧气的空间而造成严重的供氧不足。因此，孵化厅应保持在24℃以上，并提供充足的新鲜空气。出雏器内保持较低的湿度，从而为雏鸡提供更多的氧气。

（3）疾病和毒素：肾脏的损伤（病毒和毒素造成）、肝脏损伤（黄曲霉毒素、脂肪肝及其他感染造成）和肺损伤（曲霉菌、细菌、灰尘、氨气造成）都使心脏负担加重，从而泵更多的血到血管中，这就使血压升高而造成腹水综合征。为有助于控制腹水综合征，孵化厅必须做好消毒工作以避免曲霉菌的生长，同时要在饲料成分和饲喂系统中降低黄曲霉毒素的水平。

（4）鸡舍温度控制：蛋鸡如果长期生活在环境温度低于自身温度（舒适）的环境中，其血压将会升高。如蛋鸡在3周龄后长期暴露于温度低于10～15℃的环境下，会使血压升高，心脏增大，增加右心室对整个心室的重量比。蛋鸡在较低的环境温度下仅生活2周，便开始出现腹水综合征引发的死亡，如果在较低的环境温度下生活8周，腹水综合征引发的死亡率将达20%。

在冬季，蛋鸡会增加采食饲料量。多采食的饲料主要用于产生热量，同时这些饲料还有维持和提高生长速度的作用。慢羽品系（羽毛鉴别）的羽毛生长不良是一个情况复杂的因素。研究表明，21天后随着育雏温度的降低，较低的环境温度对羽毛生长影响最大，这就要求在育雏结束后，要为慢羽公鸡提供合适的温度，特别是要注意监测鸡舍内夜间的温度。在每年最冷的季节，如果无法在鸡舍内保证理想的温度，通过限饲来降低生长速度是比较经济的方法，并且在屠宰前10天，给鸡舍提供足够的热量并解除限饲将能补偿限饲对肉鸡生长的影响。

饲料中食盐不能过多，因为它能使血压升高。可用碳酸氢钠部分代替氯化钠，以满足蛋鸡钠的最低需求量（前3周0.2%，3周后0.15%）。碳酸氢钠可通过降低氧引发的酸中毒而降低腹水综合征的发病率。在饲料中使用碳酸氢钠还能提高正负离子的比例（日粮的电解质平衡），以毫克/千克饲料表示。日粮的电解质正平衡将有助于鸡的肾脏在血液氧化能力较差的情况下无过多的碳酸聚积。血管舒张能降低血压及腹水综合征的发病率，一氧化氮是从精氨酸中提炼出来的天然血管舒张剂，在饲料中添加1%L－精氨酸能降低腹水综合征的发生。由此可以认为饲料中精氨酸水平较低可能是引发肉鸡腹水综合征的原因之一。蛋鸡对寒冷的敏感增加或生长速度增加的时候，育成饲料中精氨酸的相对进食量降低了。实际经验表明：在玉米和豆粕日粮中，精氨酸与赖氨酸比例最佳范围在（1.15～1.25）：1。在冬季如果精氨酸水平过高也将影响肉鸡的生长速度及饲料转化率。因此我们在制定饲料配方时应注意这些因素。有些矿物质的螯合物对限制饲喂、降低肉鸡生长速度方面有帮助，从而降低腹水综合征的发生率，但读者使用时应注意对这些添加剂的说明。

（二十五）腿病

在当代蛋鸡生产中，为了获得最大的经济效益，对蛋鸡的生长速度和外貌形态这两大性状在遗传上进行了高强度选择。虽然蛋鸡的生长速度得到了迅速提高，但由于这种选择，加上营养和管理等诸多方面的原因，使蛋鸡的腿病发生率不断上升，导致病鸡采食量和饮水量减少，饲料利用率降低，淘汰数和死亡数增多，经济效益下降，它已成为影响蛋鸡业发展的一大障碍。

1. 发病原因　主要是营养不平衡，另外是蛋鸡生产速度快，常导致骨骼畸形。

2. 防治方法　要保持日粮中各种营养成分的平衡。在维生素营养中要注意维生素 D_3、维生素 E、维生素 B_2、胆碱、烟酸、叶酸和泛酸的缺乏。例如，蛋鸡日粮蛋白质含量高，产生尿酸多，叶酸需要量增加，如果日粮中叶酸不足，则尿酸排泄就不充分，会引起痛风病。所以，配合日粮时，要特别注意叶酸。在矿物元素成分中，要保持钙磷的标准含量和比例平衡，还要特别注意补充微量元素锰。以玉米为主要能量饲料时要特别注意补充锰。日粮中锰不足，会引起脱腱症。

2. 腿病的几种形式

（1）胫骨、软骨发育不良：主要发生在4～8周龄正常生长和高速生长的雏鸡，其软骨形成组织的过程发生破坏，骨细胞不能增大，导致骺盘下的软骨层变厚，并蔓延至干骺端，而能增大的软骨细胞则进行正常的钙化。在胫骨未成熟的非血管组织的近端，形成很清楚的可以摸得出来的圆形栓。实验表明，当饲料中钙含量相对于磷含量极低时，或饲料中大豆饼多而钙含量低时，则发病率增高。另据报道胫骨、软骨发育不良还与电热保姆伞育雏和用发霉饲料有关。该类型腿病的最初症状是一侧或两侧跛行，步态摇摆不定，用翅膀撑住一侧，随着病势进一步加剧，雏鸡发展成为卧下姿势。该病损害的雏鸡都往往集中在食槽、饮水器下面和鸡舍内的部分角落，严重者胫骨头向外脱出，使雏鸡完全丧失运动的能力，最后因衰竭或机体脱水而造成死亡。

（2）脊柱畸形：脊柱畸形有两个主要发病原因，一是椎骨脱位，这种综合征母鸡常发，在脊柱的各个部位都能发生；二是腰背部软骨组织增生，增生的软骨组织压迫椎旁神经节或腰背部神经，导致脊柱弯曲，母鸡多发。在临床上该病发生的高峰期在3～6周龄，雏鸡出壳约8天时，其生长速度减慢，已有脊柱畸形症状表现出来。

（3）歪曲腿缺陷症：它是弯曲、弓形、卷曲腿的总称。这些畸形最为普遍，其中包括跗骨骨间的连接向外或向内侧偏高。扭曲腿长度方面虽然正常，但向两侧偏离，在7～14日龄时，鸡腿可呈对称性偏离。主要发病原因有两个：第一，鸡生长必需的食槽等不足；第二，骨骼的可塑性，髁状突发育不良，骨骼上的肌腱作用发生变化。

综上所述，蛋鸡的腿病是很复杂的，诱发腿病的因素往往是综合性的。在实验室中要复制出相同的腿病症状很困难，因为几乎不可能复制鸡只在实际环境中所处的状态。因此，在生产实际中，要选择饲养品质优良的全价配合饲料，加强管理工作，使腿病的发生率控制在最低限度。

（二十六）肾脏疾病

近几年，商品鸡发展迅速，在生产中大量使用各种抗生素药物，饲料中蛋白质比例不当（偏高）及其他鸡病，导致商品鸡肾脏疾病发病率越来越高。这些鸡主要表现为采食量下降，饮水增多，排白色稀粪，解剖后见大量石灰样尿酸盐沉积于肾脏及输尿管、肾脏肿大等症状。

1. 鸡的肾脏生理　鸡的泌尿器官由一对肾脏和两条输尿管组成，没有肾盂和膀胱。因此，尿在肾脏内生成后经输尿管直接排入到泄殖腔，在泄殖腔与粪便一起排出体外。鸡肾脏是泌尿系统的重要器官，它的主要生理功能如下。

（1）通过生成尿液，维持水、电解质平衡。正常鸡在体内水分过多或过少时，都会通过肾脏自身调节以保持体内水分的平衡。另外，肾小管能按鸡体的需要，调节它对各种电解质（包括钾、钠、氯、钙、镁、碳酸氢盐及磷酸盐等）的重吸收，维持体内电解质的平衡，这对保持鸡体的正常生理活动非常重要。

（2）通过尿液排泄体内的废物、毒物和药物。鸡体每时每刻都在进行着新陈代谢，产生一系列鸡体不需要的有害物质，如肌苷、尿酸等含氮物质、硫酸盐及无机磷酸盐、尿酸盐等，肾脏通过排泄尿液，将溶解在尿中的这些有害物质排出体外，使这些废物不会在体内蓄积。其中，尿酸盐既可在肝中合成滤入原尿，又可为肾小管分泌，肾小管分泌入尿的尿酸盐占尿中总尿酸盐量的90%以上。此外，肾脏还能将进入鸡体内的有毒物质和药物排出体外。

（3）调节酸碱平衡。将鸡体新陈代谢过程中所产生的一些酸性物质排出体外，并可控制酸性物质和碱性物质排出的比例，从而保持体内的酸碱平衡。肾脏维持和调节酸碱平衡的功能主要是通过排氢保钠作用（Na^+—H^+交换）、排钾与保钠作用（K^+—H^+交换）、NH_3的分泌这三方面完成的。

（4）内分泌功能。肾脏不仅是排泄器官，也是重要的内分泌器官，它能分泌许多激素来调节鸡体正常生理活动。分泌的肾素能通过肾素－血管紧张素系统调节血压，分泌的促红细胞生成素能刺激骨髓干细胞的造血功能。分泌的前列腺素及高活性维生素 D_3（$1-25-$二羟维生素 D_3）可调节鸡体血压和钙磷代谢。

2. 发病原因 本病致病因素尚待进一步研究，但人们已达成一种共识，主要病因有两部分，一是传染性的原因，二是非传染性的原因。这些因素往往单独或交织在一起引起发病。

（1）传染性原因：

1）肾型传染性支气管炎：人们已经从患鸡的肾脏中分离到传染性支气管炎病毒。

2）传染性法氏囊病：人们有一种共识，那就是传染性法氏囊病毒与传染性支气管炎病毒是同时存在的，而引起肾病的病原体是传染性支气管炎病毒。传染性法氏囊病主要病变在法氏囊，但可在肾脏见有不明显的散发病变。

3）产蛋下降综合征：当鸡只感染了引起产蛋下降综合征的腺病毒时，可见到轻微的肾脏变化。

4）传染性肾炎：可形成典型的肾脏病变。

另外，马立克病、球虫病、白冠病、螺旋体病等都可引起肾脏病变。其他疾病引起的主要是鸡白痢、副伤寒、伤寒、鸡法氏囊病等，以上疾病所引起的肾脏疾病因各地区所发生的疾病不同而不同，发病日龄、发病率也不同。肾脏病变只是其中一个症状，不是致死的原因，诊断时需根据微生物和流行病等情况而定，占病鸡的 30% ~50% 。

（2）非传染性原因：

1）长期饲喂高蛋白质饲料。饲料中蛋白质含量长期过高引起的疾病，也称痛风。蛋鸡在生长过程中如果蛋白质含量过高，造成代谢中尿酸增多，生成的尿酸盐也就多，不能及时排泄而沉积于肾脏、尿道、肠管等处，导致鸡死亡。发病鸡在 14 日龄左右，死亡率占 20% ~ 30%。对于蛋鸡，从现在市售的配合饲料成分来看，不易引起发病。然而，投给高蛋白质饲料在生理上给肾脏以巨大的负担，容易成为诱因。投给高蛋白质饲料引起发病情况，也有品种上的差异。由于蛋鸡本身的生理及选育上的特点，高蛋白饲料极易造成肾损伤。

2）饲料中钙或镁的含量过高或饲料中钙磷比例失调。饲料中矿物质比例不当，如钙、磷比例不当，钠、钾盐太多而引起。多数发病鸡食欲下降，饮水增多，排白色稀粪，并伴有骨骼发育不良，导致站立不起、消化障碍、消瘦直至死亡。占病鸡的 2% ~5%。

就现在市售配合饲料成分来看，大多是钙的含量相当高，高含量的钙或镁极易在鸡体内形成钙盐或镁盐，从而对鸡肾脏造成一系列损伤。

3）维生素 A 长期缺乏或维生素 A 和维生素 D 长期过量。维生素 A 不足引起病鸡肾脏苍白肿大，肾小管内沉积大量尿酸盐，冠和髯变为灰白色。眼睑内蓄积干酪样物质，生长停滞，共济失调，甚至肝、脾、心包和心脏有尿酸盐沉积，多数鸡在 7 日龄以后表现症状，占病鸡的 5% ~10%。

维生素 A 缺乏时，食道、气管、眼睑和尿管及细尿管等黏膜角化、脱落，引起尿路障碍，发生肾炎。当前的配合饲料发生维生素 A 缺乏的可能性不大，但由于饲料保管不当，使维生素 A 的效价降低，由此也可引起发病。另外，用缺乏维生素 A 的饲料饲养种鸡所孵化的雏鸡，幼雏时常发生肾脏疾病。

任何物质的应用都有一个度的限制，不可能无限制的添加，维生素 A 的应用也不例外，如果维生素 A 和维生素 D 长期过量，同样会造成肾脏损伤。

4）多种中毒性疾病。磺胺类药物中毒、霉菌毒素中毒、慢性铅中毒等。滥用药物或长期使用磺胺类药物破坏了肾小球滤过而引起体内尿酸增多，表现为肾脏肿大，并出现一定腹水，输尿管、心包膜、肠系膜可见有灰白色尿酸盐。发病时间因用药或时间不同而不同。此种情况占总发病率的20%～35%。

上述药物主要经肾脏排泄，肾小管内的药物浓度高。作用于肾小管表面的排泄物，一些药物从肾小球滤过后又在肾小管内返回被重新吸收，因而容易导致肾脏损害。再者就是肾小管的代谢率也很高，在分泌和重吸收过程中，药物常集中于肾小管表面，易产生肾脏损害。

5）饲养管理。①冷热应激。所谓应激，是指外来超负荷的各种原因超过了机体所能承受的能力。肾上腺皮质为了应付突然到来的刺激，紧急地调整肾上腺皮质激素的分泌等。笔者曾做了诱发试验，结果表明，温度过高或过低都可使血中尿酸盐浓度上升，而且明确了可引起尿酸盐沉积症。②饮水不足。处于脱水状态时，使尿浓缩，输尿管内尿酸盐沉积。③密度过大，运动不足，环境阴暗潮湿。最近本病多发原因之一是笼养蛋鸡及棚养肉鸡控制光照致使运动不足。在以上情况下，再喂给高蛋白、高能饲料时，使血液胶体发生变化，降低尿酸溶解性，使尿酸容易以尿酸盐的形式沉积下来。

6）家禽的遗传缺陷。总的来说，肾脏疾病的发病机制可从两方面来阐述：①自身免疫反应。当病原体（如细菌、病毒、寄生虫、药物等）侵入鸡体后，体内的防御系统就产生抵抗这些病原体的物质，称为抗体。在抗体抵抗抗原的过程中，抗体战胜了入侵的病原体，使疾病得以痊愈。然而在抗体抵抗抗原的过程中，同时也破坏自身组织，从而引起疾病。另外，抗原抗体在竞争的过程中形成抗原抗体复合物，这些已形成的复合物可在肾脏内沉积，造成肾脏损伤及炎症。②慢性代谢紊乱。本病的主要特点是体内尿酸产生过多或肾脏排泄尿酸减少，从而引起血中尿酸升高，造成肾脏损害及尿酸盐沉积。

由于家禽肝内没有精氨酸酶，所以食入的蛋白质饲料最终只能在肝脏合成尿酸进入血液。另外，鸡体细胞内蛋白质分解代谢产生的核酸和其他嘌呤类化合物，经一些酶的作用而生成尿酸，尿酸不能进一步分解而成为终末产物，它对禽体没有丝毫利用价值，可视为禽体内垃圾。这种垃圾产生过多，超过了肾脏的消除能力，或者产生不多但消除能力下降，那么就会在肾脏及其他组织器官内沉积，造成充血、出血、水肿及尿酸盐沉积。

3. 临床表现　患鸡饲料转化率低下，精神较差，贫血，冠苍白，脱毛。周期性体温升高，心跳加快，出现神经症状，不自主地排泄白色尿酸盐尿，生产性能降低。对于蛋鸡，有的造成腹水，降低商品等级。

继发于细菌、病毒、寄生虫、药物中毒等疾病的肾脏疾病除有上述症状外，还兼有相应各病的具体症状，如呼噜、排绿色粪便、血便、产蛋率下降等。

4. 病理变化　肾脏出血，肿大，有的因尿酸盐沉积而形成花斑肾，输尿管梗阻而变成白色，严重者可见心脏、肝、脾、关节处有尿酸盐沉积，如果是继发于其他疾病的，尚有呼吸道病变及生殖系统病变。

5. 防治方法　针对以上可能导致肾脏疾病的原因可采取下列防治措施。

（1）控制好饲料中蛋白质含量，应保持在该品种鸡饲养标准范围内，适时更换饲料，对蛋白含量比较高的饲料饲喂时间不宜过长，一般根据其生长速度饲喂至18～24日龄。

（2）调整好饲料中食盐和钙磷的量，尤其食盐的含量不能过高。在饲料分析中，食盐含量不能超过0.8%，而实际生产中食盐含量超过 0.55%，就已表现出明显的肾脏疾病。

（3）在育雏期间增加一些维生素 A。另外，饲料不应存放时间过长。

（4）在药物防治其他疾病时，应注意其副作用。特别是对肾脏损坏大的药品应慎用。使用药品时注意一种药不宜使用过长，一般 3～5 天即可，或在使用其他药物时应配用一些利尿药，当发现有肾部疾病时投喂肾肿解毒药物。

（5）加强饲养管理，经常对舍内外环境进行消毒，严把防疫消毒关，尽力减少疾病发生的概率。加强饲养管理，保证饲料质量和营养全价，尤其不能缺乏维生素 A。

（6）肾型传染性支气管炎、传染性法氏囊病等疾病对肾脏有一定的损害，因此，应做好这类疾病的防治。

（7）不要长期或过量使用对肾脏有损害的药物及消毒剂。如磺胺类药物、庆大霉素、卡那霉素和链霉素等。

（8）对发病鸡群治疗时，降低饲料中蛋白质的水平，增加维生素 A 的含量，给予充足的饮水，停止使用对肾脏有损害的药物和消毒剂。饲料或饮水中添加肝肾速康、速效肾通、肾肿解毒药等，连用 3～5 天，可缓解病情，加速康复。

（二十七）热应激

鸡热应激也叫鸡中暑症，是由于外界环境因素的影响，导致鸡体内温度急剧升高而发生生理机能紊乱的一种症状。鸡没有汗腺，有比较高的深部体温，其全身被覆羽毛，能产生非常好的隔热效果，主要是靠呼吸系统散热来调节体温。如果外界环境温度、湿度过高，饮水不足，特别是通风不良或风速不够的情况下，鸡体散热困难，就很容易发生热应激，以致鸡体内新陈代谢和生理机能紊乱，进而影响鸡的健康，甚至造成衰竭死亡，给养鸡生产带来一定的经济损失。

1. 危害　热应激对鸡的生理机能产生重大影响，如呼吸频率加快而发生呼吸性碱中毒；对维生素的需要量大幅度增加，易导致维生素缺乏症；导致机体内分泌功能失调，抑制鸡的新陈代谢机能；免疫力下降，发病率增高等；影响鸡的生产性能；热应激反应过重或高温持续不退，鸡体会发生过热衰竭或窒息死亡，从而使鸡群的死亡淘汰率增加，造成经济损失。

2. 主要症状　病鸡呈现呼吸急促，张口喘气，两翅张开，饮水量剧增，采食量减少，重者不能站立，虚脱惊厥死亡，且多为肥胖大鸡，嗉囊内有大量的积液。

3. 防治方法　在高温季节来临后，除做好鸡舍喷雾、通风及调整饲料、改变饲喂方式外，还应将饮水中的小苏打和饲料中的杆菌肽锌用量加倍，即小苏打用量为 0.2% ~ 0.6%，杆菌肽锌用量为 0.08% ~ 0.1%。多维用量为平时用量的 2.5 ~ 3 倍。

在特别高热期间或一天中最热的时候（通常为上午 11 时到下午 4 时），可在饮水中轮换添加使用小苏打和氯化铵，可明显减轻因呼吸过快而发生的呼吸性碱中毒。饲料中可再添加维生素 C、维生素 E、延胡索酸等热应激缓解剂，都可起到较好的抗热应激效果。

此外，还可使用一些中草药方剂来缓解或治疗热应激，如消暑散由藿香、金银花、板蓝根、苍术、龙胆草等混合碾末，按 1% 比例添加到饲料中；白香散由白扁豆、香薷、藿香、滑石、甘草等混合磨粉，拌料饲喂。以上方剂均具有清热解暑、解毒化湿等作用，且副作用很小，为盛夏季节鸡群的抗热应激良药。

据有关资料报道，当外界温度达到 27℃ 时，成鸡便开始喘息；当温度达到 33℃ 时，鸡处于热应激状态；当温度达到 35℃ 时，就会有鸡死亡，死亡时间多集中在下午 3 ~ 7 时，夜间如果通风不畅也可引起大量的死亡，所以晚上应安排专人值班，严密监视鸡舍的通风情况。对于已发生中暑的鸡只，可将其浸于凉水中，或凉水浸后用电风扇吹，靠水的蒸发带走热量，降低体温，或是将其转移到阴凉通风处，并在鸡冠、翅部位扎针放血，同时给鸡滴喂十滴水1~2滴，或喂给仁丹4~5粒。

（二十八）鸡马立克病

鸡马立克病（MD）是由鸡疱疹病毒（MDV）引起的鸡最常见的淋巴组织增生，以外周神经、性腺、虹膜和各种内脏、肌肉和皮肤的淋巴样细胞浸润、增生和肿瘤形成为特征。本病具有传播迅速，扩散面广，潜伏期长，病状病变复杂等特点，患病鸡群死淘率为10%~80%，严重威胁着养鸡业的发展。自从20世纪70年代成功地应用火鸡皮疹病毒（HVT）疫苗预防本病以来，虽然发病率大为降低，但在许多国家和地区本病依然存在，并且造成较大的经济损失。接种疫苗免疫失败是造成这种局面的主要原因之一。

1. **毒株类型、致病性及免疫特点**　鸡疱疹病毒分为三类。第一类（MDV－Ⅰ）属血清Ⅰ型，包括强毒分离株和它们的致弱变异株，均具有不同程度的致病性，毒力低的如Cu2，CVI988，中等毒力的如HPRS－17，Conn－A，强毒（vMDV）如JM，GA，HPRS－16等毒株，超强毒（vvMDV）Md/5，RBTB，vMD11及Ala－8等毒株。第二类（MDV－Ⅱ）属血清Ⅱ型，都是天然无致病力的鸡疱疹病毒，如HPRS－24，SB－1，HN－1等毒株。第三类（MDV－Ⅲ）包括所有火鸡疱疹病毒（HVT）和它的变异株，属血清Ⅲ型，均无致病性，如FC126，WTHV－1，HPRS－26等毒株。

这三种血清型虽然可用血清学试验来区分，但它们仍有许多共同抗原成分，因此可以交互免疫，例如以Ⅱ型及Ⅲ型的无毒株免疫鸡群可以抵抗Ⅰ型毒株的感染。但另一方面抗一种血清型的抗体多能与同源抗原发生强的反应，表现为同源抗体相互干扰。研究还表明，本病的免疫是一种干扰现象，使用灭活疫苗无效，而鸡疱疹病毒Ⅰ型、Ⅱ型、Ⅲ型活疫苗的免疫力主要是针对病毒抗原，保护抵抗强毒在淋巴器官的复制和降低潜伏感染的水平。此外，试验还证明不同血清型之间还有协同作用，特别以Ⅱ型与Ⅲ型之间更明显。

2. 疫苗的类型和各自的特点　目前国内外使用的鸡马立克病疫苗主要有两类。一类是鸡马立克病细胞结合性疫苗，又称冰冻疫苗；二类是脱离细胞的疫苗，又称冻干疫苗。按疫苗株的血清型大致分为四种。现将常用的疫苗种类及其特点见表 10.6。

表 10.6　常用的疫苗种类及其特点

疫苗类型及代表株	特点						
	保存温度	母源抗体干扰	免疫力产生快慢	免疫效率大小	疫苗病毒在鸡群中的扩散	稀释后疫苗的稳定性	能抵抗强毒攻击的能力
血清Ⅰ型弱毒疫苗 CVl988	−198℃	+	5 天	++++	强	1 ~ 24 小时	MD 超强毒
血清Ⅱ型自然弱毒株疫苗 SB−1、301B/1、及 Z4	−198℃	+	10 ~ 14 天	+++	较低	1 ~ 2 小时	MD 强毒
血清Ⅲ型自然弱毒株疫苗 FC126	2 ~ 8℃	++	10 ~ 14 天	+	无	1 ~ 2 小时	MD 强毒
不同血清型的多价疫苗 HVT + SB1，HVT + 301B/1，HVT + CVl988	−198℃	+	7 天以上	++++	不高	1 ~ 2 小时	MD 超强毒

上述疫苗不能用于紧急接种，仅用于预防注射，且以 1 日龄雏鸡为最佳，不得已时也可用于 2 ~ 7 日龄的雏鸡。至于接种途径可在颈部皮下或腿部肌内注射。此外，采用 18 日龄的鸡胚接种，据报道其免疫效果比 1 日龄时接种雏鸡更好。

3. 疫苗免疫失败的主要原因

（1）质量不佳：一是蚀斑数不足，未能达到按规定每只份在 1 500 个以上；二是所用原材料非 SPF 动物，可能混杂其他病原体；三是种毒传代次数过高。

（2）运输保存不当：根据疫苗种类的特点，如火鸡皮疹病毒冻干疫苗需要低温保存，而细胞结合冰冻疫苗，必须液氮储存，但在实践过程中往往达不到这些要求，从而影响了疫苗的蚀斑数。

（3）稀释不妥：一是没有按疫苗专用稀释液使用说明进行稀释，有的添加某些抗生素或与某种疫苗混合。二是稀释后使用时间过长，据上海松江生物药品厂试验，疫苗稀释后在 20℃ 左右室温中放置 1 小时，经测定其毒价损失 40% 以上。南京药厂亦做过类似试验，结果冻干疫苗稀释后分别放在 28～30℃ 环境中 1 小时和 2 小时，病毒损失率分别为 55% 和 65%。由此可见马立克病疫苗在高温环境易受到破坏，稀释的疫苗务必在低温存放，并于 1 小时内用完。

（4）免疫剂量不足：除了上述三个因素影响免疫剂量外，而在接种过程中，由于工作不细致以致漏注或少注亦时有所闻，从而导致免疫失败。

（5）母源抗体的干扰：在某些鸡场其祖代、父母代、商品代长期均使用同种疫苗即火鸡皮疹病毒 T 疫苗，这就容易造成同源母源抗体干扰，从而影响了免疫力的产生。据报道，在有同源抗体存在时，可使火鸡皮疹病毒冻干疫苗的预防效力下降 30% 以上。

（6）鸡群存在野毒株甚至超强毒株：疫苗接种后至少要在一周以后才能产生免疫力，此时亦正是雏鸡对此病最敏感的时期，如果环境污染，有的鸡只早已感染了疫病，加上注射疫苗时针头不注意更换或消毒，造成人为扩散病毒的恶果。此外，已有不少报道，某些鸡场存在超强毒株，致使接种过的火鸡皮疹病毒疫苗的鸡群其发病率高达 50% 以上。

（7）免疫抑制因素的影响：一些疾病常会引起鸡体免疫系统损害，例如，传染性法氏囊病、禽白血病、网状内皮组织增生症、传染性贫血、沙门杆菌病以及球虫病等多种鸡病的病原体，均能使雏鸡对鸡疱疹病毒的免疫应答降低，不能产生足够的保护力。此外，饲养管理方面，例如过度拥挤、寒冷及饥渴等不良应激因素的刺激，引起鸡体的免疫应答抑制，导致免疫效力下降。

4. 发病症状　人工感染引起马立克病的潜伏期已相当明确。接种 1 日龄雏鸡，大约在感染后 2 周开始排毒，在 3～5 周排毒量最大。感染后 3～6 天出现溶细胞性感染，在感染后 6～8 天淋巴器官出现病变。大约 2 周后可见神经和其他器官的单核细胞浸润。然而，一般要到第 3 周和第 4 周才出现临床症状和大体病变。在接种细胞性物质后 10～14 天产生肿瘤，可能是由于移植反应，但早在感染后 8～12 天可能发生"早期死亡综合征"而死亡。

很难确定野外条件下疾病的潜伏期。虽然有时 3～4 周龄的雏鸡暴发本病，但大多数严重病例都从 8 周龄或 9 周龄开始，且通常不可能确定暴发的时间和条件。

在发生急性马立克病时，综合征就更具暴发性，开始以大多数鸡的严重委顿为特征。几天后一些（不是全部）鸡发生共济失调，随后出现单侧或双侧肢体瘫痪。另一些鸡则可能死亡而不表现明显的临床症状。许多病鸡陷于脱水、消瘦和昏迷状态。

该病侵害虹膜可导致失明。病鸡眼逐渐失去对光线强度的适应能力。临床检查结果显示，病鸡虹膜出现同心环状或点状退色，或弥散性、青蓝性退色到弥散性灰色浑浊等变化，瞳孔起初变得不规律，后期只剩下一针尖大小的孔，也可能见到诸如体重下降、苍白、厌食和腹泻等非特异性症状，特别是病程长的病鸡更是如此。在商业性饲养条件下，病鸡可能由于吃不到饲料，饮不到水导致饥饿和脱水而死亡，或被同圈的鸡踩踏致死。

5. **发病率和死亡率**　马立克病的发病率变动很大，少数有临床症状的病鸡可复原。但总体上说，死亡率几乎与发病率相等。应用疫苗以前，估计感染鸡群的损失一般为 25% ~ 30%，偶尔可高达 60%。目前 95% 以上的产蛋鸡都进行预防马立克病的免疫接种，这使大多数国家的马立克病损失小于 5%。

疾病发生后，病鸡逐渐死亡，且一般持续 4 ~ 10 周。疾病可在单个鸡群暴发，或偶尔在一个地区的几个鸡群，或在一个农场的多个鸡群连续暴发。

6. **病理变化**　现已很好地总结并综述了马立克病的病理学变化。神经性病变在鸡最常见。脑中肉眼看不到变化，但通常可在一根或多个外周神经、脊神经根和根神经节上发现大体病变。自然病例和人工感染鸡的病变分布相似。

受损害的外周神经以横纹消失、灰色或黄色的退色及有时出现水肿外观为特征。局限性或弥散性增大使受损害部位比正常情况大 2 ~ 3 倍，有些病例则更大。由于病变经常是单侧的，因此在病变轻微的情况下与对侧神经的比较特别有助于诊断。受损害神经的一部分与另一部分的病变程度不同，因此可能非常有必要仔细检查各个神经分支以发现大体病变。受侵害的脊神经节增大，略显半透明且微带淡黄色。增大很少是对称的，且病变经常扩展到相邻的脊髓组织中去。把脊柱的背部剥去后，即可暴露出神经节。

淋巴肿瘤可在一种或多种器官中发生。淋巴瘤性病变可在性腺（尤其是卵巢）、肺、心肌、肠系膜、肾、肝、脾、法氏囊、胸腺、肾上腺、胰腺、腺胃、肠、虹膜、骨骼肌和皮肤中见到，涉及所有器官。

7. **防治方法**　疫苗免疫是防治马立克病最有效的措施，但不是唯一有效的，而且还受到上述许多因素的影响而导致免疫失败。因此必须以免疫为中心，全面搞好综合措施，才能有效地控制马立克病的发生。

(1)保证疫苗质量：建议选购名牌或大厂的产品，同时了解制苗原材料最好为 SPF 动物，而使用的种毒又是低代次的，并且有着严格的监测制度。这样才能保证优质、高效的疫苗。

(2)正确选算疫苗种类：对怀疑有被野毒污染的鸡场，首选产生免疫力快的 CVI988，如证实有超强毒的存在则应选择二价疫苗或多价疫苗。

(3)严格做好疫苗的运输和保存：根据冻干疫苗和冰冻疫苗的特点，必须在低温或液氮中保存。

(4)合理选用免疫增强剂：可选用苏威公司生产的免疫增强剂 ACMl（乙酰甘露聚糖）。据报道，ACM1 的效果与液氮保存的 SB1 双价苗的效果相近，但由于 ACMl 是冻干品，故免去了使用液氮的麻烦。这种增强剂曾在湖南和新疆等部分鸡场应用，收到明显效果。我国辽宁省益康生物制品厂生产的免疫增强剂对促进鸡马立克疫苗早期免疫，提高免疫效果也可以起到很好的作用。

(5)克服同源母源抗体的干扰：增加 2~3 个免疫剂量；在首次免疫后两周前后进行二次免疫；将 HVT 冻干疫苗与免疫增强剂合用；在鸡群的世代间交替使用不同血清型的疫苗；使用二价或多价疫苗。

(6)严格遵守疫苗的使用方法：疫苗的稀释必须使用专用的稀释液，不能与其他疫苗混合或加入抗生素等物质，稀释后的疫苗应在 1 小时内用完。使用的器具需认真消毒，注射部位应在颈部皮下或腿部肌肉，其剂量应该准确。

(7)认真隔离消毒，预防早期感染：种蛋、孵化器、孵化室以及育雏室等必须彻底消毒，以防野毒早期感染，免疫接种的雏鸡应隔离 3 周以上，而育雏鸡舍应与育成鸡舍隔开，并且做到全进全出。

（8）控制其他疫病，消除免疫抑制：上面已提及的多种病毒病、细菌病及寄生虫病等都会导致马立克病的免疫抑制，因而必须采取相应的防治措施，保持鸡群的健康水平，使得马立克病疫苗获得良好的免疫应答。

（9）加强饲养管理，减少应激因素：加强饲养管理，提高鸡体抵抗力，这是搞好免疫的基础，因此育雏期间的光照、温度、湿度、密度应严格按规定执行，进行适当通风，以减少氨气、硫化氢等气体的刺激。同时要给予全价饲料和清洁饮水，此外还要尽量减少噪声等其他不良因素的影响。

（二十九）鸡淋巴细胞性白血病

鸡淋巴细胞性白血病是近性成熟鸡或性成熟鸡的一种白血病病毒引起的肿瘤性疫病，以流行缓慢、病程长、死亡率低，以及肝脏、脾脏、肾脏及法氏囊出现肿瘤为特征。白血病是鸡的一类病型很复杂的慢性传染病，是由一群具有若干共同特性的病毒感染所引起，它的特征是造血组织发生恶性的、无限制的增生，在全身很多器官中产生肿瘤性病灶，本病的死亡率很高，对蛋鸡群的危害性特别严重。白血病有各种病型，根据国际有关兽医组织的分类，把白血病分成四型，即淋巴细胞性白血病、成红细胞性白血病、成髓细胞性白血病和骨髓细胞瘤病。除此之外，现在也把一些由病毒引起的肉瘤和良性肿瘤包括在白血病之内，总称为"白血病/肉瘤群"，包括鸡的纤维肉瘤、肾母细胞瘤、骨石化病、血管瘤等。白血病的病原是一群密切相关的黏液病毒，能够引起多种肿瘤性疾病，所以也是一种多瘤病毒。根据它们的抗原性不同，可以分成四个亚群，同一亚群的病毒也能互相干扰，并具有相同的血清中和能力。白血病病毒不耐高温，60℃环境下不到1分钟即失去活性，必须在-60℃的低温条件下，才能保存数年。各型白血病中以淋巴细胞性白血病最常见。除此之外，肾母细胞瘤、骨石化病、成髓细胞性白血病等，也较为多见。这里重点谈一下淋巴细胞性白血病的问题。

在自然情况下，本病主要发生于鸡，鸭、鹅、鸽等偶有发病报道，母鸡的易感性比公鸡高，年龄愈小易感性也愈高，通常在4～10月龄的鸡发病率最高。本病的传染方法主要是同病鸡直接或间接接触以及通过鸡蛋传染。感染母鸡能通过鸡蛋排毒。此外，应用被病毒污染的鸡蛋制造的疫苗，也能够传播本病。鸡白血病病毒是反转录病毒科的 RNA 肿瘤病毒 C 属的"白血病／肉瘤病毒群"。本病毒不耐高温，50℃条件下8分钟或60℃条件下30秒即可失去活性，但在 −60℃低温条件下可保存数年。

1. 流行特点　自然条件下仅感染鸡，母鸡比公鸡易感。雏鸡对白血病毒易感性较高，但4～10月龄鸡发病最高。本病传播途径主要是经卵垂直传递，8月龄感染母鸡产的卵含毒量最高。通过直接或间接接触也可感染，但由于必须有紧密接触条件且病毒具有不稳定性，所以认为鸡群间接触传染并不重要。很多降低鸡体抵抗力的环境刺激因素，都能促进白血病的发生和流行。淋巴细胞性白血病具有一定的潜伏期，人工接种1～14日龄雏鸡，到14～30周龄发病。14周龄以下的雏鸡很少发现本病。

2. 临床症状　自然发病的鸡，多发于14周龄以上，到性成熟期发病率最高。病鸡的病情达到一定程度时，食欲减退，全身衰弱，鸡冠及肉髯苍白、皱缩，偶呈青紫色，进行性消瘦，以致不能站立，产蛋停止，有时下痢，有的病鸡腹部膨大，可摸到肿大的肝，病鸡到最后因衰竭而死。

3. 剖检变化　明显病变常见于4月龄以上病鸡的肝脏、脾脏、肾脏及法氏囊等器官形成肿瘤，其中肝脏、脾脏发生率最高。其他器官如肺脏、心脏及卵巢也可发生肿瘤。

肿瘤表面光滑有光泽，呈灰白色或灰黑色，质地柔软，切面不均匀，很少有坏死灶。根据肿瘤形态和分布，将其分成粟粒型、结节型、弥漫型及混合型。以肝脏、脾脏表现最明显。

粟粒型的淋巴瘤多为直径不到 2 毫米的小结节，均匀地分布在整个器官的实质中。结节型肿瘤大小不一，大的可达鸡蛋大，单个存在或大量分布，结节一般呈球形，但也可能为扁平形。

　　弥漫型的淋巴瘤使器官的体积显著增大，例如肝脏可比正常增大好几倍，色泽变灰白，质地变脆，整个肝脏的外观变成大理石样的色彩，肝脏的变化是淋巴细胞性白血病的一个重要特征，所以本病俗称为"大肝病"。脾的变化和肝相同，体积显著增大，呈灰棕色，表面和切面上也有许多灰白色的肿瘤病灶，偶然也有凸出在表面的结节。其他器官如腔上囊、肾、心、肺、肠壁等，在严重的病鸡也都有这种灰白色的肿瘤结节形成。

　　白血病的临床诊断比较困难，主要依靠病理剖检，根据本病的特征性病理变化和肿瘤病灶，可以做出初步诊断。

　　4. 防治方法　本病既无特定的疫苗可以预防，又无有效的药物可以治疗，所以应着重抓好预防工作。雏鸡对本病的易感性高，感染后长大时发病。雏鸡和成年鸡要分开饲养。鸡群中的病鸡和可疑鸡，需彻底淘汰。种蛋要从健康鸡中购买，入孵前要消毒。应着重抓好以下综合防治措施：

　　（1）对鸡群（特别是蛋鸡），每隔 1～3 月检查一次，发现病鸡及可疑病鸡应立即淘汰，以杜绝该病传染。

　　（2）种蛋或蛋鸡应从无淋巴细胞性白血病鸡场购入，而且孵化前应对种蛋严格消毒。

　　（3）成年鸡与雏鸡分群饲养管理，防止可能性的接触感染。

　　（4）加强饲养管理，搞好鸡舍消毒及清洁卫生工作。

　　（5）通过严格的隔离、检疫和消毒措施，逐步建立无病蛋鸡群。

（三十）网状内皮增生症

　　本病是由网状内皮增生症病毒引起的一种肿瘤性传染病，以贫血、生长缓慢、消瘦和多种内脏器官出现肿瘤、胸腺和法氏囊萎缩、腺胃炎为特征。本病还可侵害机体免疫系统，导致免疫功能下降或免疫抑制。近年来在我国日趋严重，危害不小。

1. 流行特点　本病可见于鸡、鸭、火鸡和其他鸟类，其中火鸡最易感。自然发病年龄为 80 日龄左右，发病率和死亡率不高，呈一过性流行，病程约 10 天；常因免疫功能下降而导致其他疾病继发感染，加重病情，造成严重损失。

2. 临床特征　急性病例无明显症状，病程较长时，可见嗜睡、消瘦、衰竭，鸡冠苍白。

3. 大体病变　病尸消瘦，肝脏肿大，有弥漫性肿瘤结节。表面有大小不等的灰白色增生性病灶。有时可见肿瘤结节呈扣状。病鸡胸腺、法氏囊萎缩。肠壁肿瘤增生，呈串珠状。腺胃肿胀，乳头界限不清。腺胃黏膜出血。

4. 防治要点　本病为新疾病，目前尚无系统防治方法，加强饲养管理，严格执行兽医卫生措施，防止病原入侵，是唯一可行的方法。

（三十一）鸡传染性贫血

本病是由鸡贫血病毒引起的雏鸡再生障碍性贫血、全身淋巴组织萎缩、皮下和肌肉出血为特征的一种免疫抑制性疾病，又称出血性综合征或贫血性皮炎综合征。

1. 流行特点　本病呈全球性流行，我国也有发生，现已分离出病毒，血清学检查表明，本病的感染较为普遍，且有愈演愈烈之势。自然情况下只感染鸡，两月龄以内的鸡多见，1～7 日龄最易感，死亡率 10%～50%，主要经卵垂直传播，也可水平传播。

2. 临床特征　感染鸡是否表现临床症状及严重程度，与鸡的年龄、毒株毒力及是否伴发或继发其他疾病有关。本病的临床特征是贫血。病鸡消瘦、鸡冠苍白。病鸡表现为精神沉郁。翅部皮肤因出血呈蓝色（蓝翅）。出血性皮炎可见于翅部。翅部皮肤出血、坏死或全身皮肤出血、坏死、破溃。血液稀薄，凝固不良，流出的血如兑入水一样。

3. 大体病变　腿部肌肉苍白、出血，出血呈斑片状或条状。有时可见全身肌肉苍白，广泛性出血。法氏囊、胸腺严重萎缩。骨髓呈淡粉红色或黄白色。腺胃黏膜出血并有灰白色脓性分泌物。

4. 防治要点　传染性贫血无有效疗法，只能依靠综合防治，及时用血清学方法检疫淘汰阳性鸡，可有效防止本病发生。用进口弱毒活疫苗，接种育成期蛋鸡可预防雏鸡发病。

（三十二）肠毒综合征

肠毒综合征是蛋鸡饲养发达地区蛋鸡群中普遍存在的一种疾病，以腹泻、粪便中含有没消化好的饲料、采食量明显下降、生长缓慢或体重减轻、脱水和饲料报酬下降为特征。该病虽然死亡率不高，但造成的隐性经济损失巨大，而且往往被肉鸡饲养户错误地认为是一般的消化不良，或被兽医临床工作者认为是单一的小肠球虫感染。其实，此病绝不是单一的小肠球虫感染、细菌性肠炎，也不是一般的消化不良，它是由多种病因导致的一种综合征，有资料也称它为烂肠症、肠毒血病。

1. 流行特点　地面平养的蛋鸡发病早一些，网上平养的蛋鸡发病晚一些。密度过大，湿度过大，通风不良，卫生条件差的鸡群多发，症状也较严重，治疗效果较差。饲喂含优质蛋白质、能量、维生素等营养全面的优质饲料，发生此病的概率就较大，症状也较严重。

2. 发病原因

（1）病原：本病主要是由魏氏梭菌、厌氧菌、艾美尔球虫中的一种或多种病原共同作用所致。各地环境、饲养管理和药物预防水平不同是造成球虫感染的原发性原因，特别是小肠球虫感染时，小肠球虫在肠黏膜上大量生长繁殖，导致肠黏膜增厚，严重脱落及出血等病变,使饲料不能完全消化吸收,同时对水分的吸收也明显减少,尽管鸡大量饮水,也会引起脱水现象,这是引起肉鸡粪便变稀,粪中带有没消化饲料的原因之一。

(2)肠道内环境的变化:大量的实验资料表明,在小肠球虫感染的过程中,小肠球虫在肠黏膜细胞里快速裂殖,因球虫的大量增殖需要消耗宿主细胞内的大量氧,导致小肠黏膜组织产生大量乳酸,使得肉鸡肠腔内 pH 值严重降低。由于肠道 pH 值的改变,肠道菌群发生改变,有益菌减少,有害菌,特别是大肠杆菌、沙门杆菌、产气荚膜杆菌等趁机大量繁殖,球虫与有害菌相互协同,加强了致病性。肠道内容物 pH 值的下降,会使各种消化酶的消化能力下降,饲料消化不良。另外,pH 值的下降,会刺激肠道黏膜,使肠的蠕动加快增强。消化液排出增多,饲料通过消化道的时间缩短,消化时间减少,导致饲料消化不良。由于肠的蠕动加快增强,胆囊分泌的胆汁迅速从肠道排出,与没消化的饲料混合在一起,形成该病的特征性粪便——略带浅黄色的粪便。

(3)饲料中维生素、能量和蛋白质的影响:在调查中发现,饲料营养越丰富,发病率越高,症状也越严重,品质较低的饲料相对发病率较低。这是因为在球虫与细菌的混合感染中,大量的能量、蛋白质和部分维生素促进二者大量繁殖,加重症状。

(4)电解质大量丢失:在该病发生的过程中,球虫和细菌大量快速生长繁殖,导致消化不良,肠道吸收障碍,电解质的吸收减少。同时,由于大量的肠黏膜细胞迅速被破坏,使电解质大量丢失,出现生理生化障碍,特别是钾离子的大量丢失,会导致心脏的兴奋性过度增强,从而使蛋鸡猝死症的发病率明显增多。

(5)自体中毒:在发病的过程中,大量的肠上皮细胞破裂脱落,在细菌的作用下,发生腐败分解及虫体死亡、崩解等产生大量有毒物质,被机体吸收后发生自体中毒。在临床上先出现兴奋不安，后瘫痪、昏迷、衰竭死亡的情况。

3. **主要症状**　本病多发于 20 ~ 40 日龄的蛋鸡（肉鸡、雏鸡对本病的发病也有上升的趋势），最早可在 10 日龄左右发病，且发病鸡群多集中于 30 日龄左右。发病率和死亡率与饲养管理水平的高低有密切的关系，管理好和治疗及时的肉鸡死亡率可控制在 2% ~ 5%，否则死亡率可高达 15% ~ 20%。

发病初期，鸡群一般没有明显症状，精神正常，食欲正常，死亡率也在正常范围内，仅表现为个别鸡粪便变稀、不成形，粪中含有没消化的饲料。随着病程的延长，整个鸡群的大部分鸡开始腹泻，有的鸡发生水泻，粪便变得更稀薄，不成形、不成堆，比正常的鸡粪所占面积大，粪便中有较多没消化的饲料，粪便的颜色变浅，略显浅黄色或浅黄绿色。当鸡群中多数鸡出现此种粪便之后 2 ~ 3 天，鸡群的采食量开始明显下降，一般下降 10% ~ 20%，有的鸡群采食量可下降 30% 以上。此病的中、后期个别鸡会出现神经兴奋、疯跑，之后瘫软死亡。

4. **主要病理变化**　通过对多群病鸡解剖观察，其主要病理变化为在发病的早期，十二指肠段空肠的卵黄蒂之前的部分黏膜增厚，颜色变浅，呈现灰白色，像一层厚厚的麸皮，极易剥离；肠黏膜增厚的同时，肠壁也增厚。肠腔空虚，内容物较少，或者肠腔内没有内容物，或者内容物为尚未消化的饲料。此病发展到中后期，肠壁变薄，黏膜脱落，肠内容物呈蛋清样、黏脓样，个别鸡群表现得特别严重，肠黏膜几乎完全脱落崩解，肠壁菲薄，肠内容物呈血色蛋清样或黏脓样、烂柿子样。其他脏器未见明显病理变化，或初期肠腔内没有内容物或内容物稀薄，呈白面粥或胡萝卜样，与小肠球虫混合感染时，肠内容物呈西红柿样或棕黑色，肠黏膜上有针尖大小或小米粒大小的出血点，肠道内有少量未消化的饲料，个别鸡只心冠脂肪有点状出血。

5. **综合防治措施**　蛋鸡肠毒综合征虽由多种因素引起，但发生球虫病是该病发生的主要原因，所以，在蛋鸡生产中应特别注意预防球虫病的发生。在临床上一般多采用抗球虫、抗菌、调节肠道内环境、补充部分电解质和部分维生素等综合治疗措施。治疗时可采用磺胺氯吡嗪钠＋强力维他饮水，黏杆菌素拌料，连用 3～5 天，或用抗球虫药拌料也行，用复方青霉素钠＋氨基维他饮水，连用 3～5 天。症状严重的须加葡萄糖和维生素 C 排毒解毒，使用微生态制剂缓解肠道菌群。

6. 总结

（1）本病一般较少单独发生，多数和球虫病并发，或由球虫继发引起。小肠球虫感染鸡群后，破坏了肠黏膜及黏膜、淋巴滤泡正常的生理结构，改变了肠道的微生物生存环境，为肠道病毒的繁殖、侵害提供了条件。由于小肠球虫在肠黏膜上大量繁殖，导致肠黏膜增厚及出血性病变，使饲料不能消化吸收，这是引起肉鸡粪便变稀及粪便中有未消化饲料的主要原因。

（2）微生态制剂作用不错，有效控制肠道菌群，进而控制临床症状。

（3）使用特有黏膜修复因子的药物，能有效地修复病菌感染引起的黏膜损伤，恢复修复肠道正常的功能，抑制肠道痉挛，从而使神经症状较快消失。

（4）本病很容易复发，所以康复后应注意加强饲养管理以及饲料的质量。

（5）低血糖也是造成肠毒综合征的诱因，治疗时可以在上述方法基础上，补充 1%～2% 葡萄糖拌料，效果更好。

（三十三）气囊炎症候群

鸡的呼吸系统是由上呼吸道、肺脏、气囊、骨骼相互连通，解剖结构较特殊，气囊共 9 个，蛋鸡的气囊壁很薄，而且血管很少，与肺相通，广泛分布在鸡的胸腔和腹腔，没有横膈膜相隔，相互连通。

嗜肺军团菌、气囊炎型大肠杆菌感染后继发败血支原体造成本病，受支原体影响中后期继发感染新城疫、禽流感、传染性支气管炎占发病的一多半，继发感染往往可迅速引起鸡只死亡，而那些非高致病力毒株临床症状不明显，不易被发现，但其会破坏呼吸道和消化道黏膜屏障系统的完整性，从而为其他病原菌的入侵开辟了门户，最后因大量细菌感染造成机体自体中毒或因体质虚弱而造成强毒感染都能使鸡只大批死亡，这是养殖失败的最主要原因。

1. 病因　蛋鸡的上呼吸道、肺脏、气囊、骨骼相互连通的结构特点，使蛋鸡机体形成一个半开放的系统，空气中病原微生物很容易通过上呼吸道造成全身感染，也是气囊炎高发的重要原因。因此，鸡呼吸系统的这种结构成了大肠杆菌感染的便利的通道，大肠杆菌一旦突破呼吸系统的黏膜屏障，会迅速通过气囊进入胸腔合腹腔，感染内部器官，常在临床上表现为气囊炎。鸡气囊炎中原发大肠杆菌病占 78.5%，同时与败血支原体混合感染占 21.5%。

饲养管理中的通风和温、湿度控制不当，是气囊炎的主要诱发因素。通风很关键的，同时鸡舍要有足够的湿度，才是鸡最佳的生长环境。空气干燥，鸡感觉不适，出现咳嗽，呼吸道黏膜受损，病原微生物容易繁殖，存在于呼吸道内的支原体感染，从而引发气囊炎，继发大肠杆菌等。

有的养殖户不注重调节养殖环境，蛋鸡饲养密度过大，消毒隔离时间不足，消毒不够彻底，大肠杆菌大量存在，很容易成为污染源，导致下一批蛋鸡大批发病。当养殖户接过下一批雏鸡后，一味升温，而舍内湿度又过低，导致鸡呼吸道黏膜受损，而这种情况下是无论用多好的治疗呼吸道感染的药物都是无济于事的，同时造成免疫失败的可能。不重视通风，使鸡舍内积聚过多的有害气体，氨气浓度过高，会损伤鸡呼吸道纤毛，使黏液分泌减少，导致肺脏发生疾病；而尘埃过多，既可损伤气囊结构，使鸡毒支原体的发病率上升，也容易携带大肠杆菌，使得大肠杆菌病大量发生，而这两种情况都会导致气囊炎。

一般蛋鸡做完21日龄疫苗免疫后，25～30日龄出现疫苗反应诱发慢生呼吸道病的发生，如不能及时采取措施，很快就会引起气囊炎。

2. 临床症状　本病传播快，前期症状较轻，不易发现，中后期多为混合感染，大批死亡。病程较长，治疗不及时或延误病情，死淘率较高。如治疗不彻底，在继发心包炎、肝周炎后死亡率更高，主要表现为呼吸困难，张口伸颈，流泪，眼睛出现双眼皮，咳嗽，甩鼻。病程长者冠肉髯呈黑紫色，怪叫，发出"呼噜"声，精神沉郁，体温升高，无食欲，聚堆或呆立一侧、排白色便或黄绿色稀便，生长不良，采食下降，有的重症趴在地上口微张喘气。严重者肺被黄色的干酪物糊住，导致外观精神良好却突然死亡。

3. 剖检症状　喉头有针尖状的出血点，气管充血、出血、有黏液。胸气囊混浊、增厚，有黄色或黄白色块状干酪样物附着。腹气囊也会出现混浊、增厚，腹腔常有大量小气泡（前期为白色黏液状）。发病严重鸡群或发病的中后期，剖检主要症状为气囊炎、肺炎、包心包肝、腹膜炎等，十二指肠弥漫性出血，盲肠扁桃体肿大、出血，法氏囊肿胀或萎缩，有脓性渗出物，胸腺出血萎缩。

4. 防治方法　控制舍内湿度，降低舍内粉尘或者舍内氨气浓度。在育雏时控制好支原体与大肠杆菌病，做完疫苗后2～3天用预防大肠杆菌与支原体的药物，中后期控制好病毒病。发现鸡群出现呼吸道疾病，及时全面治疗，边治疗边调理，不要顾及成本，将呼吸道病控制在萌芽阶段是关键。

气囊炎一定要及时诊断，一旦发现及时治疗，否则发展到最后很难控制。当鸡群出现呼噜咳嗽时，一定要剖检 10 只以上，分析找到发病根本原因。一旦确诊，根据发病势头，轻重程度采取合理的治疗方案。病情严重者，要用药 3 ~ 6 天。病情一般，死亡率、采食量下降都不多的，就直接饮水给药 4 天以上，根据治疗效果再用中草药制剂 4 ~ 6 天，一定要选择敏感的药物，给足疗程。以提高采食量为目的。

（三十四）蛋鸡腺胃炎

目前蛋鸡腺胃炎病频频发生，治疗困难，给养殖业带来了不小的损失。几乎所有发生腺胃炎的鸡群中都能分离出病毒，某些地区腺胃炎又称为腺胃型传染性支气管炎。

1. 流行情况　本病一年四季均可发生，但以季节更替时发病率较高，全国各地都有该病发生的报道，在我国北方地区表现更为明显。发病日龄不定，最早在 3 日龄的雏鸡中就可以发生；但发病日龄多集中在 10 ~ 30 日龄。腺胃炎可发生于不同品种的蛋鸡和肉鸡中，以蛋雏鸡、肉雏鸡和青年鸡多发，其次为肉用公鸡和杂交肉鸡。

2. 致病因素

（1）非传染性因素：饲料营养不良、硫酸铜过量、日粮的氨基酸不平衡、日粮中的生物胺过量；饲养密度过大，雏鸡早期育雏不良，运输时间长，脱水等是此病发生的诱因；霉菌毒素；热应激因素等。

（2）传染性因素：

1）鸡痘，尤其是眼型鸡痘（以瞎眼为特征）是腺胃炎发病的重要原因。

2）不明原因的眼炎，如传染性支气管炎、传染性喉气管炎，以及各种细菌、维生素 A 缺乏或通风不良引起的眼炎，都会导致腺胃炎的发病。

3）一些垂直传播的未知病原或被特殊病原污染了的马立克

病疫苗，很可能是该病发生的主要病原，如鸡网状内皮增生症（REV）、鸡贫血因子（CIAV）等。

4）上皮细胞的腺病毒包涵体、呼肠孤病毒感染是组胺发病机制中的因素之一。

5）厌氧菌，如梭状芽孢杆菌有时也是溃疡性肠炎和坏死性肝炎的继发感染因素。

3. 临床症状　发病的初期，鸡群兴奋狂奔，采食量下降，在网上找鸡粪吃；紧接着病鸡表现为呆立，缩颈，精神不振，采食量严重降低。鸡只生长迟缓或停滞，导致大群整齐度严重不均匀，严重时鸡网架的中央部分没有鸡活动，大群都在鸡舍的两边挤成一堆呈取暖样；羽毛松乱，冠髯苍白、萎缩，可视黏膜苍白，腿部皮肤发干、触摸发凉。大群粪便呈黄色细软条状；鸡体消瘦，腹泻，个别排棕红色至黑色稀便，粪中有时出现血液。发病速度很快，最开始只有个别的鸡打蔫，3天的时间就能发展到80%以上，重症者昏迷，直至衰竭死亡。

4. 剖检变化及诊断　肠道肿胀，内容物呈黑褐色水样，十二指肠、盲肠出现卡他性和出血性炎症，肝脏、心脏肿大，质地柔软，有的病死鸡出现肾肿大，尿酸盐沉积；腺胃壁肿胀呈梭状或者说呈橄榄样，严重的呈球状，轻轻施压可挤出乳状液体，腺胃乳头水肿，严重者角质膜溃疡、肌胃内膜出血；后期腺胃乳头溃疡、凹陷、消失，甚至腺胃穿孔。病鸡呈现消瘦，肌肉苍白，胸腺、法氏囊萎缩，嗉囊扩张，内有黑褐色米汤样物；胆囊扩张为暗绿色，胆汁外溢；临床中腺胃炎常并发其他症状，如肝肾综合征、法氏囊损伤，甚至球虫感染等。如果错过治疗时机就会继发大肠杆菌等疾病。

5. 综合防治措施

（1）预防措施：针对主要病原进行相应的免疫接种，有助于将该病发病率控制在最低。同时要控制日粮中各种霉菌、真菌及其毒素对鸡群造成的各种危害。此外，日粮中的生物源性氨基酸，包括组胺、组氨酸等的控制也是降低鸡腺胃炎发生的有效措施。

（2）用药体会：①修复腺胃的溃疡灶，恢复分泌功能。使用西咪替丁能够明显抑制胃酸分泌，具有较强的黏膜修复作用，对于多种原因引起的腺胃溃疡和上消化道出血等有很好的疗效。②抗病毒、提升免疫力。使用黄芪多糖可提升免疫力、抗病毒能力，可显著增强非特异性免疫功能和体液免疫功能，通过快速提升体液免疫和细胞免疫功能达到抗病毒的作用。

（3）消炎杀菌，控制继发感染：头孢曲松是第一个专用于动物的第三代头孢菌素类抗生素，对革兰阳性菌及革兰阴性菌均具有超广谱、强效抗菌作用，可以预防细菌病的发生。同时再配合微生态制剂饮水，恢复肠道的有益菌群，能迅速提高采食量，提早恢复健康，把养殖户的损失降低到最小。

（4）蛋鸡出现过料现象：蛋鸡出现的粪便不成型，含有未消化的饲料，一般是球虫、肠道需氧菌、厌氧菌、病毒、肠道菌群失调、自体中毒、营养方面多种因素造成，要找出致病因素，根据发病原因彻底地解决，不要见到此现象就采用抗生素治疗，要具体问题具体分析，找到病原才能很好解决问题。

（三十五）啄癖

啄癖发生的症状主要有啄肛、啄羽、啄趾、啄蛋等，本病在任何年龄的鸡群中都可发生。

1. 发病原因

（1）日粮配合不当，质量低劣。日粮中的赖氨酸、蛋氨酸、亮氨酸和色氨酸、胱氨酸中的一种或几种含量不足或过高，造成日粮中氨基酸不平衡，均可导致啄癖发生。

（2）日粮供应不足。由于日粮供应不足，使鸡处于饥饿状态，为觅食而发生啄食癖。喂料时间间隔太长，鸡感到饥饿，易发生啄羽癖。

（3）日粮中缺乏矿物质和微量元素，如钙、磷、锰、硫、钠等，易导致啄趾、啄肛、啄羽等。

（4）维生素的缺乏。当日粮中缺乏维生素 B_2、维生素 B_3 时，可造成机体内氧化还原酶的缺乏，肝内合成尿酸的氧化酶活性下降，因而摄取氨基酸合成蛋白的机能下降，机体得不到所需的氨基酸和蛋白质。如色氨酸缺乏时，可使鸡体神经紊乱，产生幻觉，信息传递发生障碍，识别力较差，从而易产生啄癖。

（5）寄生虫。如脚突变膝螨、鸡膝螨、鸡羽虱等，可使鸡啄食自身脚上的皮肤鳞片和痂皮，自啄出血而引起互啄。

（6）应激因素。刚开产鸡体内雌激素和孕酮含量高，易引起啄羽和互啄。

（7）不良的环境条件，如通风不良、光线太强、温度和湿度不适宜、密度太大和互相拥挤等条件都可引起啄癖。

2. 防治方法

（1）合理配合饲料。日粮中氨基酸与维生素的比例为：蛋氨酸 > 0.7%，色氨酸 > 0.2%，赖氨酸 > 1.0%，亮氨酸 > 1.4%，胱氨酸 > 0.35%；每千克饲料中维生素 B 22.6 毫克，维生素 B_6 3.05 毫克，维生素 A 1 200 国际单位，维生素 D 3 110 国际单位。这样可防止由于营养性因素诱发的啄癖。

（2）日粮要定时饲喂，最好以颗粒料代替粉状料，以免供食不足和产生浪费。

（3）鸡的啄癖与饲料中硫的含量有关，料中添加 1% 硫酸钠或 0.5% ~3% 天然石膏粉，使料中的钙磷含量同时达到 0.8% ~ 1%，钙磷比 1.2:1 为宜。

（4）矿物质缺乏，要在料中加入适量的氯化钠，或用 1% 氯化钠饮水 2~3 天，一般氯化钠占精料的 3% 左右，如日粮中鱼粉中含量高时，可适当减少用量。

（5）断喙。雏鸡在6~9日龄时要进行断喙，同时料中添加维生素C和维生素K防止发生应激，这样可有效防止啄癖的发生。

（6）定时驱虫，以免发生啄癖后难以治疗。

（7）鸡舍的环境要通风良好，密度适中，不能拥挤，天气热时要降温，光线不能太强，最好将门窗玻璃和灯泡上涂上红色，可有效防止啄癖的发生。

（8）发生啄癖时，立即将被啄的鸡隔开饲养，伤口涂上与羽色一致或有异味的药液，防止再次发生而引起互啄。

（三十六）脱肛

蛋鸡脱肛在开产时就会发生，并能延续整个产蛋期，造成鸡群产蛋下降和死淘率上升。由于大多数养殖户弄不清脱肛的原因，使问题得不到及时解决，给养鸡生产带来较大经济损失。

1. 发病原因

（1）开产前光照时间过长，性成熟过早，提前开产。育成鸡每天光照时间应控制在9小时以内，开产后延长光照时间至14~16小时，而有些养鸡户在蛋鸡开产前就采用产蛋鸡的光照时间，导致蛋鸡体成熟尚未达到而性成熟已经完成，使蛋鸡提前开产。提前开产的鸡易产畸形蛋（尤其是大蛋及双黄蛋），引起脱肛。

（2）后备母鸡日粮营养水平过高，造成鸡过于肥胖。一般母鸡在产蛋时输卵管都有正常的外翻动作，蛋产出后能立即复位，过肥的母鸡因肛门周围组织弹性降低，阻碍了外翻的输卵管正常复位。另外，由于腹内脂肪压迫，使输卵管紧缩而使卵通过时发生困难，产蛋过程中因强力努责而脱垂。生产中可采取降低日粮营养水平，防止鸡体过肥的办法来解决。

（3）产蛋鸡日粮中维生素A和维生素E不足。使输卵管和泄殖腔黏膜上皮角质化失去弹性，防卫能力降低，发生炎症，造成输卵管狭窄，引起脱肛。生产中，可通过在日粮中添加一定量的抗生素和足量的维生素 A、维生素 E 来解决。

（4）腹泻脱水导致输卵管黏膜润滑作用降低。长时间的腹泻使蛋鸡机体水分消耗过大，甚至达到脱水程度，致使输卵管黏膜不能有效地分泌润滑液，生殖道干涩，鸡产蛋时强烈努责造成脱肛。生产中，应找出腹泻原因，标本兼治，以恢复各器官的正常生理功能。

（5）鸡群拥挤，卫生条件差，舍内氨气浓度较高。鸡群时刻处于应激状态，也是导致脱肛的一个重要原因。生产中，控制饲养密度，一般产蛋母鸡以每平方米饲养 5~6 只为宜。注意卫生，勤换垫料，加强通风换气，并搞好早期断喙工作，一旦鸡群中发生脱肛，也不至于互相追啄，减少病鸡死亡。

（6）鸡群整齐度差，过大过小造成鸡群采食不均。大鸡采食过多而肥胖，致使肛门周围组织的弹性降低和腹部脂肪过多而使产蛋时外翻的输卵管难以复位而脱肛，雏鸡因营养不良导致瘦弱，体成熟较差，也易引起脱肛。生产中可通过大小分群饲养，根据肥胖程度合理配制日粮来解决。

（7）意外惊吓等应激因素。处于产蛋状态的鸡因应激而使外翻的输卵管不能正常复位。生产中应尽量减少应激因素，严防鼠、猫等令蛋鸡受惊吓的动物进入鸡舍。

2. 治疗方法　养鸡生产中勤观察鸡群，发现脱肛的鸡应立即提出隔离，防止其他鸡啄肛。对脱出的泄殖腔先用温水洗净，再用 0.1% 高锰酸钾溶液清洗片刻，使黏膜收敛，然后擦干，涂以人用的红霉素眼药膏，轻轻送入肛门内，肛门周围作荷包状缝合（泄殖腔内如有蛋必须在缝合前取出，以防发生蛋黄性腹膜炎），并留出排粪孔，经几天后母鸡不再努责时便可拆线。

（三十七）胚胎病

大量实践证明，由于各种胚胎病所引起的孵化率低下，雏鸡生长发育迟缓和死亡率增加，经济上的损失是巨大的。

从"预防为主"的原则出发，应注意搞好蛋鸡群的饲养管理工作，使种蛋能有完全的营养成分。保证蛋鸡群的健康，避免有蛋源性传染病存在。否则，不但由于种蛋死胚而影响孵化率，而且，所孵出的雏鸡常常是养鸡场传染来源之一。此外，还要做好种蛋保管工作和健全孵化制度，避免发生由于种蛋储存不当和孵化方法不善而带来的胚胎病。

1. 诊断方法

（1）照蛋：在现代化大规模的饲养和孵化条件下，由于种蛋的受精率和孵化率高，一般不主张对孵化过程中落盘前的种蛋进行照蛋。但作为诊断胚胎病的一种方法，在种蛋孵化过程中，于一定期限内通过照蛋能够了解胚胎的发育情况，以确定孵化措施是否正确。同时，测定受精率以尽快地掌握种蛋的受精情况。

孵化第 5 天照蛋，蛋黄的投影已伸向蛋的尖端，且不能自由移动。伸达整个卵黄表面的血管十分明显，已形成一个丰富的血管网，色泽暗红。胎儿的投影像一只居于蜘蛛网中心的蜘蛛，可见黑色的眼点。如胚胎位置靠近蛋的外壳边缘，血管网不见发育，或模糊不清、其色淡白，均为胚胎发育迟缓。

孵化第 11 天照蛋，胚胎背面的血管加粗，颜色加深。发育正常的胚胎，能清晰地看到尿囊，它包围了整个蛋白部分，并在蛋的尖端呈密闭状态。凡是尿囊没有闭合，或者尿囊没有包围住蛋白，均为胚胎发育缓慢的现象。

孵化第 17 天照蛋，胚胎背面的黑影完全遮盖了蛋的尖端。由于胎儿下沉，气室下缘尿囊又被照见。每个胚胎的黑影都随着活动而变化。凡是胚胎尖端未被黑影完全遮盖，可以认为胚胎发育迟缓。

此外，由于胚胎发育的进行，蛋的重量可有规律地发生减重现象。在孵化第 1～19 天大约可失去其原有重量的 11% 。在胚胎发育异常时，蛋重的变化则显然不同。因此，这些变化也是胚胎病的症侯之一。

（2）胚胎剖检：利用病理解剖学的方法，对胚胎进行剖检，能更清楚地发现胚胎肉眼可见的或是显微的病理形态变化，从而确定其疾病性质和特点。

（3）微生物学检测：能准确地确定传染性胚胎病的种类。

以上各种方法是诊断不可缺少的手段，可根据实际情况和工作需要进行。

2. **防治方法** 加强对蛋鸡的饲养管理及供给合理的饲料。种蛋在孵化前的储存保管与制订正确的孵化措施，是预防胚胎性疾病的基本措施。

在孵化过程中，对活胚胎的观察以及对死胚胎的剖检时，如大部分病例确诊为营养性胚胎病，必须引起高度重视，及时改善蛋鸡饲料与饲养管理。根据胚胎剖检时发现的病理特征，常常能够准确地确定蛋鸡饲料中某些营养物质的不足。在孵化过程中，一旦发现大批胚胎营养不良性疾病时，应维持稍高的孵化温度和迅速减低湿度，有时有助于雏鸡的孵出。

鉴于传染性胚胎病的传染来源是多方面的，故预防措施应注意以下方面。

（1）禁止以发生急性疾病愈不久或患有慢性传染病的蛋鸡所产的蛋做孵化之用。许多试验表明，此类家禽外表虽属健康，但可能有病原体侵入卵巢组织内。此外，大多数急性细菌性或病毒性疾病患禽，通常在 1~2 周期限内，其血液中可能出现病原体。因此，这就可能产生带菌或带毒的蛋。

（2）严格孵化种蛋入孵前的消毒措施。蛋自泄殖腔产出时，被病原体所污染是十分常见的，有些病原体能透过蛋壳而进入蛋内。而且，被粪便污染也是很常见的。故在鸡场拾蛋时，就应该对种蛋进行初步分拣，剔除脏蛋、碎蛋及软壳蛋等，并尽快对种蛋进行消毒。

（3）某些真菌（主要是曲霉菌类）常通过蛋托、孵化盘、车辆等媒介侵入蛋内造成感染。所以，必须注意消除这些传染因素，特别要注意孵化厅的卫生措施。

（5）蛋的消毒目前国内最好的方法还是用甲醛蒸气烟熏，一般用3个浓度（3X）烟熏20分钟，然后，排出甲醛气体。

至于胚胎病的治疗，按现有的条件，很难得到较好的效果。有报道对传染性胚胎病的治疗，通过在孵化过程中透过气室注入药物的方法或于入孵前用药液浸泡的方法，能消灭种蛋内或胚体内的病原体。

又有报道介绍孵化前杀灭种蛋中霉形体的方法，即热处理方法。首先，将种蛋放入约22℃的室内，直至种蛋也达到同一温度为止。然后，将种蛋移到温度达到46℃、湿度70%的孵化器内，在此条件下放置10～14小时，使蛋内的中心温度必须达46℃，但不得高于此温度。蛋温达到规定温度时，供热仍需继续2小时，然后令种蛋开始正常孵化。切不可试图在10小时以内将蛋加热到所需温度，因这样做不能杀灭霉形体。

上述孵化前热处理，会使入孵种蛋的平均孵化率下降2%～5%，种蛋放置时间越长，蛋的孵化率下降就越大。

（三十八）痛风病

家禽痛风是一种蛋白质代谢障碍引起的高尿酸血症，本病主要见于鸡、火鸡、水禽，鸽偶尔可见。当饲料中蛋白质含量过高特别是动物内脏、肉屑、鱼粉、大豆和豌豆等富含核蛋白和嘌呤碱的原料过多时，可导致严重的痛风。饲料中镁和钙过多或日粮中长期缺乏维生素A等均可诱发痛风。

1. 临诊症状　鸡群精神大体正常，饮水量大，粪稀，个别精神萎靡，冠髯苍白，消瘦。病鸡精神不振，体温正常，采食量明显减少，蹲伏，下痢，泄殖腔黏附有腥臭石灰样稀粪。关节肿大，为正常的 1 ~ 1.5 倍，触摸关节柔软，轻压躲闪、挣扎、哀鸣痛叫，运动迟缓、站立不稳、跛行。严重脱水，爪部皮肤干燥无光。病鸡衰竭，陆续死亡。

2. 剖检变化　病死鸡皮下组织、关节面、关节囊、胸腔、腹腔浆膜、心包膜、内脏器官（如心、肝、脾、肺、肾、肠系膜等）表面有灰白样尿酸盐沉积。肾脏肿大、苍白，肾脏肿大 3 ~ 4 倍。肾小管内被沉积的灰白色尿酸盐扩张，单侧或两侧输尿管扩张变粗，输尿管中有石灰样物流出，有的形成棒状痛风石而阻塞输尿管。

3. 确诊　根据养殖户介绍的情况和临床症状，可确诊为鸡痛风病。

4. 治疗方法

（1）立即停喂原来的饲料，重新核定配方配料饲喂。改用全价饲料或将自配料的蛋白质降低，以减轻肾脏负担，并适当控制饲料中钙磷比例。

（2）在饲料中添加泻痢康，按饲料的 0.5% 添加，每天一次，既对肠炎有效，又可以行水消肿，调节水和电解质平衡，促进尿酸盐代谢。同时在饲料中加入 0.2% 的小苏打，连用 4 天，停 3 天后，再用一个疗程。

（3）在方法（2）中停药时用 5% 葡萄糖溶液、维生素 C 溶液饮水，并在饮水中添加速溶 21 - 金维他，料中添加维生素 E、维生素 K 和鱼肝油拌料。以补充长期腹泻而流失的维生素，增加抵抗力，促进机体恢复，3 天为一疗程。

上述方法用药 7 天后，大群恢复正常，饮食及粪便正常，不再出现瘫痪、死鸡现象。

鸡痛风病是由于鸡机体内蛋白质代谢发生障碍，使大量的尿酸盐蓄积，沉积于内脏或关节，临床上以消瘦、关节肿大、运动障碍、衰弱等症状为特征的一种营养代谢病。在鸡群中常呈群发性，危害较大。造成该病的因素主要是由于自配饲料中蛋白质过高以及钙磷比例不当所致。广大养殖户，配料时注意营养平衡，对于发病鸡只要针对调查出的具体病因采取切实可行的措施。

（三十九）脂肪肝综合征

长期饲喂过量饲料，导致能量摄入过多、饲料中真菌毒素和油菜粕中的介酸等均可导致本病，而某些高产品种因雌激素含量高，刺激肝脏合成脂肪、笼养状态下活动不足、B 族维生素缺乏及高温应激等也可诱发本病。

1. **临床特征** 发病死亡的鸡都是母鸡，大多过度肥胖，发病率为 50% 左右，致死率在 6% 以上，产蛋量显著下降，降幅可达 40%，往往突然暴发。病鸡喜卧，腹部膨大下垂。鸡冠肉髯褪色，呈淡红色乃至苍白。

2. **大体病变** 病死鸡全身肌肉苍白，腹部沉积有大量的脂肪。胸肌苍白，透过腹膜，可见腹腔内有血凝块。腺胃周围有大量的脂肪包围。肝脏肿大，边缘钝圆，呈黄色油腻状。肝脏质脆如泥。肝脏局限性出血和坏死灶。肝脏弥漫性出血，质脆易碎。肝周和腹腔内有大量血凝块。肝脏土黄色，表面有出血斑，心包积液，腹腔内有血凝块及血性腹水。肝脏脂肪变性、表面凹凸不平，可见破裂处、附近有血凝块。腹腔内可见卵泡破裂后流出的卵黄。

3. **防治要点**

（1）合理配制饲料，控制饲料中能量水平，适当限制饲料的喂量，使体重适当，产蛋高峰前限量要小，高峰后限量应大，一般限喂 8% ~ 12%。

（2）已发病鸡群在每千克饲料中添加 22 ~ 110 毫克胆碱，也可配合使用维生素 B_{12}、维生素 E、肌醇等有一定疗效。

（3）合理分群扩大饲养面积，让鸡群加大活动量。

（四十）肌胃糜烂

鸡肌胃糜烂又称肌胃溃疡，是由于多种病因引起的鸡的一种消化道病，主要发生于肉种鸡，其次为蛋鸡和鸭。发病年龄多在 2 周龄到 3 月龄。死亡率为 10% ~ 30%。

1. **病因** 本病病因是一种称之为肌胃糜烂素的物质，主要存在于变质鱼粉中，多数学者认为，日粮中鱼粉的比例超过 15% 就可能发生肌胃糜烂。维生素 B_{12} 缺乏也可导致肌胃糜烂。

2. **临床特征** 病禽厌食，羽毛松乱，闭目缩颈喜蹲伏。消瘦贫血，生长发育停滞，用手挤压嗉囊或倒提病鸡，从口中流出黑褐色黏液，故又称"黑色呕吐病"。病禽的喙和腿部黄色素消失，排稀便或黑褐色软便。发病率为 10% ~ 20%，多突然死亡，死亡率为 2.3% ~ 3.3%。多数病例伴发营养缺乏病、代谢病、传染病和寄生虫病。本病的发病特点是鸡群饲喂一批新饲料后 5 ~ 10 天发病，而在更换饲料 2 ~ 5 天后，发病率停止上升。

3. **大体病变** 食道和嗉囊扩张，充满黑色液体，腺胃体积增大，胃壁松弛，黏膜溃疡、溶解。腺胃扩张、肌胃萎缩，壁变薄。肌胃壁变薄，腺胃黏膜有多量灰白色分泌物，两胃交界处出血或溃疡。角质层增生呈树皮样。发病后期，在肌胃的皱襞深部有小出血点或出血斑，以后出血斑点增多，逐渐演变为糜烂和溃疡。角质下层糜烂和溃疡。十二指肠出现黏液性、卡他性出血性炎症，有泡沫样内容物。

4. **防治要点** 应以预防为主，日粮中鱼粉的含量应控制在 8% 以下，严禁使用变质鱼粉生产饲料，加工干燥鱼粉时高温可产生肌胃糜烂素，如加工时同时加入赖氨酸或抗坏血酸，能有效地抑制肌胃糜烂素的形成。在饲料中加入 0.5 克/千克的甲氢咪呱，可以有效抑制肌胃糜烂病的发生。同时应加强饲养管理，减少应激。

鸡群一旦发病，应立即更换饲料，发病初期，在饮水和饲料中投入 0.2%～0.4% 的碳酸氢钠，连用两天，每只病鸡注射维生素 K 30.5～100 毫克或止血敏 50～100 毫克，同时每千克体重注射青霉素 5 万单位，均有良好的疗效。

附　录

附录一　无公害蛋鸡与鸡蛋生产操作规程

无公害蛋鸡与鸡蛋，是指产地环境、生产过程和最终产品符合国家无公害食品标准和规范，经专门机构认定，按照国家《无公害农产品管理办法》的规定，许可使用无公害农产品标识的产品。无公害蛋鸡与鸡蛋符合国家食品卫生标准，具有无污染、安全、优质及营养的特点。根据农产品安全区域化管理要求，现制定无公害蛋鸡与鸡蛋的生产管理技术操作规程。

一、鸡场的产地环境要求

无公害蛋鸡与鸡蛋生产的前提必须是通过产地认定，认定产地要具有明确的区域范围和一定的生产规模（商品蛋鸡存栏 1 万只以上），并符合无公害产地环境标准，即符合《畜禽场环境质量标准》（NY/T 388—1999）和《无公害畜禽肉产地环境要求》（GB/T 18407.3—2001）等。产地环境是实施无公害生产的首要因素，只有产地环境的水、大气、土壤、建筑物、设备等符合无公害生产要求，才能从源头上保证蛋鸡健康生长需要，减少环境对蛋鸡生长发育及蛋鸡生产的终产品——鸡蛋的质量产生影响。

1. 鸡场饮用水　须采取经过集中净化处理后达到国家《无公害食品畜禽饮用水质》（NY 5027—2008）的水源。与水源有关的地方病高发区，不得作为无公害蛋鸡及鸡蛋生产地。

2. 土壤选址 地势高燥，生态良好，无或不直接接受工业"三废"及农业、城镇生活、医疗废弃物污染的地方建场。鸡场地面进行混凝土处理，养鸡以笼养为主。

3. 大气 鸡场建造应选择在区畜牧部门划定的非疫区内，位于整个地区的上风头，背风向阳。要求远离村镇和居民点及公路干线 1 千米以上，周围 5 千米内无大中型化工厂、矿厂，距其他畜牧养殖场、垃圾处理场、污水处理池等至少 3 千米以上，等等。

4. 建筑设施 鸡场用地符合当地土地利用规划的要求，交通方便，水电供应充足，整个养殖、加工等场所布局规范、设置合理，场内生产区、生产管理区、生活区、隔离区应严格分开，完全符合防疫要求，四个区的排列应根据全年主风方向及地势走向（由高到低）依次为生活区、生产管理区、生产区、隔离区。生产区内按工厂化养殖工艺程序建筑，分育雏舍、蛋鸡舍、贮蛋室、贮料室等。地面、内墙表面光滑平整，墙面不易脱落、耐磨损和不含有毒、有害物质，具备良好的防鼠、防虫、防鸟等设施。整个建筑物排列必须整齐合理，合理设置道路、给排水、供电、绿化等，便于生产和管理。生产、加工等所用设施（备）严格采用无毒、无害、无药残的用具等。

5. 环境保护 生产区域内生产、加工等场所要避开水源保护区、人口密集区、风景名胜区等环境敏感地区，无噪声或噪声较小，环境安静。场内设置专用的废渣（包括粪便、垫料、废饲料及散落羽毛等固体废物）储存场所和必备的设施，养鸡用废水粪渣等不得直接倒入地表水体或其他环境中。储存场所地面全部采用水泥硬化等措施，防止废渣渗漏、散落、溢流、雨水淋湿、恶臭气味等对周围环境造成的污染和危害。用于直接还田的鸡粪，须进行无害化处理，使用时不能超过当地的最大农田负荷量，避免造成地表源污染和地下水污染。鸡场要本着减量化、无害化、资源化原则，采用生态环保措施，对废渣进行统一集中的无害化处理，其所有排污经验收符合国家或地方规定的排放标准。

二、鸡场的防疫管理要求

1. 防疫　要求鸡场区域周围应设置围墙，防止不必要的来访人员。鸡场所有入口处应加锁，并设有"谢绝参观"标志。鸡场大门口设消毒池和消毒间，消毒池为水泥结构，要宽于门，长于车轮一圈半，即池长6米、宽3.8米、深0.5米，池内存积有效消毒液。所有人员、车辆及有关用具等均须进行彻底消毒后方准进场。严格控制外来人员进出生产区，特别情况下，外来人员经淋浴和消毒后穿戴消毒过的工作服方可进入，要同时做好来访记录。本场人员进场前，要遵守生物防疫程序，经洗澡淋浴，更换干净的工作服（鞋）后方可进入生产区。在生产区内，工作人员和来访人员进出每栋鸡舍时，必须清洗消毒双手和鞋靴等。鸡场内要分设净道和污道，人员、动物和相关物品运转应采取单一流向，防止发生污染和疫病传播。每栋鸡舍要实行专人管理，各栋鸡舍用具也要专用，严禁饲养员随便乱串和互相借用工具。饲养管理人员每年要定期进行健康检查，取得健康证后上岗。养鸡场内禁止饲养其他禽类或观赏鸟等动物，以防止交叉感染。

2. 消毒净化要求

（1）环境卫生管理要求：鸡场卫生是非常重要的，清洁卫生是控制疾病发生和传播的有效手段，包括鸡舍卫生和鸡场环境卫生。保证鸡舍卫生，要做到定期清除舍内污物、房顶粉尘、蜘蛛网等，保持舍内空气清洁。保证环境卫生，要做到定期打扫鸡舍四周，清除垃圾、洒落的饲料和粪便，及时铲除鸡舍周围15

米内的杂草，平整和清理地面，设立"开阔地"。饲养场院内、鸡舍等场所要经常投放符合《农药管理条例》规定的菊酯类杀虫剂和抗凝血类杀鼠剂高效低毒药物，灭鼠、灭蚊蝇，对死鼠、死蚊蝇要及时进行无害化处理。

（2）消毒净化管理要求：各生产加工场所要统一配备地面冲洗消毒机、火焰消毒器等消毒器械。对舍内带鸡消毒，每两天一次，在免疫期前后两天不做。消毒时，要定期轮换使用不同的腐蚀性小、杀菌力强、杀菌谱广、无残毒、安全性强的消毒药，如过氧乙酸、氯制剂、百毒杀等。每周对环境消毒一次，要选用杀菌效果强的消毒药，如氢氧化钠、生石灰、苯酚、煤酚皂溶液、农福、农乐、新洁尔灭等。还要注意定期更换消毒池和消毒盆中的消毒液，防止过期失效。

3. 免疫接种管理要求　鸡场内养殖鸡群的免疫接种，要严格执行《无公害食品蛋鸡饲养兽医防疫准则》（NY 5041—2001）的规定，充分结合本地疫情调查和种鸡场疫源调查结果，制定科学的符合本场实际的免疫程序。日常工作中，要严格按规定程序、使用方法和要求等做好养殖鸡群的免疫接种工作。免疫结束后，工作人员还要将使用疫苗的名称、类型、生产厂商、产品序号等相关资料记入管理日志中备查。

4. 疫病检测管理要求　鸡场要按照《中华人民共和国动物防疫法》及其配套法规的要求，结合本地情况，制定好本场的疫病监测方案。常规监测的疫病有鸡新城疫、鸡白痢、传染性支气管炎、传染性喉气管炎等。监测过后，要及时采取有效的控制处理措施，并将结果报送所在地区动物防疫监督机构备案。

三、鸡场投入品的管理要求

1. 种鸡选择　要求鸡场内优先实行自繁自养和全进全出制。种鸡要选择按照国务院《种畜禽管理条例》规定审批生产的外来或地方品种，如罗斯褐、罗曼、海兰鸡等外来品种，或江汉鸡、双莲鸡、文山鸡、绿壳鸡等各地方品种。未经审定的品种不得作种用。选购雏鸡应该有种禽生产许可证，且无鸡白痢、新城疫、支原体、结核、白血病的种鸡场，或由该类场提供种蛋所生产的，经过产地检疫健康的雏鸡。到外地引种前要向当地动物防疫监督机构报检，到非疫区选购，并做好防检疫和隔离观察工作，严防疫病带入。

2. 饲料的使用要求

（1）饲料原料、饲料添加剂、配合饲料、浓缩饲料和添加剂预混料应色泽一致，无氧化、虫害鼠害、结块霉变及异味、异臭等，有害物质及微生物允许量符合《饲料卫生标准》（GB 13078—2001）。严禁使用工业合成的油脂、畜禽粪便、餐饮废弃物、垃圾场垃圾等作饲料喂鸡。

（2）饲料中使用的营养性饲料添加剂和一般性饲料添加剂产品应是《允许使用的饲料添加剂品种目录》所规定的品种，或取得试生产产品批准文号的新饲料添加剂品种。饲料添加剂产品应是取得饲料添加剂产品生产许可证的正规企业生产的、具有产品批准文号的产品。饲料添加剂的使用要严格遵照产品标签所规定的用法、用量使用。

（3）储存饲料的场所要选择干燥、通风、卫生、干净的地方，并采取措施消灭苍蝇和老鼠等。用于包装、盛放原料的包装袋和容器等，要求无毒、干燥、洁净。场内不得将饲料、药品、消毒药、灭鼠药、灭蝇药或其他化学药物等堆放在一起，加药饲料和非加药饲料要标明并分开存放。运输工具也须干燥、洁净，并具备有防雨、防污染等措施。鸡场一次进（配）料不宜太多，配合好的全价饲料也不要贮存太久，以 15~30 天为宜。使用时按推陈出新的原则出场。

3. 兽药使用 要求兽药使用要严格遵守国家农业部《食品

动物禁用的兽药及其化合物清单》《兽药停药期规定》等，本着高效、低毒、低残留的要求，规范鸡群用药，合理应用酶制剂、益生素、益生原及中草药等绿色饲料添加剂和有机微量元素。严禁使用无批准文号的兽药或饲料添加剂，严禁超范围、超剂量使用药物饲料添加剂，严禁使用抗生素滤渣或砷制剂等作饲料添加剂。使用兽药或药物饲料添加剂时，还必须严格遵守休药期、停药期及配伍禁忌等有关规定。凡产蛋鸡在停药期内其所有产品不得供食用，一律销毁。

四、鸡场的生产管理要求

1. 技术培训　鸡场所有人员要一律实行凭证（培训证）上岗制度。场方要定期对生产技术人员进行无公害食品生产管理知识等的继续培训教育，切实提高人员素质。

2. 鸡舍清理和准备　鸡场采取"全进全出"制，当一栋蛋鸡转群淘汰后，应先将鸡舍内所有设备（包括粪便、病残鸡及各种用具等）清理出去，然后将鸡舍及设备等冲洗消毒干净。空舍14天后，再将所有干净用具放到鸡舍中，按要求摆放好，将喂料设备和饮水设备安装妥当。对自动饮水系统（包括过滤器、水箱和水线等）采用碘酊、百毒杀、氯制剂等浸泡消毒，然后用清水冲洗干净后待用。

3. 接雏　鸡场在接雏前2天，要给育雏舍加温，使温度达到31～33℃，然后将饮水器灌满水，水中可加3%葡萄糖。雏鸡到来后，先供饮水与开食同时进行。

4. 温度控制　鸡舍内第1周温度要保持在30～33℃，以后每周可下降2～3℃，21天以后温度控制在20℃左右。鸡舍确切温度要视鸡群活动情况而定，降温过程不要太快，以免雏鸡受凉刺激，日夜温差变化要控制在1℃内。

5. 通风　要确保鸡场内经常通风换气，除去有害气体。冬季严禁用煤炉取暖，以防引起一氧化碳中毒。通风要做到循序渐进，窗户在早、晚凉时小敞，中午热时大敞；有风时小敞，无风时大敞。当进入鸡舍，感觉气味刺鼻时，要及时敞开通风，同时注意保证室内温度。饲养前期要做到以保温为主，兼顾通风；后期以通风为主，兼顾保温。

6. 湿度　鸡场进雏后前 7 天要经常带鸡消毒或洒水以提高湿度，相对湿度要保持在 70% 左右。8 天以后尽量保持鸡舍干燥，相对湿度控制在 50% 以下。冬季，当空气过度干燥时，要通过喷雾消毒增加湿度。

7. 密度　在育雏前期饲养密度可大些，随着鸡的生长，要经常扩群，确保鸡群能够活动。一般 1 日龄，50 只/平方米；20 日龄，30 只/平方米；40 日龄，8 只/平方米；112 日龄，集中上笼（三层全阶梯式标准蛋鸡笼）饲养。

8. 饲喂　鸡场饲料中可以拌入多种维生素类添加剂，但不允许额外添加药物或药物饲料添加剂。在产蛋期内，严格执行停药期，不得饲喂含药物及药物添加剂的饲料。鸡群喂料应根据需要确定，确保饲料新鲜、卫生。饲养人员日常要随时清除散落的饲料和喂料系统中的垫料等，不得给鸡群饲喂发霉、变质、生虫的饲料等。

9. 饮水　鸡场要全部采用循环式自由供饮水系统。前 10 天供饮温水，水温为 18～20℃。饲养人员每日要刷洗、消毒饮水设备，所用消毒剂要选择百毒杀、漂白粉、卤素等符合《中华人民共和国兽药典》规定的消毒药。消毒完后用清水全面冲洗饮水设备。饮水中可以适当添加葡萄糖或电解质多维素类添加剂，不能添加药物和药物饲料添加剂。

10. 光照　控制鸡舍前 30 天采用 24 小时光照，以后每天光照 23 小时。光照强度：前 30 天光照强度为 20 勒克斯或 5.4 瓦/米^2，30 天后可通过减少灯泡功率或数量，将光照强度减至 2.5

~5 勒克斯或 6~1.2 瓦/米^2。要尽量选用多个低功率灯泡，以保证光照均匀，还要定期进行光照强度检测。

11. 日常管理饲养　管理人员每天要例行"六查一处"。一查卫生，看鸡舍内外脏乱情况；二查通风，看鸡场内通风状况；三查消毒，检查消毒池和消毒盆中的消毒液，以免过期失效；四查鸡群动态，看鸡的精神、采食等是否正常；五查喂料，看饲料新鲜度等；六查产蛋，检查蛋的大小、色泽等。一处，即及时对病死、淘汰鸡等进行无害化处理。

12. 病死鸡处理　当鸡场发生疫病或怀疑发生疫病时，要依据《动物防疫法》采取以下措施：及时报驻场官方兽医确诊，并按规定向所在地区动物防疫监督机构报告疫情，如确诊发生高致病性疫病时，要配合动物防疫监督机构，对鸡群实施严格的隔离、扑杀措施；发生新城疫、结核等疫病时，要对鸡群实施清群和净化措施；其病死鸡或淘汰鸡的尸体等在官方兽医监督下，按《病害动物和病害动物产品生物安全处理规程》（GB 16548—2006）的要求做无害化处理，并对鸡舍及有关场地、用具等进行严格的消毒。

13. 疾病治疗　鸡群发生疾病需进行治疗时，应在兽医技术人员指导下，选择符合相关规定的治疗用药。特别在产蛋期，严禁随意或加大剂量滥用药物，造成药残超标，影响鸡蛋产品的质量安全。

14. 鸡蛋检验　鸡场每日要定时捡蛋，及时入库，集中净化分级处理消毒后，统一包装上市销售。鸡场质检组技术人员要对每批鲜蛋随机取样，进行质量抽检，严格执行国家制定的常规药残及违禁药物的检验程序，对检验合格的出具场方质检证明，随货流通。不合格的，集中销毁，严禁出场销售。

15. 蛋鸡淘汰　淘汰蛋鸡在出售前 6 小时停喂饲料，并向当地动物防疫监督机构申报办理产地检疫，经检疫合格的凭产地检疫证上市交易；不合格的，及时予以无害化处理，防止疫情传出。运输车辆要做到洁净，无鸡粪或化学品遗弃物等，凭动物检疫证明和运载工具消毒证明运输。

16. 日常记录　鸡场内要建立完善相应的档案记录制度，对鸡场的进雏日期、进雏数量、来源，生产性能，饲养员，每日的生产记录，如日期、日龄、死亡数、死亡原因、存笼数、温度、湿度、防检疫、免疫、消毒、用药，饲料及添加剂名称，喂料量，鸡群健康状况，产蛋日期、数量、质量，出售日期、数量和购买单位等全程情况（数据），及时准确地记入养殖生产日志中。记录要统一存档保存两年以上。

附录二　蛋鸡600天营养套餐（海兰褐）

表1　开封六和饲料公司的饲喂模式

生长阶段	周龄	产品名称	开封六和对应产品	粗蛋白/%	全价料用量/克	品种体重/克	胫骨长/毫米
育雏期	0～3	育雏宝	320	21	400	190	46
育雏期	3～10	雏鸡料	321/121A	18	2 100	970	91
育成期	11～15	育成料	323/123A	15	2 500	1 370	104
预产期	16～18	预产料	324Y	16	1 700	1 500	105
高峰期	19～55	高峰料	324S	16.5	28 000	1 920	105
高峰后期	56～72	后期料	324	15.5	14 000	1 960	105
产蛋后期	73～86	后期料	324	15.5	11 760	2 020	105
合计					60 460		

　　通过合理的管理方案，优质的六和饲料就能完成产蛋600天生产效益。推荐开封六和饲料公司大育雏饲喂模式（7 052方案）。方案的思路是70日龄蛋鸡吃2.5千克料使雏鸡体重达到1千克。

附录三　蛋鸡标准化示范场验收评分标准

表2　蛋鸡标准化示范场验收评分标准

申请验收单位：		验收时间：　　年　月　日			
必备条件 （任一项不 符合不得 验收）	1. 场址不得位于《中华人民共和国畜牧法》明令禁止的区域			可以验收□ 不予验收□	
	2. 两年内无重大动物疫病发生，无非法添加物使用记录				
	3. 种禽场有种畜禽生产经营许可证				
	4. 拥有动物防疫条件合格证				
	5. 建立完整的养殖档案				
	6. 单栋饲养量不低于5 000只。总存栏量在30 000只左右				
项目	考核内容	考核具体内容及评分标准	满分	得分	扣分原因
一、选址和 布局（20分）	（一） 选址 （5分）	距离主要交通干线、居民区2 000米以上，距离屠宰场、化工厂和其他养殖场2 000米以上，距离垃圾场等污染源2 000米以上	2		
		地势高燥，背风向阳，通风良好	2		
		远离噪声	1		
	（二） 基础条件 （4分）	有稳定水源及电力供应，水质符合标准	2		
		交通便利，沿途无污染源	1		
		有防疫围墙和出入管理办法	1		
	（三） 场区布局 （4分）	场区的生产区、生活管理区、辅助生产区、废污处理区等功能区分开，且布局合理。粪便污水处理设施和尸体焚烧炉处于生产区、生活管理区的常年主导风向的下风向或侧风向处	4		

续表

项目	考核内容	考核具体内容及评分标准	满分	得分	扣分原因
一、选址和布局（20分）	（四）净道与污道（3分）	净道、污道严格分开	2		
		主要路面硬化	1		
	（五）饲养工艺（4分）	采取全进全出饲养工艺，饲养单一类型的禽种，无混	4		
二、生产设施（30分）	（一）鸡舍建筑（5分）	鸡舍建筑牢固，能够保温	2		
		结构具备抗自然灾害（雨雪等）能力	2		
		鸡舍有防鼠、防鸟等设施设备	1		
	（二）饲养密度（2分）	饲养密度合理，符合所养殖品种的要求	2		
	（三）消毒设施（8分）	场区门口设有消毒池或类似设施	2		
		鸡舍门口设有消毒盆	2		
		场区内备有消毒泵	2		
		场区内设有更衣消毒室	2		
	（四）饲养设备（10分）	安装有鸡舍通风设备	4		
		安装有鸡舍水帘降温设备和供温设备	1		
		鸡舍配备光照系统	1		
		鸡舍配备自动饮水系统	2		
		场区无害化处理使用焚烧炉，使用尸体井扣1分	2		
	（五）辅助设施（5分）	有专门的解剖室	3		
		药品储备室有常规用药，且药品中不含违禁药品	2		

项目	考核内容	考核具体内容及评分标准	满分	得分	扣分原因
三、管理及防疫（30分）	（一）制度建设（3分）	有生产管理制度文件	1		
		有防疫消毒制度文件	1		
		有档案管理制度文件	1		
	（二）操作规程（5分）	饲养管理操作技术规程合理	3		
		动物免疫程序合理	2		
	（三）档案管理（10分）	饲养品种、来源、数量、日龄等情况记录完整	2		
		饲料、饲料添加剂来源与使用记录清楚	2		
		兽药来源与使用记录清楚	2		
		有定期免疫、监测、消毒记录	2		
		有发病、诊疗、死亡记录	1		
		有病死禽无害化处理记录	1		
	（四）生产记录（3分）	有日死亡淘汰记录	1		
		有日饲料消耗记录	1		
		有出栏记录，包括数量和去处	1		
	（五）从业人员（4分）	分工明确，无串舍现象	1		
		应有与养殖规模相应的畜牧兽医专业技术人员	2		
		从业人员无人畜共患传染病	1		
	（六）引种来源（5分）	从有种畜禽生产经营许可证的合格种鸡场引种	3		
		进鸡时有动物检疫合格证明和车辆消毒证明，保留完好。引种记录完整	2		

续表

项目	考核内容	考核具体内容及评分标准	满分	得分	扣分原因
四、环保设施（20分）	（一）环保设施（9分）	储粪场所合理	2		
		具备防雨、防渗设施或措施	2		
		有粪便无害化处理设施	2		
		粪便无害化处理设施与养殖规模相配套	1		
		粪污处理工艺合理	2		
	（二）粪污处理（4分）	场内粪污集中处理	2		
		粪污集中处理后并资源化利用	1		
		粪污集中处理后达到排放标准	1		
	（三）病死鸡无害化处理（5分）	使用焚烧炉并有记录，采用深埋方式处理并有记录	5		
	（四）环境卫生（2分）	垃圾集中堆放处理，位置合理	0.5		
		无杂物堆放	0.5		
		无死禽、鸡毛等污染物	1		
总分			100		

验收专家签字：

附录四　14万只产蛋鸡的四层笼蛋鸡场预算表

表3　6栋(124米×12.4米)蛋鸡舍(5+1模式)工程造价(单栋)

名称	单位	数量	单价/万元	金额/万元
鸡舍地坪	个	6	1	6
鸡舍	个	6	34	204
边沟	米	1 200	0.016	19.2
水渠	米	400	0.025	10
料库				2.0
消毒间				1.5
院内围墙	米	280	0.023	6.4
后门岗	平方米	64	0.045	2.88
厕所	个			3.2
合　计				255.18

表4　蛋鸡场6栋(5+1模式)工程设备(单栋)

工程名称	单位	数量	单价/元	金额/万元
水井	米	200	350	7
配套育雏笼	栋	1	80 000	8
产蛋配套笼具	栋	5	90 000	45
供料料线	套	5	12 000	6
清粪机组	套	5	6 000	3
低压线路				4
热风炉	台	6	20 000	12
自购水帘	栋	5	4 000	2
自来水工程				4
流动机组	台	1		20
自购风机	台	30	2 000	6
合计				109

附录五 雏鸡的雌雄鉴别方法

一、肛门鉴别法

首先看肛门的张缩情况，一般雄雏的肛门括约肌比雌雏发达，挛缩能力强。因此，在出雏的当天，可将雏鸡托在手中，看其肛门的张缩情况，如果闪动恰恰而有力，为雄雏；而闪动一阵、停一阵、再闪动一阵，张缩次数较少且慢，为雌雏。

二、羽毛鉴别法

主要根据翅、尾羽生长的快慢来鉴别，雏毛换生新羽毛，一般雌的比雄的早，在孵出的第 4 天左右，如果雏鸡的胸部和肩尖处已有新毛长出的是雌雏；若在出壳后 7 天以后才见其胸部和肩尖处有新毛的，则是雄雏。

三、动作鉴别法

总的来说，动物雄性要比雌性活泼，活动力强，悍勇好斗；雌性的比较温驯懦弱。因此，一般强雏多雄，弱雏多雌；眼暴有光为雄；柔弱温文为雌；动作锐敏为雄，动作迟缓为雌；举步大为雄，步调小为雌；鸣声粗浊多为雄，鸣声细悦多为雌。

四、外形鉴别法

雄雏一般头较大，个子粗，眼圆形，眼睛突出，嘴长而尖，呈钩状；雌雏头较小，体较轻，眼椭圆形，嘴短而圆，细小平直。来航鸡发育较快，雌雄翅尾羽都出得早，较难识别，一般在 15 日龄左右，可根据鸡冠的发育状况鉴别。

附录六 蛋鸡或蛋种鸡场规模与人员配备

表5 蛋鸡或蛋种鸡场规模与人员配备表
（种鸡场另加一个授精人员）

场规模/栋	场长	技术员	保管	水电工	伙房人员	饲养员	后勤人员	总人员
手工喂料/4	1人	场长兼	1人	1人	保管兼	8人	2人	13人
手工喂料/6	1人	1人	1人	1人	1人	12人	3人	20人
手工喂料/8	1人	1人	1人	1人	1人	16人	4人	25人
手工喂料/10	1人	2人	1人	1人	2人	20人	5人	32人
手工喂料/12	1人	2人	1人	1人	2人	24人	6人	37人
自动喂料/4	1人	场长兼	1人	1人	保管兼	1人	2人	9人
自动喂料/6	1人	1人	1人	1人	1人	6人	3人	14人
自动喂料/8	1人	1人	1人	1人	1人	8人	4人	17人
自动喂料/10	1人	2人	1人	1人	1人	10人	5人	21人
自动喂料/12	1人	2人	1人	1人	1人	12人	6人	24人

附录七　规模化蛋鸡场保健和免疫程序

表6　规模化蛋鸡场保健和免疫程序

鸡龄	用药和疫苗	用量	作用
1~4 日龄	禽无疫维健 -1，恩诺沙星	禽无疫维健 -1，200 毫升 /400 千克水，全天饮用；恩诺沙星，150×10^{-6}，使用4天	抗应激，提供机体体能，促生长发育，提高机体抵抗力，完善肠道功能，提高成活率；预防雏鸡白痢
7 日龄	新支油苗，新城疫弱毒苗	新支流油苗，0.3 毫升，皮下注射；新城疫弱毒苗点眼	预防新城疫，传染性支气管炎，消除注射疫苗的应激
9~12 日龄	黄芪多糖粉，禽无疫维健 -1	黄芪多糖粉，100 克/1 000 千克水，全天饮用；禽无疫维健 -1（200 毫升/400 千克水）全天饮用	提高机体抵抗力，完善肠道功能，提高成活率
10 日龄	微生态制剂，酸制剂	10 日龄以后两种药品交替使用，每月使用一次，每次使用 3~4 天	均衡肠道的有益菌群，提供机体体能，提高机体抵抗力，完善肠道功能，提高成活率
14 日龄	法氏囊中毒疫苗	1.5~2 倍量	预防法氏囊病
22 日龄	新城疫弱毒苗，鸡痘	新城疫弱毒苗点眼，鸡痘刺种	预防新城疫和鸡痘
23~26 日龄	禽无疫维健 -2，强力霉素	禽无疫维健 -2，200 毫升 /400 千克水，全天饮用；多西环素 200×10^{-6}，连用4天	控制疫苗的免疫反应，防治支原体病，同时预防大肠杆菌病的发生
31~34 日龄	黄芪多糖粉	100 克/1 000 千克水，全天饮用	提高蛋鸡对疾病的抵抗力
35 日龄	新支流油苗	0.5 毫升，皮下注射	预防新城疫，传染性支气管炎和禽流感
40 日	H5 + H9	H5 和 H9 单苗注射	禽流感

规模化蛋鸡场饲养管理

续表

鸡龄	用药和疫苗	用量	作用
45~48 日龄	禽无疫维健－2，盐酸环丙沙星	禽无疫维健－2，200 毫升/400 千克水，全天饮用；盐酸环丙沙星 200×10⁻⁶，连用 4 天	控制疫苗的免疫反应，防治支原体病，同时预防大肠杆菌病的发生
65 日龄	新城疫弱毒苗，新支油苗	新城疫弱毒苗点 1 眼，鸡痘 1 头份刺种；新支油苗 0.5 毫升，皮下注射	预防新城疫和鸡痘
75~78 日龄	黄芪多糖粉，硫酸新霉素	黄芪多糖粉，1 000 千克水/100 克，全天饮用；硫酸新霉素，1 000 千克水/200 克，全天量分早晚使用，每次饮水 6 个小时	消减本阶段的免疫应激，防治病毒性及免疫抑制性疾病；预细菌病的发生
98 日龄	H9 和 H5 单苗	翅肌注射	预防流感
108 日龄	减蛋综合征油苗	0.6 毫升，皮下注射	预防减蛋综合征为主，必须在见蛋前两周防疫
110 日龄	硫酸丙硫苯咪唑	按说明书使用驱虫。	防治肠道寄生虫病
119 日龄	新城疫弱毒苗，新城疫油苗	新城疫弱毒苗点眼，新城疫油苗 0.5 毫升，皮下注射	预防新城疫，提高抗体水平
开产时	药物净化鸡白痢，黄芪多糖粉，禽无疫维健－2	按说明书净化；黄芪多糖 1 000 千克水/100 克，连用 7 天，全天饮用；禽无疫维健－2，200 毫升/400 千克水，连用 7 天	净化鸡白痢和杂病；消减免疫、换料、开产等引起的应激反应，调理肠道，提高机体抗病能力；补充营养、提高机体体质
产蛋率达90%时	禽无疫维健－3，多西环素，黄芪多糖粉	禽无疫维健－3，200 毫升/400 千克水，全天饮用，连用 7 天；多西环素 200×10⁻⁶，连用 4 天；黄芪多糖粉，1 000 千克水/100 克，连用 7 天，全天饮用	预防产蛋应激，防治支原体病，同时预防大肠杆菌病的发生

278

续表

鸡龄	用药和疫苗	用量	作用
25周龄以后	肠道净化类药品，中草药净化药品	25周后两种药品交替使用，每月使用一次，一次只用一种药品	净化肠道杂病和鸡白痢
开产后（30周）	肝肾康口服液，液体多维	肝肾口服液，800千克水/500毫升，每月用3～4天，下午5时到晚11时，集中饮用；液体多维，400千克水/200毫升，当鸡冠发白时，连用5～10天	补益肾元气，延长产蛋高峰期，提高种蛋孵化雏鸡的健康率；补充营养物质，提高种蛋孵化雏鸡的健康率
高峰期（50周）	黄芪多糖粉，禽无疫维健-3	黄芪多糖粉，1 000千克水/100克，每次见到有部分蛋壳颜色变白时和免疫时连用5天，疫苗在用药第三天时使用；禽无疫维健-3，200毫升/400千克水，全天饮用，连用7天	提高机体抗病能力，提高免疫的抗体效价，保护肠道，降低料蛋比，提高孵化后雏鸡体质；防治支原体病和病毒性疾病
后期（50周以后）	中草药产蛋促进调节制剂，液体维生素AD₃E	调节产蛋性能的药品，每10天使用一次，两种药品配合使用	主要是调节鸡体的产蛋性能，预防产蛋下降过快，维护产蛋性能的作用，对于蛋种鸡来说效果更重要

注：

1. 此方案是根据蛋鸡生理特点编写的，其他疾病的预防可根据当地疾病发病情况排入保健程序。可根据自身鸡场合理调整，尽量减少使用抗生素类的药品。

2. 本方案中关于球虫的防治涉及较少，一旦出现球虫要以中草药预防为主，发病时也不能使用磺胺类药品，可以用当地其他敏感球虫药物进行治疗。

3. 黄芪多糖粉使用剂量和使用方法：黄芪多糖粉饮水1 000千克/100克，拌料500千克/100克，全天供给饮用或拌料。

4. 除银黄可溶性粉其他药物使用期间不影响其他药物和疫苗的使用效果，银黄使用要跟疫苗间隔24小时。

5. 高峰后每6～8周饮水免疫新城疫弱毒苗。

6. 本用药程序宗旨：以防病为主，预防滥用药的现象发生，以调节鸡体自身免疫机能，增加自身抵抗力为主。

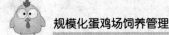

7. 治疗用药时，应全天用药或分早晚两次使用，每次使用时间不少于 6 个小时。短时间集中用药无法保证 24 小时血液中药品浓度的均衡。对于蛋鸡用药来说更为重要。

8. 提倡健康绿色养殖，以调节机体功能药品为主，减少治疗药品（以西药为主的杀菌抑菌药品）的用量。

附录八　鸡的最佳饮水量

　　1～6 周龄的雏鸡，每天每只鸡供给 20～100 毫升；7～12 周龄的青年鸡，每天每只鸡供给 100～200 毫升；不产蛋的母鸡，每天每只鸡供给 200～230 毫升；产蛋的母鸡，每天每只鸡供给 230～300 毫升。

　　饮水量与采食量的比例：在正常（20℃）气温中，饮水量为采食量的 2 倍；在高温（35℃）环境中，饮水量为采食量的 5 倍。

　　饮水量随产蛋率的上升而增加：产蛋率为 50% 时，蛋鸡需水量为每天每只鸡 170 毫升；以后产蛋率每提高 10%，则饮水量相应增加 12 毫升。

　　饮水量的季节变化：冬季每天每只鸡需饮水 100 毫升；春季和秋季每天每只鸡需饮水 200 毫升；夏季每天每只鸡需饮水 300 毫升。